Marie-Theres Boll

Ein neues Konzept zur automatisierten Bewertung von Fertigkeiten in der minimal invasiven Chirurgie für Virtual Reality Simulatoren in Grid-Umgebungen

Schriftenreihe des

Instituts für Angewandte Informatik / Automatisierungstechnik

am Karlsruher Institut für Technologie

Band 38

Eine Übersicht über alle bisher in dieser Schriftenreihe erschienenen Bände
finden Sie am Ende des Buchs.

Ein neues Konzept zur automatisierten Bewertung von Fertigkeiten in der minimal invasiven Chirurgie für Virtual Reality Simulatoren in Grid-Umgebungen

von
Marie-Theres Boll

Dissertation, Karlsruher Institut für Technologie
Fakultät für Maschinenbau
Tag der mündlichen Prüfung: 29. April 2011

Impressum

Karlsruher Institut für Technologie (KIT)
KIT Scientific Publishing
Straße am Forum 2
D-76131 Karlsruhe
www.ksp.kit.edu

KIT – Universität des Landes Baden-Württemberg und nationales
Forschungszentrum in der Helmholtz-Gemeinschaft

KIT Scientific Publishing 2011
Print on Demand

ISSN: 1614-5267
ISBN: 978-3-86644-677-9

Ein neues Konzept zur automatisierten Bewertung von Fertigkeiten in der minimal invasiven Chirurgie für Virtual Reality Simulatoren in Grid-Umgebungen

Zur Erlangung des akademischen Grades

Doktor der Ingenieurwissenschaften

der Fakultät für Maschinenbau
Karlsruher Institut für Technologie (KIT)

genehmigte

DISSERTATION

von

Dipl.-Ing. Marie-Theres Boll

Tag der mündlichen Prüfung: 29. April 2011

Hauptreferent: Prof. Dr.-Ing. habil. Georg Bretthauer
Korreferent: Prof. Dr.-Ing. Heinz Wörn

„Die Neugier steht immer an erster Stelle eines Problems,
das gelöst werden will."

Galileo Galilei (1564 - 1642)

Vorwort

Die vorliegende Dissertation entstand im Rahmen der Forschungsaktivitäten am Institut für Angewandte Informatik des Karlsruher Instituts für Technologie in den Jahren 2007 bis 2011. Meinem Doktorvater Prof. Dr. G. Bretthauer möchte ich danken, da erst durch Ihn und seine Unterstützung diese Arbeit möglich wurde. Ein ganz besonderer Dank gilt ebenfalls Dr. H. Maaß, der mir bei meiner täglichen Arbeit helfend zur Seite stand und mir gleichzeitig die nötigen Freiräume gelassen hat. Ebenso bedanke ich mich bei Dr. H.-K. Cakmak für seine Unterstützung. Auch ohne Dr. U. Kühnapfel wäre die Arbeit nicht möglich gewesen, da er die Wichtigkeit der Thematik erkannt und mich jederzeit unterstützt hat.

Nur durch die Kooperation mit medizinischen Partnern konnte diese Arbeit gelingen. Deshalb geht mein Dank an Prof. Dr. M. Schön bzw. Dr. W. Hanna aus dem Städtischen Klinikum Karlsruhe für die angenehme Zusammenarbeit und die Unterstützung in verschiedenen Phasen meiner Arbeit. Aus demselben Grund möchte ich sehr herzlich Dr. B. Müller und Dr. H. Kenngott aus dem Universitätsklinikum Heidelberg danken. Darüber hinaus bedanke ich mich bei allen Mitarbeitern dieser Kliniken, die sich die Zeit für die Teilnahme an einer Studie genommen oder mich auf anderer Weise unterstützt haben.

Mein Dank gilt auch allen Kollegen und Studenten, die zum Gelingen der Arbeit beigetragen haben. Zum einen haben viele Kollegen an einer Studie teilgenommen und somit erst die Arbeit ermöglicht. Zum anderen danke ich allen sehr herzlich für die nette und angenehme Atmosphäre bzw. das sehr freundschaftliche und unterstützende Klima.

Mein besonderer Dank gilt meinen Eltern, die mich von klein an gefördert und unterstützt haben. Bei Eva bedanke ich mich für ihre Unterstützung und Anteilnahme in verschiedenen Phasen der Arbeit. Holger danke ich herzlich für seine moralische Unterstützung und viele hilfreiche, fachliche Diskussionen.

Karlsruhe, im Februar 2011

Marie-Theres Boll

Inhaltsverzeichnis

Abbildungsverzeichnis

Tabellenverzeichnis

Nomenklatur

Funktionen und Skalare

$e_{\mathrm{Start}}, e_{\mathrm{Ende}}$		Index zur Beschreibung des Intervalls $[e_{\mathrm{Start}}\ e_{\mathrm{Ende}}]$ im Vektor der Aktionen ς
$f_{\mathrm{A},j}$		Abbildung der Merkmale in Bewertung des j-ten Aspekts
f_{F}		Abbildung der Bewertung der Verhaltensebenen in Bewertung der umfassenden minimal invasiven Fertigkeit
$f_{\mathrm{K},j}$		Abbildung der Bewertung der Aspekte in Bewertung des j-ten Kriteriums
$f_{\mathrm{MD},j}$		Abbildung der aufgetretenen Ereignisse in j-tes diskretes Merkmal auf Übungsniveau
$f_{\mathrm{MS},j}$		Abbildung der aufgenommenen Signale in j-tes kontinuierliches Merkmal auf Übungsniveau
f_{s}	[Hz]	Abtastfrequenz
f_{U}		Abbildung der Bewertung der Kriterien in Bewertung der gesamten Durchführung
f_{UH}		Abbildung der Bewertung der gesamten Durchführung in Bewertung der Historie der Übung
$f_{\mathrm{V},j}$		Abbildung der Bewertung der Historie der relevanten Übungen in Bewertung der j-ten Verhaltensebene
n_{A}		Anzahl der Aspekte
n_{Ab}		Anzahl der Abtastpunkte in einem aufgenommenen Signal
$n_{\mathrm{AK},j}$		Anzahl der Aspekte, die auf j-tes Kriterium abgebildet werden
n_{Akt}		Anzahl der aufgetretenen Aktionen
$n_{\mathrm{Akt},j}$		Anzahl der aufgetretenen Aktionen vom Typ $\varsigma_{\mathrm{Akt},j}$
n_{D}		Anzahl der aufgetretenen Ereignisse
$n_{\mathrm{D},j}$		Anzahl der aufgetretenen Ereignisse vom Typ $x_{\mathrm{D},j}$
n_{ExD}		Anzahl der Extraktionsvorschriften zur Bestimmung diskreter Merkmale
n_{ExS}		Anzahl der Extraktionsvorschriften zur Bestimmung kontinuierlicher Merkmale
n_{K}		Anzahl der Kriterien
n_{M}		Anzahl der Merkmale auf Übungsniveau
$n_{\mathrm{MA},j}$		Anzahl der Merkmale, die auf j-ten Aspekt abgebildet werden
n_{MD}		Anzahl der diskreten Merkmale auf Übungsniveau
$n_{\mathrm{MD},\mathrm{A}}$		Anzahl der diskreten Merkmale auf Aktionsniveau
n_{MS}		Anzahl der kontinuierlichen Merkmale auf Übungsniveau
$n_{\mathrm{MS},\mathrm{A}}$		Anzahl der kontinuierlichen Merkmale auf Aktionsniveau

n_S	Anzahl der aufgenommenen Signale
n_Tr	Anzahl aller Datentupel, die in Υ zusammengefasst sind
n_U	Anzahl der Übungen
n_V	Anzahl der Verhaltensebenen
$p_\text{A,Beg}$, $p_\text{A,End}$	α-Fehler zur Charakterisierung des Unterschiedes zwischen talentierten und übrigen Anfängern während der ersten/letzten beiden Durchgänge
$p_\text{EA,Beg}$, $p_\text{EA,End}$	α-Fehler zur Charakterisierung des Unterschiedes zwischen Erfahrenen und Anfängern während der ersten/letzten beiden Durchgänge
$p_\text{Anf,Lern}$, $p_\text{Erf,Lern}$	α-Fehler zur Charakterisierung der Verbesserung der Anfänger/ Erfahrenen
p_Start, p_Ende	Index zur Beschreibung des Intervalls $[p_\text{Start}\ p_\text{Ende}]$ im Signal $\boldsymbol{x}_\text{Roh,S,}j$
p_α	α-Fehler (allgemein)
t_s [s]	Abtastrate
z_Start, z_Ende	Index zur Beschreibung des Intervalls $[z_\text{Start}\ z_\text{Ende}]$ im Ereignis-Vektor $\boldsymbol{x}_\text{Roh,D}$
$\boldsymbol{F}_\text{A}$	Menge von Abbildungen $f_\text{A,}j$
$\boldsymbol{F}_\text{Bew}$	Menge aller Bewertungsvorschriften: $\boldsymbol{F}_\text{A}$, $\boldsymbol{F}_\text{K}$, f_U, f_UH, f_V, f_F
$\boldsymbol{F}_\text{K}$	Menge von Abbildungen $f_\text{K,}j$
$\boldsymbol{F}_\text{M}$	Menge aller Extraktionsvorschriften: $\boldsymbol{F}_\text{MD}$, $\boldsymbol{F}_\text{MS}$
$\boldsymbol{F}_\text{MD}$	Menge von Abbildungen $f_\text{MD,}j$
$\boldsymbol{F}_\text{MS}$	Menge von Abbildungen $f_\text{MS,}j$
$\boldsymbol{I}$	Menge, die Indexe eines Vektors oder Signals zusammenfasst
$\boldsymbol{I}_\text{D,}e$	Menge von Indexen z des Ereignis-Vektors $\boldsymbol{x}_\text{Roh,D}$, die der Aktion e zugeordnet sind
Q_Aspekt	Resultierendes Bewertungsmaß für Auswahl von Merkmalskombinationen
$Q_\text{Bew,Beg}$	Bewertungsmaß für Auswahl von Bewertungsvorschriften basierend auf der Güte der Bewertung für die ersten beiden Durchführungen
$Q_\text{Bew,T}$	Bewertungsmaß für Auswahl von Bewertungsvorschriften basierend auf der Güte der Bewertung für die Trainingsmenge
Q_Inter	Bewertungsmaß für Auswahl von Merkmalen basierend auf der Interpretierbarkeit
$Q_\text{Kombi,1}$, $Q_\text{Kombi,2}$	Bewertungsmaße für Auswahl von Merkmalskombinationen basierend auf der Kombination von Merkmalen
Q_KonsA, Q_KonsM	Bewertungsmaß für Auswahl von Merkmalskombinationen/ Merkmalen basierend auf der Konsistenz der Lernkurven
Q_Merkmal	Resultierendes Bewertungsmaß für Auswahl einzelner Merkmale
Q_Mon	Bewertungsmaß für Auswahl von Bewertungsvorschriften basierend auf der Monotonie der Lösungsoberfläche

Q_{Plau}	Bewertungsmaß für Auswahl von Merkmalen basierend auf der Plausibilität
Q_{UnterA}, Q_{UnterM}	Bewertungsmaß für Auswahl von Merkmalskombinationen/ Merkmalen basierend auf der Unterscheidbarkeit von Leistungsgruppen
Q_{Var}	Bewertungsmaß für Auswahl von Merkmalskombinationen basierend auf der Variabilität des Wertebereichs
Q_{Vor}	Bewertungsmaß für Auswahl von Merkmalen basierend auf dem Erfüllen der Voraussetzungen
Q_{Wert}	Bewertungsmaß für Auswahl von Bewertungsvorschriften basierend auf dem Wertebereich der Lösungsoberfläche
α	Signifikanzniveau
ψ	Einflussfaktor
σ	Standardabweichung
Υ	Menge der Datentupel $\{[\boldsymbol{x}_1, y_1], \ldots, [\boldsymbol{x}_{\text{M},n_{\text{Tr}}}, y_{n_{\text{Tr}}}]\}$ mit dem r-ten Eingang $\boldsymbol{x}_r$ und der vorgegebenen Gruppenzugehörigkeit bzw. Bewertung y_r
Υ_{Beg}, Υ_{End}	Teilmenge von Υ mit den ersten/letzten beiden Durchführungen der einzelnen Probanden
Υ_{T}	Trainingsmenge zur Identifikation einer Bewertungsvorschrift

Matrizen und Vektoren

$\boldsymbol{a}$	$\left[\frac{\text{mm}}{\text{s}^2}\right]$	(Bahn-) Beschleunigung, $\mathbb{R}^{1 \times n_{\text{Ab}}-2}$
$\boldsymbol{k}$	[N]	Kraft, $\mathbb{R}^{3 \times n_{\text{Ab}}}$
$\boldsymbol{pos}$	[mm]	Position, $\mathbb{R}^{3 \times n_{\text{Ab}}}$
$\boldsymbol{r}$	$\left[\frac{\text{mm}}{\text{s}^3}\right]$	(Bahn-) Ruck, $\mathbb{R}^{1 \times n_{\text{Ab}}-3}$
$\boldsymbol{rot}_{\text{o}}$	[rad]	Rotation der Kameraoptik, $\mathbb{R}^{1 \times n_{\text{Ab}}}$
$\boldsymbol{rot}_{\alpha}$	[rad]	Erste Instrumentenrotation um x-Achse, $\mathbb{R}^{1 \times n_{\text{Ab}}}$
$\boldsymbol{rot}_{\beta}$	[rad]	Zweite Instrumentenrotation um y-Achse, $\mathbb{R}^{1 \times n_{\text{Ab}}}$
$\boldsymbol{rot}_{\gamma}$	[rad]	Dritte Instrumentenrotation um z-Achse, $\mathbb{R}^{1 \times n_{\text{Ab}}}$
$\boldsymbol{s}$	[mm]	Strecke, $\mathbb{R}^{1 \times n_{\text{Ab}}-1}$
$\boldsymbol{t}$	[s]	Zeit, $\mathbb{R}^{1 \times n_{\text{Ab}}}$
$\boldsymbol{v}$	$\left[\frac{\text{mm}}{\text{s}}\right]$	(Bahn-) Geschwindigkeit, $\mathbb{R}^{1 \times n_{\text{Ab}}-1}$
$\boldsymbol{x}_{\text{A}}$		Vektor der bewerteten Aspekte, $\mathbb{R}^{1 \times n_{\text{A}}}$
$\boldsymbol{x}_{\text{AK},j}$		Vektor der bewerteten Aspekte zur Bewertung des j-ten Kriteriums, $\mathbb{R}^{1 \times n_{\text{AK},j}}$
$x_{\text{D},j}$		Ereignis vom Typ j
x_{F}		Bewertung der umfassenden minimal invasiven Fertigkeit
$\boldsymbol{x}_{\text{K}}$		Vektor der bewerteten Kriterien, $\mathbb{R}^{1 \times n_{\text{K}}}$
$\boldsymbol{x}_{\text{M}}$		Vektor der Merkmale auf Übungsniveau, $\mathbb{R}^{1 \times n_{\text{M}}}$

$\boldsymbol{x}_{\mathrm{M,n}}$		Vektor der normierten Merkmale auf Übungsniveau, $\mathbb{R}^{1 \times n_{\mathrm{M}}}$
$\boldsymbol{x}_{\mathrm{MA},j}$		Vektor der normierten Merkmale auf Übungsniveau zur Bewertung des j-ten Aspekts, $\mathbb{R}^{1 \times n_{\mathrm{MA},j}}$
$\boldsymbol{x}_{\mathrm{MD}}$		Vektor der diskreten Merkmale auf Übungsniveau, $\mathbb{R}^{1 \times n_{\mathrm{MD}}}$
$\boldsymbol{x}_{\mathrm{MD,A}}$		Vektor der diskreten Merkmale auf Aktionsniveau, $\mathbb{R}^{1 \times n_{\mathrm{MD,A}}}$
$\boldsymbol{x}_{\mathrm{MS}}$		Vektor der kontinuierlichen Merkmale auf Übungsniveau, $\mathbb{R}^{1 \times n_{\mathrm{MS}}}$
$\boldsymbol{x}_{\mathrm{MS,A}}$		Vektor der kontinuierlichen Merkmale auf Aktionsniveau, $\mathbb{R}^{1 \times n_{\mathrm{MS,A}}}$
$\boldsymbol{x}_{\mathrm{Roh,D}}$		Vektor der aufgetretenen Ereignisse, $\mathbb{N}^{1 \times n_{\mathrm{D}}}$
$\boldsymbol{x}_{\mathrm{Roh,S},j}$		j-tes aufgenommenes Signal, $\mathbb{R}^{1 \times n_{\mathrm{Ab}}}$
$\boldsymbol{x}_{\mathrm{U}}$		Vektor aller Bewertungen einer Übung
$\boldsymbol{x}_{\mathrm{U,Gr2}}$		Vektor aller Bewertungen einer Übung mit Merkmalen der Gruppe 2
$\boldsymbol{x}_{\mathrm{UH},j}$		Vektor der aktuellen Bewertungen der Historie der Übungen in der j-ten Verhaltensebene
$\boldsymbol{x}_{\mathrm{UL}}$		Vektor der Eingänge für die Bewertung der Historie einer Übung
$\boldsymbol{x}_{\mathrm{V}}$		Vektor der aktuellen Bewertungen der Verhaltensebenen
$\boldsymbol{X}_{\mathrm{Roh,S}}$		Matrix der aufgenommenen Signale, $\mathbb{R}^{n_S \times n_{\mathrm{Ab}}}$
$\varsigma_{\mathrm{Akt},j}$		Aktion vom Typ j
$\vartheta_{\mathrm{D},j}$		Spezifikation des Ereignisses vom Typ j
ς		Vektor der aufgetretenen Aktionen, $\mathbb{N}^{1 \times n_{\mathrm{Akt}}}$
ϑ		Vektor der Spezifikationen der aufgetretenen Ereignisse, $\mathbb{N}^{1 \times n_{\mathrm{D}}}$
ξ	[rad]	Grifföffnung, $\mathbb{R}^{1 \times n_{\mathrm{Ab}}}$

Abkürzungen

AC	Arteria Cystica
(Tal / Übr) Anf	(Talentierte / Übrige) Anfänger
ANFIS	**A**daptive-**N**etwork-based **F**uzzy **I**nference **S**ystem
ANOVA	**AN**alysis **O**f **VA**riance
Binde	Bindegewebe
Chol	Cholezystektomie
DC	**D**uctus **C**ysticus
Erf	Erfahrene (Nicht-Mediziner)
Exp	Experten (Mediziner)
Fertig	Umfassende minimal invasive Fertigkeit
GB	**G**allen**B**lase
GOALS	**G**lobal **O**perative **A**ssessment of **L**aparoscopic **S**kills
Hand 2	Unterstützende Tätigkeit
Hist	Historie
ICSAD	**I**mperial **C**ollege **S**urgical **A**ssessment **D**evice
MANOVA	**M**ultivariate **AN**alysis **O**f **VA**riance

MCMD	**M**otor and **C**ognitive **M**odelling **D**iagram
MIC	**M**inimal **I**nvasive **C**hirurgie
MISTELS	**McGill I**nanimate **S**ystem for **T**raining and **E**valuation of **L**aparoscopic **S**kills
OSATS	**O**bjective **S**tructured **A**ssessment of **T**echnical **S**kill
VAST	**V**irtual **A**ssistive **S**urgical **T**rainer
VE	**V**erhaltens**E**bene
VR	**V**irtuelle **R**ealität oder **V**irtual **R**eality

1 Einleitung

1.1 Bedeutung der Bewertung von Fertigkeiten an Trainingssystemen in der minimal invasiven Chirurgie (MIC)

Minimal invasive Eingriffe zeichnen sich dadurch aus, dass der Chirurg innerhalb einer geschlossenen Körperhöhle anhand des Kamerabildes auf einem Bildschirm operiert. Die dafür notwendige Kamera und die Instrumente werden durch kleine Öffnungen in den Körper eingeführt. Minimal invasive Verfahren sind in einigen Bereichen wie z.B. der laparoskopischen Cholezystektomie (Gallenblasenentfernung) mit einem Anteil von über 80% zum Standard geworden, [TITTEL und SCHUMPELICK, 2001], [HENNE-BRUNS et al., 2003] und [HIRNER und WEISE, 2004].
Verschiedene Vorteile der MIC haben zu ihrer raschen Verbreitung beigetragen. Das operative Trauma ist für den Patienten geringer und die Regenerationszeiten bzw. Krankenhausaufenthalte sind kürzer als bei klassischen chirurgischen Eingriffen, [CUSCHIERI, 1995] und [SCHUMPELICK et al., 2004]. Die Eingriffe stellen jedoch auf Grund ihrer Komplexität höhere bzw. andere Anforderungen an die Operateure [REINHARDT-RUTLAND und GALLAGHER, 1996]. So hat eine Studie von [PERKINS et al., 2002] gezeigt, dass die Ausbildungszeiten der Chirurgen für minimal invasive Eingriffe länger sind als für konventionelle Eingriffe und gleichzeitig vorherige chirurgische Erfahrung in der traditionellen offenen Chirurgie nicht direkt auf minimal invasive Eingriffe übertragbar sind. Vor allem ist die Kamerahandhabung schwierig, da die Optik abgewinkelt und das Sichtfeld eingeschränkt ist, [HIRNER und WEISE, 2004] und [KEEHNER et al., 2006]. Der Blickwinkel ist durch die abgewinkelte Kameraoptik ungewohnt, weil er nicht mit der natürlichen Blickrichtung des Chirurgen übereinstimmt. Gleichzeitig ist der Blick auf den Monitor gerichtet, so dass sich die Hände außerhalb des Blickfeldes befinden [BREEDVELD und WENTINK, 2001]. Dadurch ist die Auge-Hand-Koordination zusätzlich erschwert. Im Unterschied zur offenen Chirurgie gibt es bei der MIC einen Drehpunkt der Instrumente im Einstichloch in der Bauchwand. Zum einen schränkt das die Bewegungsfreiheit des Chirurgen ein, zum anderen ist die Bewegung der Instrumente auf Grund des Drehpunktes ungewohnt, [CROTHERS et al., 1999] und [HALVORSEN et al., 2005]. Die zwei-dimensionale Darstellung der Operationsumgebung auf dem Bildschirm erschwert die Tiefenwahrnehmung wesentlich. Die Bewegung im drei-dimensionalen Raum kann erst nach der Interpretation des zwei-dimensionalen Bildes ausgeführt werden [ASCHWANDEN et al., 2007]. Zusätzlich besteht eine Reibung zwischen den Instrumenten und den Trokaren, durch die die Instrumente in den Körper eingeführt werden. Deshalb ist das sensorische Feedback der Organe geringer als in der offenen Chirurgie

[NAJMALDIN, 2007].

Die beschriebenen Schwierigkeiten machen deutlich, dass bei der MIC besondere Kompetenzen und Fertigkeiten notwendig sind, sowohl im sensomotorischen als auch im kognitiven und persönlichkeitsbezogenen Bereich, [CUSCHIERI et al., 2001] und [AUCAR et al., 2005]. Für ihr Erlernen ist der bisherige Ansatz des „see one, do one, teach one" kaum noch geeignet [BERGAMASCHI, 2001]. Der Begriff beschreibt die verbreitete Vorgehensweise bei der Ausbildung von Chirurgen. Ein medizinischer Student schaut zunächst einem erfahreneren Chirurgen im OP zu, führt den Eingriff anschließend unter Anleitung durch und bringt anderen auszubildenden Medizinern die erlernten Operationstechniken bei. Auf Grund der hohen Verantwortung für den Patienten, den nicht einheitlichen Krankheitsbildern und wegen des Kosten- bzw. Zeitdrucks ist der OP nicht mehr der richtige Ort für das primäre Erlernen der für die MIC relevanten Fertigkeiten. Der Chirurg sollte wie ein Pilot in einer Umgebung mit standardisierten Anforderungen und ohne Erfolgsdruck solange trainieren können bis er die notwendigen Fertigkeiten sicher beherrscht, [WENTINK et al., 2003], [MASCHUW et al., 2010] und [GRÖNE et al., 2010].

Wie in der Luftfahrt ist das Simulator-Training auch für die MIC effektiv. Eine Studie von [KORNDORFFER et al., 2005] hat gezeigt, dass im Vergleich zu einer Kontrollgruppe ohne Simulator-Training die Operationszeit und die Komplikationsrate um ca. 30% reduziert ist. Besonders geeignet sind Simulatoren, die auf virtueller Realität (VR) basieren [URANÜS und MUSTAFA, 2004]. Ein VR-Simulator zeichnet sich dadurch aus, dass Modelle von Organen oder auch von anderen Objekten durch eine Mensch-Computer-Schnittstelle in Echtzeit verändert werden können [MOORTHY et al., 2003]. Als Schnittstellen dienen minimal invasive Instrumente, die von dem Anwender wie reale Instrumente bedient werden. Abhängig vom Simulator erhält der Anwender dabei ein realitätsnahes, taktiles Feedback, d.h. ein so genanntes Force-Feedback. Ein Vorteil von VR-Simulatoren ist, dass sie ohne große Vorbereitung direkt zum Training benutzt werden können. Ein Beispiel für einen VR-Simulator mit Force-Feedback ist der in den vergangenen Jahren im Institut für Angewandte Informatik am Karlsruher Institut für Technologie entwickelte VSOne, [KÜHNAPFEL et al., 1997], [KÜHNAPFEL et al., 2000], [WEISS et al., 2003], [LEHMANN et al., 2005] und [CAKMAK et al., 2005].

Erfahrung allein reicht nicht aus, um ein guter Chirurg zu sein, denn wie Charles Mayo feststellte bedeutet Erfahrung auch, eine Sache immer wieder falsch zu machen [ELLIS, 1984]. Erst die objektive Bewertung der motorischen Fertigkeiten fördert und sichert den Trainingserfolg, [KAUFMAN et al., 1987], [GRANTCHAROV et al., 2004] und [CESANEK et al., 2008]. Feedback durch ein neutrales Bewertungssystem wirkt zudem beim Trainierenden deutlich motivationssteigernd [HUTCHINSON, 2003], was im Besonderen auch für VR-Simulatoren gilt [ROSENTHAL et al., 2008].

Für die Bewertung können bei einem VR-Simulator die Bewegungstrajektorien und Informationen über Ereignisse wie z.B. auftretende Blutungen direkt aufgezeichnet und automatisiert ohne die Anwesenheit eines Experten ausgewertet werden. Die Entwicklung aussagekräftiger Bewertungssysteme für Chirurgie-Simulatoren wurde in den letzten Jahren jedoch im Vergleich zur Entwicklung der virtuellen Umgebungen und der Haptik vernachlässigt, [MEGALI et al., 2006] und [ANDREATTA et al., 2006]. Es gibt nur relativ wenige Studien, die sich mit der Definition von Merkmalen zur Bewertung chirurgischer Fertigkeiten in der MIC befassen. Gegenwärtigen Bewertungssystemen für Simulatoren in der MIC fehlt ein grundlegendes Konzept. Es werden jeweils nur einfache Merkmale wie z.B. Zeit, Strecke bzw. Instrumentenrotation unabhängig voneinander bewertet, [MEGALI et al., 2006] und [HEINRICHS et al., 2007]. [ANDREATTA et al., 2006] haben gezeigt, dass eine Unterscheidung von Leistungsniveaus so nicht zufriedenstellend möglich ist.

Für einen optimalen Trainingserfolg muss die Bewertung zeitnah erfolgen, [BURDEA et al., 1998] und [MORAES und MACHADO, 2006]. Sonst kann der Trainierende die Bewertung nur schwer in eine Verbesserung umsetzen. Neue Entwicklungen von [MAASS et al., 2006] und [CAKMAK et al., 2010] integrieren VR-Simulatoren in Grid-Umgebungen. So wird eine zeitnahe Bewertung möglich, da die Vorteile einer dezentralisierten Umgebung genutzt werden, um Fertigkeiten in der MIC zu erlernen. Im Folgenden werden die Fertigkeiten im Bereich der minimal invasiven Chirurgie auch als „minimal invasive Fertigkeiten" bezeichnet.

Ziel der vorliegenden Arbeit ist es, ein umfassendes Konzept für die Bewertung minimal invasiver Fertigkeiten zu entwickeln und ein entsprechendes Bewertungssystem unter Sicherstellung einer zeitnahen Bewertung für einen VR-Simulator zu implementieren.

1.2 Entwicklungsstand

Motorische Fertigkeiten werden in der Medizin traditionell unterbewertet; das wird im Bereich der MIC besonders deutlich [SIDHU et al., 2004]. Auszubildende Ärzte werden häufig nur retrospektiv auf allgemeinen Beobachtungen basierend durch erfahrene Mediziner bewertet. Die Methode ist subjektiv und vom Gesamteindruck des Auszubildenden geprägt, so dass sie weder differenziert, noch zuverlässig und valide Auskunft über die erreichten Fertigkeiten gibt, [RISUCCI et al., 1989], [TURNBULL et al., 1998] und [FELDMAN et al., 2003]. Eine andere Bewertungsmethode basiert auf Nachweisen der angehenden Chirurgen über die Art bzw. Anzahl durchgeführter Operationen und den Grad der eigenen Verantwortung innerhalb der OP, [WILLIAMS et al., 2003] und [AUCAR et al., 2005]. Auch der Ansatz ist weder zuverlässig noch validiert, da die Art bzw. der Schwierigkeitsgrad der Eingriffe nicht vorgegeben ist und die Qualität der Durchführung in der Regel nicht berücksichtigt wird [CUSCHIERI et al., 2001]. Die traditionellen Bewertungsmethoden sind für die MIC nicht differenziert genug, weil sie das Erlernen neuer Fertigkeiten nur unzureichend unterstützen. Viele Chirurgen fordern daher eine Bewertung unter standardisierten Bedingungen und anhand objektiver Kriterien, [CUSCHIERI et al., 2001] und [DAWSON, 2002].

Es lassen sich zwei unterschiedliche Ansätze zur Verbesserung der Situation unterscheiden [AGGARWAL et al., 2004]:

1. Direkte Bewertungen durch Experten oder

2. Computergestützte Bewertungen.

Bei einer direkten Bewertung durch Experten muss im Gegensatz zur computergestützten Bewertung stets ein externer Beobachter für die Beurteilung anwesend sein. Die computergestützte Bewertung beurteilt auf Grundlage gemessener Signale softwaregesteuert die Leistung der trainierenden Person.

1.2.1 Direkte Bewertung durch Experten

Das von [MARTIN et al., 1997] eingeführte „Objective Structured Assessment of Technical Skill" (OSATS) stellt einen Ansatz dar, die Bewertung von minimal invasiven Fertigkeiten zu strukturieren. Dabei soll die Bewertung zuverlässiger und vergleichbarer werden, um subjektive Einflüsse zu verringern. Hier führen die zu bewertenden Chirurgen standardisierte Eingriffe an verschiedenen Stationen mit unterschiedlichen Schwierigkeitsgraden durch [WILLIAMS et al., 2003]. Der Ansatz ist jedoch auch für die direkte Bewertung im OP geeignet. Die Durchführungen werden von erfahrenen Chirurgen anhand einer aufgabenspezifischen Checkliste und einer aufgabenunabhängigen Bewertungsskala (Global Rating Scales) bewertet, [REGEHR et al., 1998] und [WANZEL et al., 2002]. In der Checkliste wird nur das Zutreffen eines relevanten Kriteriums angegeben. Bewertungsskalen zeichnen sich hingegen dadurch aus, dass eine Punktzahl, meist variierend von eins bis fünf, für aufgabenunabhängige Kriterien vergeben wird [REZNICK et al., 1997]. Studien von [REZNICK et al., 1997] und [WILLIAMS et al., 2003] zeigen die hohe Zuverlässigkeit und Validität von OSATS.
Der Ansatz „Global Operative Assessment of Laparoscopic Skills" (GOALS) ist dem OSATS sehr ähnlich. Auch hier werden aufgabenabhängige Checklisten und aufgabenunabhängige Bewertungsskalen verwendet [VASSILIOU et al., 2005]. Sie sind jedoch spezifischer für die Anforderungen in der MIC formuliert. Als aufgabenunabhängige Kriterien werden Tiefenwahrnehmung, Beidhändigkeit, Effizienz, Gewebehandhabung und Eigenständigkeit gewählt [GUMBS et al., 2007]. [VASSILIOU et al., 2005] und [GUMBS et al., 2007] haben den Ansatz in ihren Studien für die Cholezystektomie überprüft und gezeigt, dass die ausgewählten Kriterien für eine Bewertung von minimal invasiven Eingriffen geeignet sind.
Beide Ansätze, OSATS und GOALS, stellen auf Grund der Standardisierung bzw. der Einführung objektiver Kriterien eine Verbesserung der Bewertung minimal invasiver Fertigkeiten dar. Jedoch sind der logistische bzw. personelle Aufwand sehr hoch und der Trainierende erhält die Bewertung nicht direkt nach der Durchführung der Übung. Gleichzeitig existieren subjektive Einflüsse durch die Abhängigkeit von einem menschlichen Beobachter [SIDHU et al., 2004].

1.2.2 Computergestützte Bewertung

Die computergestützte Bewertung findet auf Grundlage gemessener Signale und einer Softwareauswertung statt, so dass kein externer Beobachter anwesend sein muss. Es kann sowohl eine reale Operation direkt im OP automatisiert bewertet werden als auch eine Übung an einem Simulator. Computergestützte Bewertungssysteme unterscheiden sich durch folgende Punkte:

1. Eingänge bzw. Eingangssignale,

2. Segmentierung der Durchführung einer Übung in Abschnitte,

3. Merkmale[1] für die Bewertung einer Durchführung und

4. Gesamtbewertung.

Abbildung 1.1 zeigt die Unterschiede bei existierenden computergestützten Bewertungsansätzen. Es werden Ansätze für die Bewertung einer Durchführung auf einem VR-Simulator und/oder für die Bewertung einer realen OP berücksichtigt. Wichtige Unterschiede bestehen hinsichtlich der im Bewertungssystem berücksichtigen Informationen bzw. Eingänge. Häufig werden wie bei [COTIN et al., 2002] die Positionen und Rotationen der Instrumente ausgewertet. Die aufgenommenen Signale werden nur für die Bewertung einer realen OP zunächst in zeitliche Abschnitte eingeteilt, vergl. [POMPLUN und MATARIC, 2001] und [CRISTANCHO et al., 2007]. Die Einteilungen unterscheiden sich hinsichtlich des Abstraktionsgrads der einzelnen Segmente und ihrer hierarchischen bzw. nicht hierarchischen Abhängigkeit, vergl. [ROSEN et al., 2000] und [MCBETH et al., 2002]. Gerade bei der Bewertung auf Simulatoren ist es üblich, einfache Merkmale aus den aufgenommenen Signalen zu extrahieren und sie als Grundlage für die Bewertung zu verwenden, vergl. [COTIN et al., 2002]. Die Bewertungen im OP erfolgen demgegenüber häufig ohne vorherige Merkmalsextraktion z.B. basierend auf Markov-Ketten, vergl. [ROSEN et al., 2006]. So wird direkt eine zusammenfassende Bewertung gegeben. Werden für die Bewertung im OP oder auf einem Simulator Merkmale extrahiert, werden sie nicht immer zu einer Gesamtaussage zusammengefasst, vergl. [CAO et al., 1999] und [DATTA et al., 2001b].

Tabelle 1.1 gibt eine verkürzte Übersicht, über die für die vorliegende Arbeit relevante Literatur. Die verschiedenen Bewertungsansätze sind den in Abb. 1.1 dargestellten Unterscheidungsmöglichkeiten zugeordnet. Zusätzlich sind in der letzten Zeile die Ziele der Arbeit angegeben, d.h. wie das zu entwickelnde Bewertungssystem entsprechend der Systematik eingeordnet werden kann. In der Tabelle wird berücksichtigt, ob das Hauptanwendungsgebiet die Bewertung eines Trainierenden direkt im OP ist oder die Beurteilung auf Grundlage einer Durchführung an einem Simulator (Sim). Es wird angegeben, welche Signale für die Bewertung verwendet werden (P: Position, R: Rotation, F: Kraft/-Moment, G: Grifföffnung, E: Ereignisse). Bei einer Segmentierung wird unterschieden,

---

[1] Merkmale charakterisieren in der vorliegenden Arbeit grundlegende Eigenschaften der Durchführung einer Übung. Sie entstehen durch das Anwenden von Extraktionsvorschriften auf die zur Verfügung stehenden Informationen und bilden die Grundlage für die folgende Bewertung der Durchführung, siehe Abschnitt 2.1.

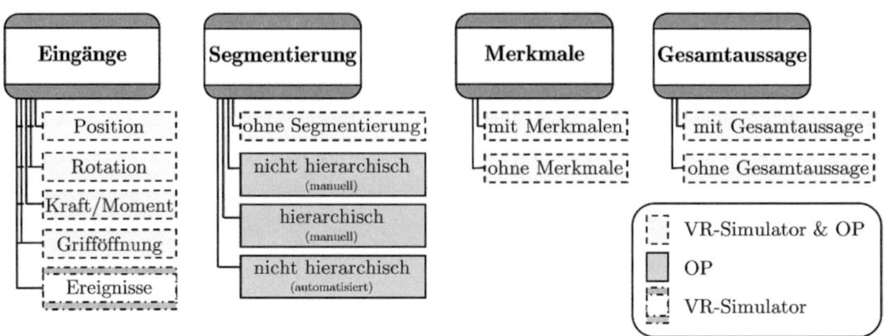

Abb. 1.1: Unterscheidungsmöglichkeiten bei existierenden Bewertungsansätzen

ob sie hierarchisch (hier.) oder nicht hierarchisch (nicht hier.) ist bzw. ob die Segmentierung automatisiert (A) oder manuell (M) durch Beobachter erfolgt. Zusätzlich wird berücksichtigt, ob eine zusammenfassende Gesamtbewertung (Gesamt) gegeben wird.

Autor(en)	OP/Sim	Eingänge	Segmente	Merkmale	Gesamt
[DATTA et al., 2001b]	OP	P	-	✓	-
[MACKENZIE et al., 2001] [EUBANKS et al., 1999]	OP	-	hier., M	(nur Zeit) ✓	-
[ROSEN et al., 2000]	OP	K,G	nicht hier., M	-	✓
[CRISTANCHO, 2008]	OP	P,R,G	hier., M	✓	✓
[MURPHY, 2004]	OP	P,R,G	nicht hier., A	✓	-
[MORAES und MACHADO, 2006]	Sim	P,K	-	-	✓
[HAMILTON et al., 2002]	Sim	P,R,E	-	✓	✓
[DEROSSIS et al., 1998]	Sim	P	-	✓	✓
[KIM et al., 2009]	Sim	P,R,F,G,E	-	✓	-
[COTIN et al., 2002]	Sim	P,R	-	✓	✓
[HUANG et al., 2005] [HAJSHIRMOHAMMADI, 2006]	Sim	P,R,E	-	✓	✓ (Fuzzy)
[FENG et al., 2008]	Sim	P,R	-	✓	✓ (Fuzzy)
Boll (Ziel)	Sim	P,R,F,G,E	hier., A	✓	✓ (Fuzzy)

Tab. 1.1: Zuordnung von existierenden Bewertungsansätzen zu den in Abb. 1.1 dargestellten Unterscheidungsmöglichkeiten

Im Folgenden werden verschiedene Bewertungsansätze zunächst für die Anwendung im OP vorgestellt, und anschließend solche, die auf Simulatoren eingesetzt werden. Dabei wird auf die zuvor eingeführten Unterscheidungsmöglichkeiten eingegangen.

Bewertung im OP

Im Bereich der Bewertung realer Operationen gibt es Ansätze mit und ohne Segmentierung der Durchführung in einzelne Schritte ebenso wie Ansätze mit oder ohne Merkmalsextraktion.

Bewertung ohne Segmentierung

Ein Beispiel für ein Bewertungssystem, bei dem Merkmale auf Grundlage nicht segmentierter Signale bestimmt werden, ist das „Imperial College Surgical Assessment Device" (ICSAD). Hier werden durch elektromagnetisches Tracking die Positionen der Hände der Chirurgen während einer OP aufgenommen [DATTA et al., 2001b]. Es werden Zeit, Strecke der Handbewegungen, mittlere Geschwindigkeit und Anzahl der Handbewegungen zur Bewertung angegeben [DOSIS et al., 2005]. Die Anzahl der Handbewegungen entspricht der Anzahl der Peaks im stark geglätteten Geschwindigkeitssignal und gilt als Maß für überlegte, zielgerichtete Bewegungen, [DATTA et al., 2001a] und [DOSIS et al., 2003]. Das ICSAD wurde durch verschiedene Studien validiert, vergl. [DARZI und MACKAY, 2001], [DATTA et al., 2002] und [BANN et al., 2003]. Wird eine OP mit einem Chirurgie-Roboter wie dem „da Vinci"-System durchgeführt, stehen durch die Schnittstellen direkt Informationen über die Instrumentenpositionen und -rotationen zur Verfügung. [DOSIS et al., 2003] und [VERNER et al., 2003] haben sehr ähnliche Merkmale wie beim ICSAD für die Bewertung am „da Vinci"-Roboter verwendet.

Bewertung mit Segmentierung

[CAO et al., 1999] gehörten zu den ersten, die eine gesamte Operation wie die Cholezystektomie zur Analyse in hierarchisch angeordnete Segmente eingeteilt haben. Dabei wird die gesamte OP zunächst in Schritte unterteilt, wie z.B. die Isolierung der Gallenblase. Schritte werden weiter in Teilaufgaben untergliedert, wie z.B. das Lösen des umgebenden Gewebes. Um eine Cholezystektomie noch detaillierter untersuchen zu können, werden innerhalb einer Teilaufgabe einzelne Aktionen unterschieden. Beim Lösen des umgebenden Gewebes sind z.B. Schneiden und Koagulieren mögliche Aktionen. Basierend auf der Segmentierung wird die für jeden Schritt notwendige Zeit bestimmt. So können Unterschiede zwischen verschiedenen Chirurgen mit unterschiedlicher Erfahrung festgestellt werden. Der Ansatz wurde anschließend von [MACKENZIE et al., 2001] für eine Fundoplicatio (Methode zur Behandlung von Sodbrennen) verfeinert. Hier werden Aktionen weiter in Unteraktionen eingeteilt. Ein Beispiel für eine Unteraktion ist das Stechen der Nadel durch das Gewebe.

Es wurde festgestellt, dass sich alle Aktionen und Unteraktionen durch die Bewegungsprimitive

- Anfahren und Ausrichten,

- Greifen und Halten/Schneiden,

- Drücken,

- Ziehen und

- Loslassen

ausdrücken lassen. [MACKENZIE et al., 2001] haben zur Unterscheidung von Leistungsniveaus auch die Zeit für die verschiedenen Schritte und Aktionen bestimmt. Außerdem wird die Art und die Anzahl der unterschiedlichen Aktionen festgehalten.
[EUBANKS et al., 1999] konnten zeigen, dass durch die Einteilung einer Cholezystektomie in Schritte und durch die Vergabe von Punkten für das Erfüllen bestimmter Aktionen
innerhalb der Schritte bzw. durch das Zählen von Fehlern Leistungsniveaus unterschieden werden können. Als Schritt einer Cholezystektomie wird z.B. das Trennen des Ductus Cysticus gewählt. Durch Beobachter wird hierbei die freigelegte Länge des Ductus
Cysticus bewertet, das Setzen von Clips und das Durchtrennen des Ductus Cysticus. Die
Einteilung einer Übung in Abschnitte und die Bestimmung von Merkmalen innerhalb
dieser ist für eine nachvollziehbare Definition von Merkmalen und eine detaillierte Bewertung wichtig, gerade bei komplexen Eingriffen im OP. Ein großer Nachteil der bisher
vorgestellten Ansätze ist jedoch, dass die Einteilung bzw. Bewertung nicht automatisiert
erfolgt, sondern von Beobachtern durchgeführt wird. So ist zum einen der zeitliche bzw.
personelle Aufwand sehr hoch und zum anderen kommt es zu Abweichungen zwischen
Beobachtern [ALLEMAN, 2005].
Ein anderer Ansatz zur Segmentierung mit anschließender automatisierter Bewertung
wird bei [ROSEN et al., 2000] eingeführt. Hier werden 14 aufgabenunabhängige Segmente gewählt, die den Bewegungsprimitiven von [MACKENZIE et al., 2001] sehr ähnlich sind wie z.B. die Aktion „Greifen und Öffnen". Den Bewegungsprimitiven werden eindeutige Kraft-Momenten-Signaturen zugeordnet [RICHARDS et al., 2000]. Dazu
werden die Kraft- und Momentenverläufe innerhalb einer realen OP gemessen. Zusätzlich werden die Bewegungsprimitive als Zustände eines (Hidden) Markov Model interpretiert, vergl. [ROSEN et al., 2001b] und [ROSEN et al., 2002]. Die Analyse der Zustände, der Transitionen zwischen den Zuständen, der Höhe der Kräfte und Momen-
te bzw. der Zeit in den Zuständen erlaubt eine Unterscheidung von Leistungsniveaus
[ROSEN et al., 2006]. Es wird ein Bewertungsmaß eingeführt, das den Unterschied zwischen dem Hidden Markov Model eines Trainierenden und einem allgemeinen Experten-
Modell bestimmt. Durch verschiedene Studien wie z.B. von [ROSEN et al., 2001b] konnte die Unterscheidbarkeit von Leistungsniveaus auf Grundlage des eingeführten Bewertungsmaßes gezeigt werden. [ROSEN et al., 2000] führten als eine der ersten eine teilau-
tomatisierte Bewertung minimal invasiver Fertigkeiten ein. Gleichzeitig ging ihr Ansatz
bereits über das grundlegende Zählen von Fehlern bzw. das Vergeben von Punkten für
das Erfüllen von Teilaufgaben hinaus. Ein Nachteil bei [ROSEN et al., 2000] ist, dass die

gewählten Segmente aufgabenunabhängig sind und deshalb unabhängig vom Kontext einer speziellen Tätigkeit betrachtet werden. So wird z.B. das Niveau der Kraft immer gleich bewertet, ob beim Schneiden oder beim Greifen eines Organs. Außerdem werden die Segmente nicht automatisiert, sondern durch Beobachter identifiziert.

[CRISTANCHO, 2008] hat einen auf einer hierarchischen Einteilung basierenden und für reale OPs geeigneten Bewertungsansatz entwickelt. Für die Segmentierung führt sie eine neue Darstellungsform ein, das so genanntes „Motor and Cognitive Modelling Diagram" (MCMD). Ein MCMD ist einem Zustandsdiagramm sehr ähnlich und eignet sich deshalb zur Darstellung von Sequenzen. Dabei werden zusätzlich kognitive Entscheidungen berücksichtigt. Es gibt vier Abstraktionsniveaus: Phasen, Aufgaben, Teilaufgaben und Aktionen. In den ersten drei Ebenen werden aufgabenspezifische Segmente unterschieden, vergl. [MCBETH et al., 2002]. Die Aktionen innerhalb der vierten Abstraktionsstufe sind dagegen aufgabenunabhängig definiert. Sie sind den von [MACKENZIE et al., 2001] oder [ROSEN et al., 2001a] eingeführten Bewegungsprimitiven sehr ähnlich. Zur Bewertung der chirurgischen Fertigkeit werden verschiedene Merkmale auf den unterschiedlichen Abstraktionsniveaus, basierend auf den gemessenen Instrumentenpositionen und -rotationen, bestimmt. Dabei werden z.B. Verteilungsfunktionen der Geschwindigkeitsverläufe, Hauptkomponentenanalysen oder Markov-Ketten berücksichtigt. In einer ersten Studie sind die Ergebnisse auf Grundlage des entwickelten Bewertungsansatzes nicht zufriedenstellend, da Anfänger und Erfahrene nur in wenigen Merkmalen unterschieden werden konnten. Auch wenn der Ansatz in der Studie von [CRISTANCHO, 2008] die Erwartungen nicht erfüllen konnte und die Segmentierung auf Grundlage einer Videoanalyse bzw. einer Beobachtung erfolgte, sind einige Aspekte erwähnenswert und wichtig. Bei der Segmentierung werden für eine Bewertung relevante Entscheidungen berücksichtigt. Zusätzlich sind die Segmente auf den ersten drei Abstraktionsniveaus aufgabenspezifisch und damit nachvollziehbar definiert. Es werden kontextabhängige Merkmale, die über die Zeit und die Anzahl von Fehlern hinausgehen, auf den unterschiedlichen Abstraktionsniveaus und für Segmente bestimmt. Gleichzeitig wird versucht, ein umfassendes Kriterium, die Beidhändigkeit, durch ein Merkmal zu charakterisieren. Es wird deutlich, dass die Bewertung von chirurgischen Fertigkeiten auf dem Niveau aufgabenunabhängiger Instrumentenbewegungen entgegen der Erfahrungen von [ROSEN et al., 2006] nicht immer möglich ist.

[MURPHY, 2004] entwickelte ein Konzept zur automatisierten Bewertung chirurgischer Fertigkeiten innerhalb einer OP. Dazu wird eine Durchführung zunächst auf Grundlage von Positionen und Geschwindigkeiten in aufgabenabhängige Segmente eingeteilt. Es werden vorher definierte aufgabenspezifische Gesten bestimmt, wie z.B. das Greifen und die Positionierung der Nadel bei einer Nähübung mit dem „da Vinci"-Roboter. Für die Bewertung wird die Zeit für eine Geste, die Anzahl der Gesten und ihre Sequenz betrachtet. Auf Grund von Schwierigkeiten bei der automatisierten Erkennung der Gesten konnte die Bewertung jedoch nicht im Detail untersucht werden. Auch wenn der Versuch nicht erfolgreich war, ist die automatisierte Erkennung von Segmenten ein wichtiger Schritt hin zu einer praktikableren Bewertung von minimal invasiven Fertigkeiten, da die zeitintensive Videoanalyse durch Beobachter entfällt.

Bewertung auf Simulatoren

In den bekannten Bewertungssystemen auf Simulatoren wird keine Segmentierung der Übungen berücksichtigt, so dass die zur Verfügung stehenden Signale ohne eine vorherige Einteilung für die Bewertung verwendet werden. Es gibt Ansätze, die auf der Bestimmung von Merkmalen basieren und andere Ansätze, die zur Bewertung minimal invasiver Fertigkeiten keine Merkmale benötigen.

Bewertung ohne Merkmalsextraktion

[MORAES und MACHADO, 2003] und [MORAES und MACHADO, 2006] stellen zwei Ansätze für die Bewertung auf VR-Simulatoren vor, in denen die gesamten Positions- und Kraftsignale bzw. die entsprechenden Ableitungen ohne vorherige Einteilung klassifiziert werden. Dazu werden Gaussian Mixture Models oder kombinierte Fuzzy-Bayes-Ansätze verwendet. Auf Grund effizienter Berechnungen ist eine zeitnahe Bewertung möglich. [SINIGAGLIA et al., 2005] und [MEGALI et al., 2006] nutzen ebenfalls statistische Ansätze zur Bewertung minimal invasiver Fertigkeiten. Hierzu werden Beschleunigungssignale mit dem VR-Simulator LapSim aufgenommen. Auf Grundlage der Kombination einer Short Time Fourier Transformation mit einer Vektor Quantisierung werden die gemessenen Signale verarbeitet und anschließend zum Training eines Hidden Markov Model für Experten verwendet. Das Experten-Modell dient dann als Referenz für die Bewertung eines Trainierenden. Der Nachteil der Ansätze ist, dass die eingeführten Metriken keine expliziten Aktionen oder Merkmale berücksichtigen und deshalb die Überprüfbarkeit bzw. Interpretation der Ergebnisse schwierig ist. Gleichzeitig können spezielle Annahmen von guter chirurgischer Leistung nicht explizit in das Bewertungssystem integriert werden, wie z.B. die Vorstellung, dass erfahrene Chirurgen weniger Blutungen verursachen als Anfänger. Zusätzlich ist die Bewertung sehr allgemein und es ist kein detailliertes Feedback möglich.

Bewertung mit Merkmalsextraktion

Die Bewertungssysteme auf kommerziell vertriebenen Simulatoren basieren auf Merkmalen, die auf Grundlage gemessener Signale und zusätzlicher Informationen wie Fehlern entwickelt werden. Bei der Analyse der gemessenen Signale wird keine Segmentierung vorgenommen. Es werden häufig einfache Merkmale für die gesamte Übung bestimmt wie Strecke oder Gesamtrotation der Instrumente [HAMILTON et al., 2002]. Andere Merkmale basieren auf dem Zählen von Ereignissen wie Fehlern bei der Ausführung, gesetzten Clips oder Kollisionen [LAMATA et al., 2006]. Durch Merkmale wird auch die Qualität von Aktionen wie das Schneiden an falschen Positionen charakterisiert [HEINRICHS et al., 2007]. Eine Gesamtbewertung ist nur auf einigen Simulatoren integriert, häufig in Form eines gewichteten Mittelwerts der Merkmale [SURGICALSCIENCE, 2010].

Der MIST-VR ist ein innerhalb vieler Studien untersuchter Simulator. Da er kein Force-Feedback besitzt, werden bei der Bewertung keine Kräfte berücksichtigt. Als Merkmale werden Zeit, Effizienz der Bewegung (Verhältnis von tatsächlich zurückgelegter zu kürzest möglicher Strecke), Anzahl aufgabenabhängiger Fehler und Effizienz der Diathermie (Koagulationszeit) verwendet, [HAMILTON et al., 2002], [FELDMAN et al., 2003] und [HAJSHIRMOHAMMADI, 2006]. Dabei werden die Merkmale für beide Hände bestimmt. Abhängig von der Aufgabe wird zusätzlich die maximale Verformung von Gewebe oder das Überdehnen des Fadens berücksichtigt. Ein Trainierender bekommt als Feedback die Werte für die Merkmale und eine Gesamtnote [COPE und FENTON-LEE, 2008]. Die genaue Berechnung der Gesamtbewertung auf Grundlage der Merkmale ist in der Literatur nicht dokumentiert. Studien von [TAFFINDER et al., 1998], [GRANTCHAROV et al., 2001] und [GALLAGHER und SATAVA, 2002] haben die Validität des Bewertungssystems gezeigt, da signifikant zwischen erfahrenen Chirurgen und Anfängern unterschieden wird.

Auf physikalischen Simulatoren wie dem „McGill Inanimate System for Training and Evaluation of Laparoscopic Skills" (MISTELS) werden häufig nur sehr einfache Merkmale bestimmt, vergl. [DEROSSIS et al., 1998]. Physikalische Simulatoren unterscheiden sich von VR-Simulatoren dadurch, dass die Übungen in einer realen Umgebung mit Instrumenten und Kamera in einer Box durchgeführt werden. Auf dem physikalischen Simulator MISTELS werden neben der Zeit für die Durchführung auch die Genauigkeit der Instrumentenbewegung bzw. die mittlere Geschwindigkeit als Merkmale verwendet [FELDMAN et al., 2003]. [FRIED et al., 2004] zeigten eine Korrelation der Bewertung mit der Erfahrung der Trainierenden.

[COTIN et al., 2002] haben fünf Merkmale definiert, die allgemein für die Bewertung auf laparoskopischen Simulatoren geeignet sind. Sie basieren auf den gemessenen Instrumentenpositionen und -rotationen bzw. ihren Ableitungen. Als Merkmale werden die Zeit der Durchführung und die Strecke der Instrumentenbewegung gewählt. Zusätzlich wird ein Maß für die Gleichmäßigkeit der Bewegung, für die Tiefenwahrnehmung und die Rotation der Instrumente eingeführt. Die Merkmale werden aufgabenunabhängig ausgedrückt, damit die Merkmale für verschiedene Übungen vergleichbar sind [STYLOPOULOS et al., 2003]. Zusätzlich wird eine Gesamtnote gegeben, die eine gewichtete Summe der einzelnen Merkmale darstellt und in die der Gesamterfolg der Übung eingeht, d.h. eine Aussage über das Bestehen der Übung. Die Merkmale wurden auf einem existierenden Simulator validiert [STYLOPOULOS und VOSBURGH, 2007]. Der Ansatz von [COTIN et al., 2002] ist erwähnenswert, da Kriterien, die wie die Tiefenwahrnehmung eine wichtige inhaltliche Aussage besitzen, durch einfache Merkmale ausgedrückt werden.

Neben den bereits vorgestellten und sehr allgemeinen Merkmalen gibt es VR-Simulatoren, die auch umfassendere, aufgabenspezifische Merkmale zur Beurteilung der Qualität einzelner Aktionen berücksichtigen. So wird z.B. auf dem LapMentor der Anteil an präpariertem Gewebe betrachtet und es wird ein Merkmal eingeführt, dass das Schädigen von wichtigen Strukturen charakterisiert [AGGARWAL et al., 2009]. Ebenfalls wird die Anzahl an falsch oder schlecht platzierten Clips berücksichtigt oder das Beibehalten der horizontalen Sicht, [LAMATA et al., 2006] und [KIM et al., 2009]. Zur Bewertung am „Reachin Laparoscopic Trainer", der mittlerweile nicht mehr vertrieben wird, wird die Bewegung der Instrumente außerhalb des Sichtfeldes betrachtet oder die Zeit in Kontakt zu Objekten. Auf dem LapSim Simulator wird der Blutverlust durch ein Merkmal ausgedrückt.

Bestimmung von zusammenfassenden Bewertungen mittels Fuzzy-Ansätze

[HUANG et al., 2005] und [HAJSHIRMOHAMMADI, 2006] haben versucht, die Merkmale, die auf dem MIST-VR bestimmt werden, mittels Fuzzy-Ansätze zu einer Gesamtnote zusammenzufassen. Auf Grundlage eines Fuzzy-Systems werden dabei Bewertungsvorschriften formuliert, die angeben, wie die Merkmale in eine zusammenfassende Benotung abgebildet werden. Die Identifikation der aufgabenspezifischen Fuzzy-Systeme basiert auf der Zuordnung von Trainierenden zu Erfahrungsniveaus. Die Ergebnisse der Bewertungen sind nicht zufriedenstellend. [HUANG et al., 2005] konnten bei zwei Grundlagenübungen nur 4% bzw. 33% der Probanden dem korrekten Leistungsniveau zuordnen. [HAJSHIRMOHAMMADI, 2006] hat ca. 60% der Testpersonen korrekt klassifiziert. [HUANG et al., 2005] haben versucht mit einem „Adaptive-Network-based Fuzzy Inference System" (ANFIS), das einem Takagi-Sugeno-System mit adaptiv erstellter Regelbasis entspricht, drei Leistungsniveaus zu unterscheiden. Auch [HAJSHIRMOHAMMADI und PAYANDEH, 2007] konnten mit einem Mamdani-System drei Leistungsniveaus nicht zuverlässig trennen. Für die Ergebnisse gibt es verschiedene Ursachen. Zum einen ist bei [HUANG et al., 2005] die Anzahl der zur Verfügung stehenden Daten mit nur 12 Teilnehmern und jeweils vier Durchführungen pro Übung relativ gering. Zum anderen scheint in beiden Studien die Zuordnung der Experimente zu den für die Identifikation der Fuzzy-Systeme notwendigen Trainings- und Testmengen ungeeignet. Die aufgenommenen Daten werden jeweils zur Hälfte der Trainings- und zur anderen Hälfte der Testmenge zugeordnet. Die Fuzzy-Systeme werden anschließend basierend auf allen Daten in der Trainingsmenge entwickelt. Es wird nicht beachtet, dass es Leistungsunterschiede innerhalb von Gruppen gleicher bzw. Überschneidungen zwischen Gruppen unterschiedlicher Erfahrungen gibt. Trotz der nicht zufriedenstellenden Ergebnisse in beiden Studien scheint die Idee vielversprechend, minimal invasive Fertigkeiten basierend auf Fuzzy-Systemen zu bewerten. Generell können durch Fuzzy-Ansätze auf Grund des Konzepts der Unschärfe Unsicherheiten in den zur Verfügung stehenden Daten berücksichtigt werden. Das ist gerade bei der Bewertung minimal invasiver Fertigkeiten relevant, da Leistungsunterschiede innerhalb der Gruppen gleicher Erfahrung bestehen und die Gruppen unterschiedlicher Erfahrungen auf Grund von Überschneidungen bei den Leistungen nicht scharf voneinander getrennt werden können.

In der Arbeit von [FENG et al., 2008] wird zur Bewertung an einem physikalischen Simulator, dem „Virtual Assistive Surgical Trainer" (VAST), ein mehrschichtiges Fuzzy-System entwickelt. Es werden die Positionen und Rotationen der Instrumente aufgenommen. Durch drei Merkmale wird die Geradlinigkeit der Bewegung im Raum beschrieben sowie die Gleichmäßigkeit bzw. Effizienz der Bewegung. Die Idee zur Bewertung der Gleichmäßigkeit der Bewegung basiert auf der Annahme, dass Experten länger eine relativ hohe Geschwindigkeit beibehalten als Anfänger [STYLOPOULOS et al., 2003]. Für eine zusammenfassende Bewertung werden zwei Fuzzy-Systeme kombiniert, die jeweils zwei Eingänge und einen Ausgang besitzen. Es werden zwei Merkmale als Eingänge für das erste Fuzzy-System gewählt. Das sich anschließende Fuzzy-System hat den Ausgang des vorgeschalteten Systems und das dritte Merkmal als Eingang. Durch das Hintereinanderschalten wird die Anzahl der möglichen Regeln innerhalb der einzelnen Fuzzy-Systeme reduziert. Außerdem sind die Regeln gut interpretierbar und das Gesamtsystem kann bei zusätzlichen Merkmalen einfach erweitert werden. Jedoch gibt es keine inhaltliche Begründung für das Zusammenschalten der jeweiligen Merkmale.

1.2.3 Einsatz von Virtual Reality Simulatoren in Grid-Umgebungen

Zum Training auf kommerziell vertriebenen VR-Simulatoren in der MIC wird die Simulationssoftware in der Regel auf lokaler Hardware ausgeführt [MAASS et al., 2008]. Jedoch ist das Potenzial einer Grid-Umgebung gerade auch für die Medizin seid längerem bekannt, [SATAVA, 1994] und [FOSTER und KESSELMAN, 2001]. So gibt es im Bereich der Forschung verschiedene Ansätze, um die Vorteile einer Grid-Umgebung für das Chirurgie-Training auszunutzen.

Ein Bereich der Entwicklung zielt darauf ab, die Grid-Umgebung für kollaboratives Training zu verwenden. Dann teilen verschiedene Personen einen gemeinsamen virtuellen Raum und interagieren in der Umgebung, wobei der virtuelle Raum über räumlich getrennte Orte hinweg und deshalb in einer Grid-Umgebung aufgebaut wird [CAKMAK et al., 2009]. Bei den im Folgenden vorgestellten haptischen, kollaborativen Trainingsumgebungen stehen zusätzlich Kräfte für ein Force-Feedback zur Verfügung. Beispielsweise haben [HUTCHINS et al., 2006] ein kollaboratives Trainingssystem für die Knochenchirurgie entwickelt. Jedoch werden hier keine deformierbaren Objekte betrachtet und die Anzahl der Teilnehmer für das kollaborative Arbeiten ist eingeschränkt, d.h. dass meinst nur ein Trainierender und ein Ausbilder gemeinschaftlich interagieren. [GUNN et al., 2004] bzw. [GUNN et al., 2005] haben ein Trainingssystem für die Cholezystektomie vorgestellt, das zwar die Deformation von Objekten ermöglicht, jedoch keine komplexen chirurgischen Interaktionen erlaubt. Das zeigt sich darin, dass zu einem Zeitpunkt nicht mehrere Objekte gleichzeitig verformt werden können. Deshalb kann eine Cholezystektomie noch nicht unter realistischen Bedingungen von verschiedenen Teilnehmern gemeinsam durchgeführt werden. Das Konzept des Telementoring wurde für die Augenchirurgie von [BOULANGER et al., 2006] und [SHEN et al., 2008] als Erweiterung des haptischen, kollaborativen Arbeitens vorgestellt. Dabei steht während des Telementoring die Ausbildung eines Anfängers durch einen Experten, den Mentor, im Vordergrund. Jedoch ist es bei dem vorgestellten Ansatz nicht möglich, dass sowohl Ausbilder als auch Trainierender gleichzeitig Aktionen innerhalb der Simulation durchführen. Deshalb geht der kollaborative Aspekt des Trainings verloren.

Neben dem kollaborativen Arbeiten in einer virtuellen Umgebung nutzen Forschungsgruppen das Grid für die Auslagerung zeitintensiver Berechnungen. So gibt es Anwendungen für Simulationen im Bereich der Gesichtschirurgie, des Herz-Kreislauf-Systems, für die Radiochirurgie oder für Simulationen im Bereich der Gefäßchirurgie, [CHRISOCHOIDES et al., 2006] und [MEDIGRID, 2010].

KisGrid stellt ein Netzwerk für das Chirurgie-Training dar, das im Institut für Angewandte Informatik am Karlsruher Institut für Technologie entwickelt wurde, [MAASS et al., 2008] und [CAKMAK et al., 2009]. Im Gegensatz zu den vorhergehenden Ansätzen wird hier eine umfassende Grid-Umgebung für Chirurgie-Simulatoren zur Verfügung gestellt. Neben dem haptischen, kollaborativen Training bzw. Mentoring können zusätzlich verschiedene Kommunikationswege genutzt werden, um sich mit anderen Trainierenden bzw. Ausbildern z.B. über eine Videokonferenz auszutauschen oder um das Training anderer als Zuschauer mitzuverfolgen. Darüber hinaus kann beispielsweise auch auf eine Modellbibliothek und eine Trainingsdatenbank zugegriffen werden [CAKMAK et al., 2010].

Wenig beachtet wurde bis jetzt die Möglichkeit der Bewertung chirurgischer Fertigkeiten innerhalb einer Grid-Umgebung. Es ist nur das Konzept von [MORAES und MACHADO, 2007a] bzw. [MORAES und MACHADO, 2007b] bekannt, das die Bewertung der Leistung von Trainierenden bei kollaborativem Arbeiten betrachtet. Dabei wird jedoch nur eine prinzipielle Methodik vorgestellt und keine tatsächliche Bewertung von Trainierenden durchgeführt. Da es verschiedene Vorteile für die Implementierung eines Bewertungssystems in einer Grid-Umgebung gibt, ist es erstaunlich, dass bisher keine Umsetzungen bekannt sind. Das gilt sowohl für Forschungsprojekte zur Bewertung chirurgischer Fertigkeiten als auch für kommerziell vertriebene VR-Simulatoren. So erlaubt die Implementierung eines Bewertungssystems in einer Grid-Umgebung einerseits die Auslagerung zeitintensiver Berechnungen, die für eine umfassende Bewertung häufig notwendig sind, und andererseits die von einem speziellen Simulator unabhängige Beurteilung von Trainierenden.

1.3 Zielsetzung der Arbeit

Die automatisierte Bewertung der Durchführung auf einem VR-Simulator ist für das Erlernen chirurgischer Fertigkeiten von großer Bedeutung. Zwar gibt es bereits erste Ansätze, d.h. sowohl auf kommerziell vertriebenen Simulatoren als auch im Bereich der

Forschung, jedoch sind die Methoden häufig nicht umfassend genug, die Ergebnisse sind nur schwer nachvollziehbar oder Probanden mit verschiedenen Leistungsniveaus lassen sich nicht eindeutig unterscheiden. Deshalb ist das Ziel der vorliegenden Arbeit, ein neues Konzept für die automatisierte Bewertung chirurgischer Fertigkeiten in der MIC zu entwickeln. Dabei lassen sich folgende Teilziele unterscheiden:

1. Entwicklung eines umfassenden Konzepts zur Bewertung chirurgischer Fertigkeiten in der MIC auf Grundlage der Durchführung auf einem VR-Simulator und unter Sicherstellung einer detaillierten bzw. leicht interpretierbaren Beurteilung des Trainierenden,

2. Realisierung des neuen Bewertungsansatzes für den VR-Simulator VSOne und Implementierung in einer Grid-Umgebung zur Sicherstellung einer zeitnahen bzw. vom einzelnen Simulator unabhängigen Bewertung,

3. Validierung des Bewertungssystems auf Grundlage zweier Studien, d.h mit Nicht-Medizinern und Medizinern, und basierend auf einem Fragebogen.

In Kapitel 2 wird das Konzept zur Bewertung minimal invasiver Fertigkeiten vorgestellt. Dazu wird zunächst ein mehrstufiger Bewertungsansatz eingeführt, der die bisher gängige unabhängige Betrachtung von Merkmalen methodisch überwinden soll. Die Umsetzung des Bewertungsansatzes erfolgt hier in drei Schritten, siehe Abb. 1.2: (1) Merkmalsextraktion, (2) Merkmalsselektion, (3) Entwicklung von Bewertungsvorschriften. Die dazu erarbeiteten Methoden werden vorgestellt ebenso wie der Ansatz zur Implementierung des Bewertungssystems in einer Grid-Umgebung.

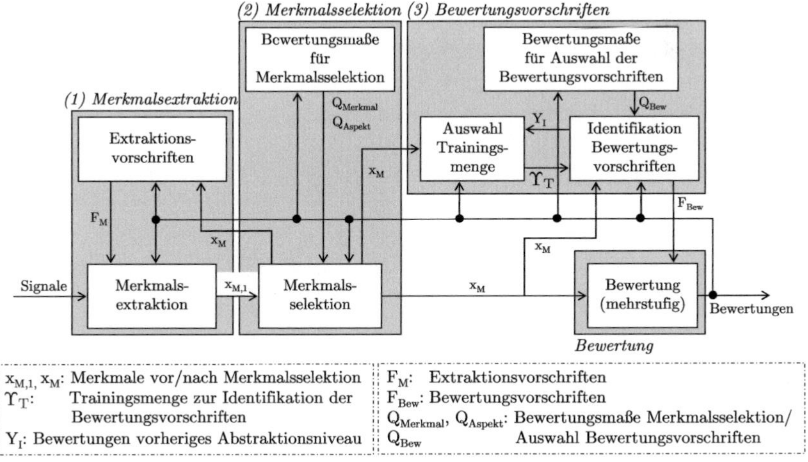

Abb. 1.2: Notwendige Schritte zur Entwicklung eines Bewertungssystems

In Kapitel 3 wird die Realisierung des neuen Bewertungsansatzes für den VR-Simulator VSOne beschrieben. Dazu werden zunächst die zu bewertenden Übungen vorgestellt. Dann werden die zuvor eingeführten Methoden für die verschiedenen Übungen umgesetzt. Dabei werden aufgabenabhängige Extraktionsvorschriften zur Merkmalsbestimmung definiert und Bewertungsmaße zur Auswahl geeigneter Merkmale, siehe Abb. 1.2. Darüber hinaus werden für die Identifikation der Bewertungsvorschriften Trainingsmengen bestimmt ebenso wie Bewertungsmaße zur Auswahl geeigneter Bewertungsvorschriften, siehe Abb. 1.2. Am Ende des Kapitels wird vorgestellt, wie die verschiedenen Bewertungen kombiniert werden, um eine Beurteilung entsprechend des mehrstufigen Ansatzes zu ermöglichen.

Um die Validität des Bewertungssystems zu zeigen, werden Studien mit Nicht-Medizinern und Medizinern durchgeführt, siehe Kapitel 4. Zur Auswertung der Ergebnisse werden sowohl die Unterschiede zwischen verschiedenen Erfahrungsgruppen analysiert als auch die Form der Lernkurven. Zusätzlich werden die Ergebnisse der Studien mit denen eines Fragebogens für Mediziner verglichen.

Kapitel 5 fasst die wesentlichen Aussagen der Arbeit zusammen und gibt einen Ausblick über mögliche Weiterentwicklungen.

2 Neues Konzept zur Bewertung chirurgischer Fertigkeiten in der MIC

Zur Bewertung minimal invasiver Fertigkeiten wird zunächst ein mehrstufiger Bewertungsansatz in Abschnitt 2.1 vorgestellt. Für die Umsetzung des Ansatzes sind die in Abschnitt 1.3 beschriebenen Schritte notwendig. Dazu wird eine Methodik für die einzelnen Schritte entwickelt. In Abschnitt 2.2 wird auf die Merkmalsextraktion eingegangen. Generell können beliebig viele Merkmale definiert werden, jedoch sind nicht alle Merkmale für eine Bewertung geeignet. Deshalb wird in Abschnitt 2.3 eine Methode vorgestellt, die die Auswahl geeigneter Merkmale erlaubt. Damit die Trainierenden Bewertungen in Form von Noten erhalten, müssen Bewertungsvorschriften entwickelt werden. Die Anforderungen an eine solche Vorschrift werden in Abschnitt 2.4 definiert. Der Bewertungsansatz soll für einen VR-Simulator unter Sicherstellung einer zeitnahen und vom einzelnen Simulator unabhängigen Beurteilung umgesetzt werden. Deshalb wird eine Methodik zur Implementierung des Bewertungssystems in einer Grid-Umgebung vorgestellt, siehe Abschnitt 2.5.

2.1 Neuer mehrstufiger Bewertungsansatz

Für eine umfassende Methodik muss der Bewertungsansatz auf verschiedene Übungen unterschiedlicher Schwierigkeitsgrade übertragbar sein, vergl. [BOLL et al., 2008a] und [BOLL et al., 2009c]. Deshalb wird die ausgeführte Übung zunächst einer ihrer Anforderungen entsprechenden Gruppe zugeordnet, wie in der schematischen Darstellung des Bewertungsansatzes in Abb. 2.1 gezeigt ist. Die Einteilung der Übungen in drei Schwierigkeitsgrade entsprechend der von [RASMUSSEN, 1983] definierten Verhaltensebenen erlaubt eine solche Gruppierung. Dabei werden folgende **Verhaltensebenen** unterschieden:

- Verhaltensbasiert: Aufgaben und Fertigkeiten, die nach einer Lernphase automatisiert werden können (Beispiel: Setzen einer Naht),

- Regelbasiert: Aufgabenausführungen basierend auf gespeicherten Vorschriften (Beispiel: Operation mit vorgegebenen Schritten, Erkennung der Anatomie),

- Wissensbasiert: Unbekannte Situationen, in denen eigene Strategien entwickelt werden müssen (Beispiel: Komplikationen während einer Operation).

Da in der MIC Anforderungen aus allen drei Bereichen erfüllt werden müssen, sollten Übungen aus möglichst vielen Verhaltensebenen innerhalb des Bewertungssystems

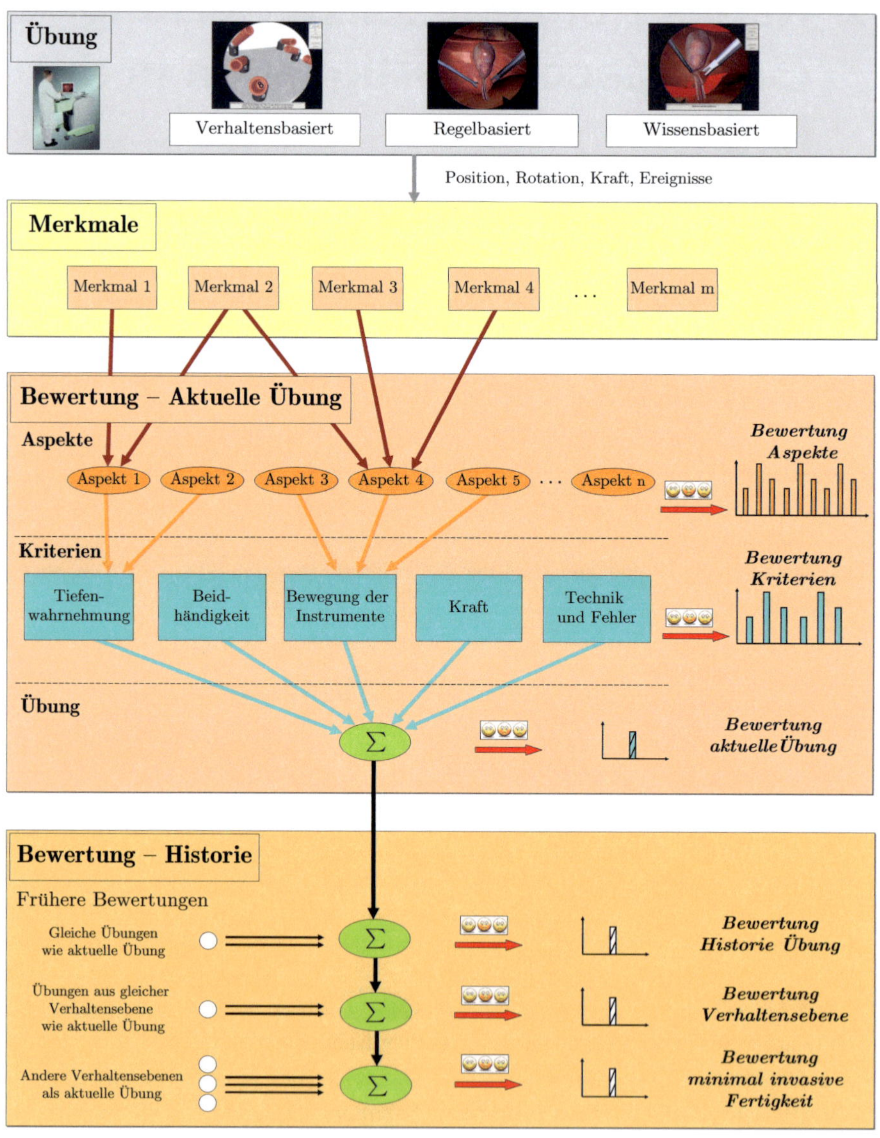

Abb. 2.1: Mehrstufiger Bewertungsansatz

berücksichtigt werden, vergl. [STASSEN et al., 2001]. Nur so ist eine umfassende Beurteilung der chirurgischen Fertigkeit möglich.

Bei der Bewertung einer Übung werden drei wesentliche Abstraktionsgrade unterschieden:

1. Bestimmung der Merkmale,

2. Bewertung der aktuellen Übung und

3. Bewertung der Historie.

Der erste Abstraktionsgrad entspricht der Merkmalsbestimmung, vergl. Abb. 2.1. Die aufgabenspezifischen **Merkmale** entstehen durch die Anwendung aufgabenabhängiger Extraktionsvorschriften auf die aus der Simulation zur Verfügung stehenden Informationen, wie z.B. die Positionen der Instrumente. Sie charakterisieren grundlegende Eigenschaften der Durchführung einer Übung und bilden die Grundlage für die anschließenden Bewertungen. Merkmale sind z.B. das Volumen der konvexen Hülle der Trajektorie einzelner Instrumente, die zurückgelegte Strecke der Instrumente oder die Zeit für die Durchführung einer Übung.

Der zweite Abstraktionsgrad umfasst die Bewertungen der aktuellen Übung, siehe Abb. 2.1. Hier werden drei Niveaus unterschieden. Auf dem ersten Niveau werden verschiedene Merkmale zu einem so genannten Aspekt kombiniert, um die Bewertung eines Aspektes zu ermöglichen. Ein **Aspekt** fasst inhaltlich sehr ähnliche Merkmale zusammen, hat eine bestimmte Bedeutung für den Menschen und ist gleichzeitig aufgabenspezifisch. Ein Beispiel für einen Aspekt ist die Kamerahandhabung. Auf dem zweiten Niveau werden die Aspekte zu umfassenden Kriterien kombiniert. **Kriterien** stellen allgemeine Anforderungen bei minimal invasiven Eingriffen dar und erlauben wichtige, nachvollziehbare Aussagen. Dabei sind die Kriterien aufgabenunabhängig, d.h. dass für verschiedene Übungen dieselben Kriterien verwendet werden. In der vorliegenden Arbeit werden auf Grundlage der Aspekte folgende Kriterien bewertet:

- Tiefenwahrnehmung,

- Bewegung der Instrumente,

- Kraft,

- Beidhändigkeit,

- Technik und Fehler.

Die Kriterien sind geeignet, da die ihnen sehr ähnlichen GOALS-Kriterien für die Bewertung durch erfahrene Chirurgen im OP bereits validiert wurden. Hierfür konnte gezeigt werden, dass sie eine signifikante Unterscheidung von Leistungsniveaus erlauben, [VASSILIOU et al., 2005] und [GUMBS et al., 2007]. Die Kriterien wurden bisher noch nicht für eine automatisierte Bewertung an einem Simulator verwendet. Auf dem dritten Niveau werden die Einzelbewertungen in den Kriterien zu einer Gesamtaussage über die Übung kombiniert.

Durch die Definition der Abstraktionsniveaus werden sowohl die gesamte Übung als auch die umfassenden Kriterien und die einfacheren Aspekte bewertet. Die Verbindung von aufgabenspezifischen Merkmalen bzw. Aspekten und aufgabenübergreifenden Kriterien ist neu und sinnvoll, da so einerseits eine detaillierte und nachvollziehbare Auswertung möglich ist. Andererseits können Bewertungen für verschiedene Übungen verglichen werden. Das gilt für die Beurteilung der aufgabenunabhängigen Kriterien und der gesamten Übungen.

Der dritte Abstraktionsgrad umfasst die Bewertungen der Historie auf drei Niveaus, vergl. Abb. 2.1. Die **Historie** beschreibt alle vorherigen Durchführungen eines Trainierenden. Auf dem ersten Niveau werden die vorherigen Durchführungen derselben Übung in einer Bewertung berücksichtigt. Dann werden die verschiedenen Übungen der gleichen Verhaltensebene zusammen bewertet. Da für eine umfassende Beurteilung jedoch Anforderungen aus allen Verhaltensebenen berücksichtigt werden müssen, werden auf dem dritten Niveau die Bewertungen der verschiedenen Verhaltensebenen zusammengefasst. Dadurch ist eine umfassende Beurteilung der chirurgischen Fertigkeiten eines Trainierenden möglich. Im Folgenden wird deshalb die Bewertung innerhalb der letzten Auswertestufe als Beurteilung der (umfassenden) minimal invasiven Fertigkeit bezeichnet.

Neu ist hier, dass die Historie auf einem Simulator im Bereich der MIC bewertet wird. Das ist jedoch sinnvoll, da so die natürlichen Leistungsschwankungen gerade bei Anfängern berücksichtigt werden. Unterschiedliche Übungen stellen verschiedene Anforderungen an den Trainierenden. Deshalb ist es wichtig, Bewertungen zu geben, die das Verhalten während unterschiedlicher Übungen zusammenfassen. So reicht es für einen guten Chirurgen nicht aus, nur die Kamera navigieren zu können. Er muss auch unter unvorhergesehenen Situationen wie auftretenden Blutungen richtig reagieren. Das wird sowohl durch die Bewertung der Verhaltensebenen umgesetzt als auch durch die im letzten Bewertungsschritt generierte Beurteilung der minimal invasiven Fertigkeit.

Dem Trainierenden werden Bewertungen auf den verschiedenen Abstraktionsniveaus gegeben. Für jede Beurteilung wird eine eigene Bewertungsvorschrift erstellt. Die Vorgehensweise hat inhaltliche Vorteile, weil ein umfassendes, sehr differenziertes und nachvollziehbares Feedback gegeben wird. Der Trainierende wird optimal im Lernprozess unterstützt, da er differenzierte Aussagen über Stärken bzw. Schwächen erhält [SWING, 2002]. Die zusammenfassenden Bewertungen wirken motivationssteigernd und führen dazu, dass der Trainierende die Übungen häufiger durchführt [SIDHU et al., 2004]. Der mehrstufige Bewertungsansatz bietet gleichzeitig auch Vorteile bei der Entwicklung eines vollständigen Bewertungssystems. So existiert keine einzelne Bewertungsvorschrift, die die Beurteilung der gesamten Übung ohne Zwischenschritte erlaubt. Vielmehr werden verschiedene Bewertungsvorschriften mit einer geringeren Komplexität hierarchisch miteinander verbunden. Deshalb ist die Anzahl der Eingänge für jede Bewertungsvorschrift geringer und es sinkt der Rechenaufwand für die Entwicklung der einzelnen Bewertungsvorschriften [HUWENDIEK und BROCKMANN, 1998]. Das erlaubt im Umkehrschluss mehr Merkmale zu berücksichtigen und damit eine detailliertere Bewertung. Gleichzeitig sind die Bewertungsvorschriften leichter interpretierbar und die Güte des Bewertungssystems ist häufig höher, [XU et al., 1992] und [MIKUT et al., 2008].

2.2 Neue Methodik zur Merkmalsextraktion

Die Merkmalsextraktion beschreibt das Generieren von Merkmalen aus Informationen, die aus der Simulation bekannt sind. So wird z.B. die Position der Instrumente zur Bestimmung von Merkmalen ausgewertet. Die Merkmale stellen die Grundlage für die Bewertung dar und sind deshalb für die Interpretierbarkeit der Bewertung wichtig. Die Methodik zur Merkmalsextraktion muss die nachvollziehbare Bestimmung der Merkmale ermöglichen und gleichzeitig auf alle Übungen, unabhängig vom Schwierigkeitsgrad, übertragbar sein. Zusätzlich soll hier ein Ansatz vorgestellt werden, der neben der eigentlichen Merkmalsextraktion während einer Durchführung auch die systematische Identifikation von relevanten Merkmalen erlaubt. Die Identifikation von Merkmalen findet dabei im Rahmen der Entwicklung eines Bewertungssystems statt. Im Bereich der Bewertung chirurgischer Fertigkeiten ist bisher keine Methodik bekannt, die die Identifikation von Merkmalen in den Vordergrund stellt, obwohl das gerade bei komplexen Übungen wie einer Cholezystektomie nicht trivial ist.
Die neue Methodik zur Merkmalsextraktion ist in Abb. 2.2 schematisch dargestellt. Grundsätzlich sollen Merkmale zur Bewertung der gesamten Übung bestimmt werden. Deshalb könnten die Merkmale, wie auf anderen Simulatoren üblich, direkt aus den aufgenommenen und unsegmentierten Signalen extrahiert werden. Als wesentlich für die Interpretierbarkeit bzw. die Akzeptanz eines Bewertungssystems wird hier jedoch die Segmentierung einer Übung eingeschätzt. Deshalb wird bei der Merkmalsextraktion

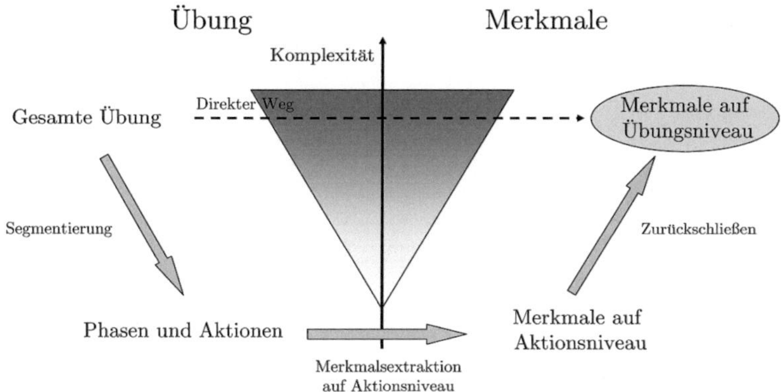

Abb. 2.2: Ansatz zur Merkmalsextraktion

im Grunde ein „Umweg" gegangen. Die komplexe Übung wird zunächst hierarchisch in weniger komplexe Schritte, hier als Phasen und Aktionen bezeichnet, eingeteilt. Die Merkmale werden dann während einer Phase innerhalb einzelner, aufgabenspezifischer Aktionen aus den zur Verfügung stehenden Informationen extrahiert. Im letzten Schritt wird von Merkmalen innerhalb von Aktionen auf Merkmale mit Aussagen über die gesamte Übung geschlossen. Dabei werden Merkmale, die für gleichartige Aktionen zu unterschiedlichen Zeitpunkten bestimmt wurden, zu einer Gesamtaussage zusammengefasst. Wird z.B. bei einer Übung mehrmals die Gallenblase aufgespannt, so wird jedes Mal die Strecke der Instrumentenbewegung während der Aktion bestimmt. Um Aussagen über die gesamte Übung zu ermöglichen, wird z.B. der Mittelwert der Einzelstrecken gebildet. Erst dann ist bekannt, wie viel ein Trainierender das Instrument beim Aufspannen der Gallenblase durchschnittlich bewegt. So können nachvollziehbare Merkmale definiert werden.

Im Folgenden werden die Methoden zur Segmentierung einer Übung in Phasen und Aktionen, zur Merkmalsextraktion auf Aktionsniveau und zur Bestimmung der Merkmale auf Übungsniveau vorgestellt.

2.2.1 Segmentierung

Bei der Segmentierung werden die gesamte Übung bzw. die zur Verfügung stehenden Signale in disjunkte, semantische Teilschritte bzw. Abschnitte zerlegt. Als **Signale** werden Informationen verstanden, die während der Simulation aufgenommen und zur Bewertung verwendet werden. Das können einerseits so genannte „kontinuierliche" Signale sein, die wie die Instrumentenpositionen mit einer bestimmten Abtastfrequenz aufgenommen werden, vergl. Abb. 2.3. Andererseits stehen diskrete, unregelmäßig auftretende Ereignisse zur Auswertung zur Verfügung. Mögliche Ereignisse sind Informationen über Blutungen oder berührte Objekte. Die Einteilung in verschiedene Schritte ist gerade bei komplexen Eingriffen sinnvoll. Es steigt zum einen die Nachvollziehbarkeit der Bewertung und zum anderen können Segmente identifiziert werden, die eine Unterscheidung von Leistungsniveaus erlauben [CAO et al., 1999], auch wenn die Unterscheidbarkeit für die gesamte Übung nicht gilt. In bisherigen Bewertungsansätzen werden Eingriffe nur dann segmentiert, wenn die Bewertung nicht am Simulator sondern während einer OP erfolgt.

In der vorliegenden Arbeit wird eine hierarchische Zerlegung mit drei Abstraktionsniveaus gewählt, wobei die Segmente wie bei [EUBANKS et al., 1999] oder [MURPHY, 2004] aufgabenabhängig sind. So können die Tätigkeiten abhängig vom Kontext bewertet werden und die Nachvollziehbarkeit steigt. Es werden ein Übungsniveau, ein Phasenniveau und ein Aktionsniveau unterschieden, vergl. Abb. 2.3. Das Übungsniveau entspricht der gesamten Übung ohne Segmentierung. Auf Phasenniveau werden verschiedene Phasen unterschieden und auf Aktionsniveau unterschiedliche Aktionen.

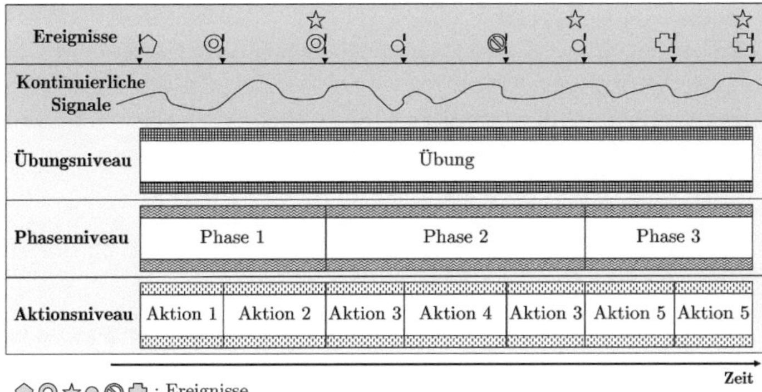

Abb. 2.3: Segmentierung

Die aufgabenabhängigen Phasen und Aktionen zeichnen sich durch folgende Eigenschaften aus:

- Phasen: Phasen sind (Operations-) Schritte bzw. Teilziele, die zum erfolgreichen Beenden einer Übung notwendig sind. Bei der Cholezystektomie ist z.B. das Ausschälen der Gallenblase aus dem Leberbett eine Phase [HIRNER und WEISE, 2004].

- Aktionen: Aktionen sind Tätigkeiten innerhalb einer Phase. Während der Cholezystektomie sind z.B. das Clippen und Schneiden des Gallenblasengangs mögliche Aktionen.

Die Übung wird zunächst in sequentiell auftretende Phasen eingeteilt, vergl. Abb. 2.3. Dadurch wird die Implementierung wesentlich beeinflusst. Die Phasen können direkt nach ihrer Beendigung bewertet werden, ohne dass die gesamte Übung abgeschlossen ist. So ist eine Parallelisierung möglich, die eine zeitnahe Bewertung erlaubt und in einer Grid-Umgebung einfach realisierbar ist.

Die Phasen werden weiter in aufgabenabhängige Aktionen eingeteilt, siehe Abb. 2.3, die durch geeignete Merkmale bewertet werden sollen. Es lassen sich drei Typen von Aktionen unterscheiden: Zielführende Aktionen, unterstützende Aktionen und übrige Aktionen. **Zielführende Aktionen** entsprechen den notwendigen Tätigkeiten zum Erreichen eines Teilziels und treten wie Phasen sequentiell auf. Ein Beispiel ist das Präparieren des Bindegewebes. **Unterstützende Aktionen** werden demgegenüber immer gleichzeitig zu zielführenden Aktionen mit dem Instrument in der anderen Hand ausgeführt. Das kann z.B. das Aufhalten des Gallenblasengangs mit der zweiten Hand sein, um beim Präparieren des Bindegewebes das Gewebe besser zu erreichen. Zu den **übrigen Aktionen** zählen alle Aktionen, die weder zielführend noch unterstützend sind. Ein Beispiel ist der Greifversuch zum Fassen der Gallenblase. Durch Merkmale kann z.B. die Häufigkeit von Aktionen charakterisiert werden. Eine Aktion ist nicht auf eine Art der Ausführung beschränkt. Die Ausführung unterscheidet sich durch die Wahl des Instruments und die

Hand, mit der die Aktion ausgeführt wird. Das Präparieren des Bindegewebes kann z.B. mit einem aktivierten Koagulationshaken in der rechten Hand ausgeführt werden oder mit einem Greifer in der linken Hand.

Um den Beginn und das Ende einer Übung, einer Phase oder einer Aktion zu identifizieren, werden die in einer Simulation auftretenden Ereignisse ausgewertet, vergl. Abb. 2.3.

Darstellungsformen der Segmentierung

Zwei Darstellungsformen werden hier eingeführt, um die erkannten Phasen und Aktionen zu visualisieren. Sie sollen dabei folgende Schritte unterstützten:

1. Identifikation von relevanten Merkmalen während der Entwicklung eines Bewertungssystems und

2. Merkmalsextraktion bei der Bewertung einer Durchführung.

Die erste Darstellungsform ist ein Zustandsdiagramm auf Phasen- und Aktionsniveau. Hierbei werden Zustände und Entscheidungen über Transitionen und Kreuzungen verbunden. Abbildung 2.4 zeigt ein schematisches Zustandsdiagramm. Zustände werden durch Blöcke dargestellt und Entscheidungen durch Rauten. Kreuzungen entsprechen großen, ausgefüllten Kreisen. Auf Phasenniveau wird eine Übung durch Phasen und Entscheidungen dargestellt. Auf Aktionsniveau werden die einzelnen Phasen durch Aktionen und andere Entscheidungen beschrieben. Dabei werden nur die zielgerichteten Aktionen, die zum erfolgreichen Beenden einer Phase notwendig sind, unabhängig von ihrer Ausführung berücksichtigt. Die unterstützenden und übrigen Aktionen werden ver-

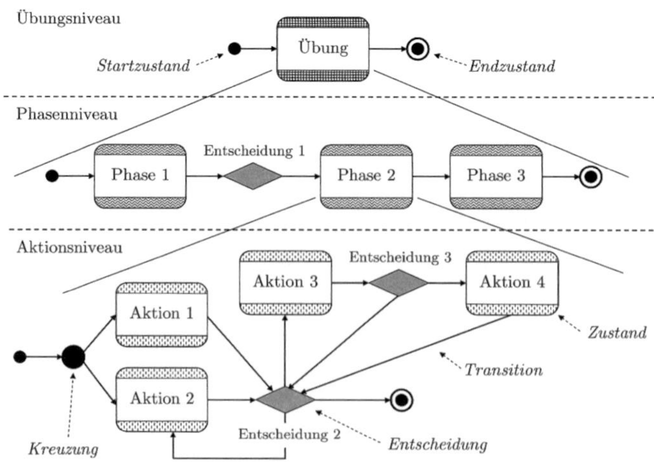

Abb. 2.4: Zustandsdiagramm auf Phasen- und Aktionsniveau

nachlässigt, da nur die zielgerichteten Aktionen bewertet werden sollen. Die Phasen und Aktionen entsprechen den Zuständen im Zustandsdiagramm.

Durch Zustandsdiagramme lassen sich die notwendigen Schritte innerhalb einer Übung darstellen. Somit drücken Zustandsdiagramme die Anforderungen an die Trainierenden bzw. die für eine Bewertung wichtigen Gesichtspunkte aus. Das beinhaltet nicht nur die zu erfüllenden Operationsschritte, sondern auch zu treffende Entscheidungen während eines Eingriffes, [CAO et al., 1999] und [CRISTANCHO, 2008]. Durch Entscheidungen werden hier die Vorgaben an die Trainierenden ausgedrückt. So beschreibt die Entscheidung „Clip Arterie fertig?" die Vorgabe, dass vor dem Schneiden der Arterie drei Clips gesetzt werden müssen. Kreuzungen stellen dagegen Gabelungen dar, bei denen der Trainierende einen Weg im Zustandsdiagramm wählt, ohne dass eine Vorgabe betroffen wird. Es ist z.B. unerheblich, ob ein Trainierender zuerst an den Gallenblasengang oder an die Arterie einen Clip setzt. Deshalb wird der Knotenpunkt im Zustandsdiagramm durch eine Kreuzung und nicht durch eine Entscheidung dargestellt. Zustandsdiagramme eignen sich durch ihre übersichtliche, strukturierte Form zur Identifikation relevanter Merkmale bei der Entwicklung eines Bewertungssystems.

Durch Zustandsdiagramme kann der zeitliche Bezug der einzelnen Phasen und Aktionen zu den aufgenommenen Signalen nicht dargestellt werden. Außerdem wird nicht zwischen den verschiedenen Instrumenten unterschieden. Deswegen wird eine zweite Darstellungsform eingeführt, die den zeitlichen Verlauf bei der Durchführung einer Übung hervorhebt und damit die Merkmalsextraktion während der Durchführung erlaubt. Solch eine Darstellung wird im Folgenden als „Zeitlinien-Darstellung" bezeichnet. Im Gegensatz zu den Zustandsdiagrammen werden hier die getroffenen Entscheidungen nicht dargestellt. Demgegenüber werden das linke und rechte Instrument bzw. die Kamera als drittes Instrument einzeln betrachtet, so dass auch unterstützende Tätigkeiten berücksichtigt werden können.

Auf Phasenniveau werden dieselben Phasen wie in einem Zustandsdiagramm berücksichtigt, vergl. Abb. 2.5. Der wesentliche Unterschied ist jedoch, dass die Phasen über der Zeit aufgetragen sind. Auf Aktionsniveau werden die Phasen einzeln für das linke und rechte Instrument bzw. für die Kamera durch Aktionen dargestellt. Es entsteht eine Sequenz von Aktionen über die Zeit, die für jede Durchführung einer Übung verschieden ist. Den Aktionen der einzelnen Instrumente wird jeweils ein bestimmter Anfangs- und Endzeitpunkt zugeordnet. Dadurch können Signalabschnitte und aufgetretene Ereignisse den verschiedenen Aktionen zugeordnet werden. Das ist ein wesentlicher Vorteil der Zeitlinien-Darstellung und erlaubt die vom Zeitpunkt des Auftretens abhängige Bestimmung von Merkmalen innerhalb einzelner Aktionen. Deshalb ist die Zeitlinien-Darstellung für die Merkmalsextraktion während der Durchführung eines Trainierenden auf Grundlage der kontinuierlichen Signale wesentlich.

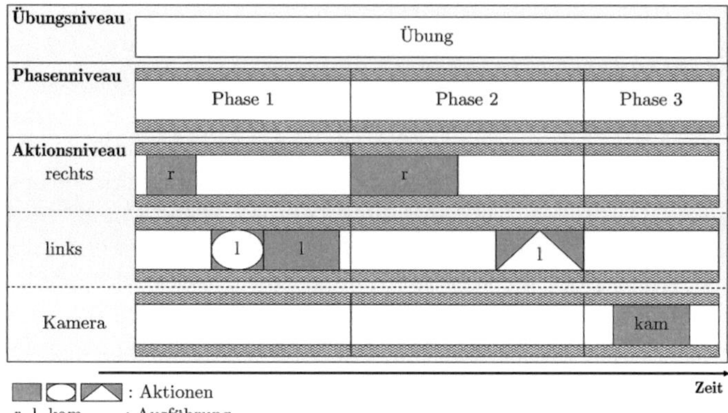

Abb. 2.5: Zeitlinien-Darstellung auf Phasen- und Aktionsniveau

2.2.2 Merkmalsextraktion auf Aktionsniveau

Merkmale basieren immer auf den zur Verfügung stehenden Informationen innerhalb einer Durchführung und charakterisieren das Verhalten eines Trainierenden. Dazu werden die kontinuierlichen Signale und die auftretenden Ereignisse während einer Simulation ausgewertet. Dementsprechend lassen sich die Merkmale in zwei Klassen einteilen:

- Diskrete Merkmale: Merkmale basierend auf aufgetretenen Ereignissen,

- Kontinuierliche Merkmale: Merkmale basierend auf der Analyse der kontinuierlichen Signale.

Ereignisse können z.B. Fehler eines Trainierenden bei der Ausführung einer Übung oder Informationen über das präparierte bzw. entfernte Bindegewebe sein. Deshalb ist die Anzahl der Fehler bei der Ausführung einer Übung ein diskretes Merkmal. Ein anderes Merkmal derselben Klasse ist die Richtung, in die das Präparieren des Bindegewebes fortschreitet. Hierfür wird die Lage des entfernten Bindegewebes analysiert. Ein kontinuierliches Merkmal ist die zurückgelegte Strecke der Instrumente beim Schließen des Clip-Applikators, da hier die Position der Instrumente ausgewertet wird.

Während einer Simulation wird für eine Merkmalsextraktion auf Aktionsniveau zunächst eine Segmentierung in Phasen und Aktionen durchgeführt. Die Einteilung wird durch Zeitlinien-Darstellungen beschrieben. Es werden die Aktionen während einer einzelnen Phasen und nicht für die gesamte Übung betrachtet, um die Phasen unabhängig voneinander auswerten zu können. Nach der Segmentierung werden aufgabenabhängige Extraktionsvorschriften angewendet, um die Merkmale aus den kontinuierlichen Signalen und aufgetretenen Ereignissen zu extrahieren, vergl. [BOLL et al., 2008b]. Die Extraktionsvorschriften entsprechen Funktionen, die im Rahmen der Entwicklung eines Bewertungssystems definiert werden. So gibt es z.B. Extraktionsvorschriften, die auf Grundlage der Instrumentenpositionen die Glattheit der Bewegung eines Trainierenden charakterisieren oder die Zielstrebigkeit seiner Bewegung. Eine andere Extraktionsvorschrift beschreibt, wie die Richtung beim Präparieren bestimmt wird, wenn die Lage des entfernten Bindegewebes durch die aufgetretenen Ereignisse bekannt ist.

Abhängig davon, ob während der Durchführung einer Übung ein kontinuierliches oder ein diskretes Merkmal bestimmt wird, werden die Extraktionsvorschriften auf unterschiedliche Abschnitte innerhalb der kontinuierlichen Signale bzw. aufgetretenen Ereignisse angewendet. Durch die Zeitlinien-Darstellung einer Durchführung können die einer Phase bzw. Aktion entsprechenden Abschnitte in einem kontinuierlichen Signal identifiziert werden. Dementsprechend werden drei Signalabschnitte unterschieden, d.h. Phasenabschnitte bzw. Abschnitte innerhalb und außerhalb von Aktionen, vergl. Abb. 2.6. Die Extraktionsvorschriften werden auf die verschiedenen Signalabschnitte einzeln

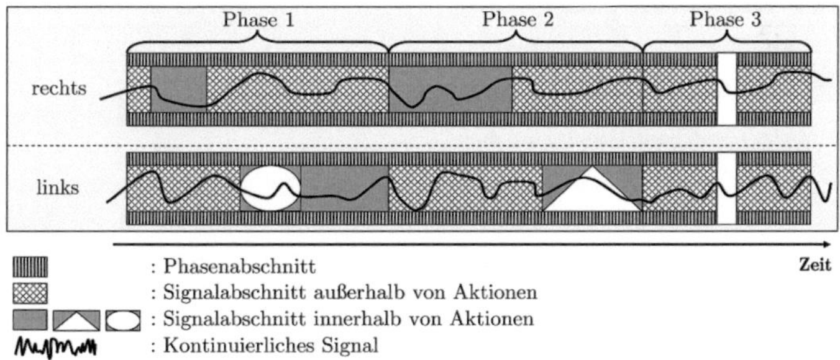

Abb. 2.6: Extraktion von kontinuierlichen Merkmalen auf Aktionsniveau

angewendet. Das bedeutet, dass z.B. die zurückgelegte Strecke bei unterstützenden Tätigkeiten für jede unterstützende Tätigkeit einzeln bestimmt wird. Entsprechend der Unterscheidung von Signalabschnitten wird zwischen Phasenmerkmalen, Merkmalen innerhalb von Aktionen und Merkmalen außerhalb von Aktionen unterschieden. **Phasenmerkmale** werden basierend auf den Phasenabschnitten eines Signals bestimmt, d.h. für eine gesamte Phase. Es gibt jedoch Signalabschnitte während einer Phase, die auch bei den Phasenmerkmalen nicht berücksichtigt werden, vergl. Phase 3 in Abb. 2.6. Bei der Cholezystektomie gilt das für die Instrumentenwechsel, da z.B. die Zeit und die Strecke für einen Instrumentenwechsel nicht zur eigentlichen Durchführung gezählt werden soll. Deshalb ist die Einteilung in Aktionen auch für die Extraktion der Phasenmerkmale wichtig. **Merkmale innerhalb von Aktionen** und **Merkmale außerhalb von Aktionen** werden auf Grundlage der entsprechenden Signalabschnitte extrahiert. Ein Beispiel für ein Merkmal innerhalb einer Aktion ist die zurückgelegte Strecke bei einer unterstützenden Tätigkeit. Ein Merkmal außerhalb einer Aktion ist die Zeit im Stillstand.

Für die Bestimmung der diskreten Merkmale werden die vorkommenden Ereignisse den verschiedenen Aktionen bzw. den Zeitbereichen außerhalb einer Aktion entsprechend der Zeitlinien-Darstellung zugeordnet. Auch bei diskreten Merkmalen wird zwischen Phasenmerkmalen bzw. Merkmalen innerhalb und außerhalb von Aktionen unterschieden. Zur Bestimmung eines diskreten Merkmals innerhalb einer Aktion werden alle Ereignisse, die während gleichartiger Aktionen in einer Phase vorkommen, unabhängig vom auftretenden Zeitpunkt ausgewertet. Dieser Unterschied zur Extraktion von kontinuierlichen Merkmalen ist in Abb. 2.7(a) bzw. Abb. 2.7(b) dargestellt. Genauso werden alle Ereignisse außerhalb einer Aktion gemeinsam analysiert ebenso wie alle Ereignisse während einer Phase. So wird das gesamte entfernte Bindegewebe zusammen betrachtet, um die Richtung des Präparierens zu bestimmen. Neben den auftretenden Ereignissen wird während der Durchführung einer Übung auch die Sequenz bzw. die Häufigkeit von Aktionen ausgewertet.

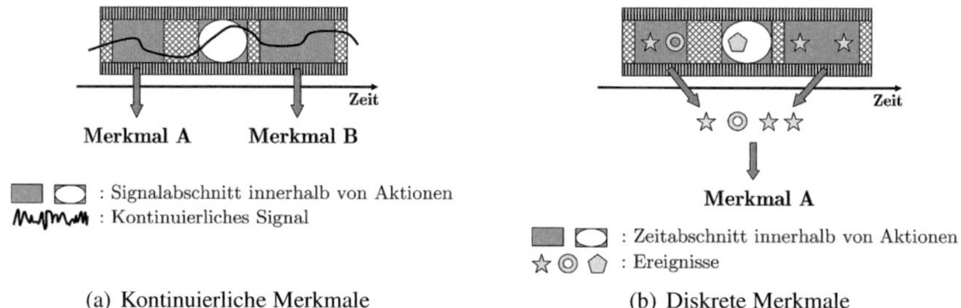

(a) Kontinuierliche Merkmale   (b) Diskrete Merkmale

Abb. 2.7: Unterschiede bei Extraktion von kontinuierlichen und diskreten Merkmalen auf Aktionsniveau

Die Merkmalsextraktion mit vorheriger Segmentierung der Signale in einzelne Aktionsabschnitte ist sehr sinnvoll, da nur so einzelne Aktionen explizit bewertet werden können. Das gilt insbesondere dann, wenn eine Unterscheidung von Leistungsniveaus nur für einzelne Aktionen und nicht für die gesamte Durchführung möglich ist. Gleichzeitig können nachvollziehbare Merkmale bestimmt werden, die eine sehr detaillierte Bewertung zulassen.

2.2.3 Bestimmung der Merkmale auf Übungsniveau

Um eine Aussage über die gesamte Übung zu ermöglichen, müssen die Merkmale, die während einer Simulation für die einzelnen Aktionen und Phasen extrahiert wurden, zusammengefasst werden.
Der entsprechende Ansatz ist in Abb. 2.8 schematisch dargestellt. Die Anzahl der Aktionen und die Zuordnung zu den Signalabschnitten innerhalb und außerhalb von Aktionen bzw. zu den Phasenabschnitten bezieht sich auf die Darstellung in Abb. 2.6. Zunächst werden die gleichen Merkmale bei gleichartigen Aktionen, die jedoch zu unterschiedlichen Zeiten stattfinden, in einer Phase zusammengefasst. So wurde bei der Merkmalsextraktion auf Aktionsniveau z.B. die Strecke während unterschiedlicher unterstützender

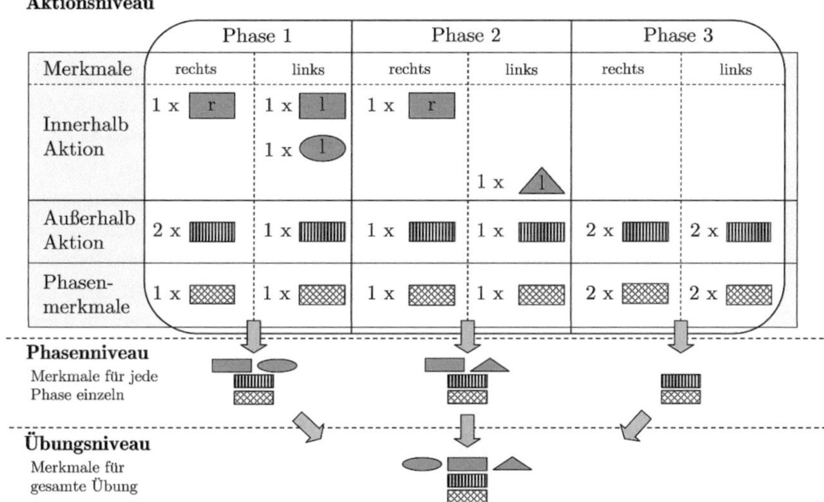

Abb. 2.8: Schematisches Zusammenfassen von Merkmalen für eine Aussage über die gesamte Übung

Tätigkeiten jeweils einzeln bestimmt. Nun werden die Merkmale, d.h. die Stecken, für die verschiedenen unterstützenden Tätigkeiten während einer Phase kombiniert. In Abb. 2.8 werden deshalb für Phase 1 die zwei rechteckig und ohne Schraffur dargestellten Merkmale innerhalb einer Aktion kombiniert, d.h. für die Ausführung mit der linken und rechten Hand. Dasselbe gilt für die Merkmale, die außerhalb der Aktionen bestimmt wurden und für die Phasenmerkmale. So werden für Phase 1 die drei Merkmale außerhalb einer Aktion, die durch vertikale Striche gekennzeichnet sind, verbunden ebenso wie die zwei mit einem Karo markierten Phasenmerkmale. Im nächsten Schritt werden die Merkmale, die innerhalb einer Phase zusammengefasst wurden, für die verschiedenen Phasen kombiniert, wie z.B. die drei mit vertikalen Strichen markierten Merkmale auf Phasenniveau. Das Zusammenfassen von Phasen ist notwendig, da das Verhalten eines Trainierenden zunächst für jede Phase einzeln charakterisiert wird, um die abschließende Bewertung möglichst zeitnah geben zu können.

Es werden Merkmale extrahiert, die das Verhalten des linken bzw. rechten Instruments einzeln charakterisieren. Zusätzlich werden Merkmale bestimmt, die eine Aussage über die Fertigkeiten eines Trainierenden unabhängig von der ausführenden Hand ermöglichen.

2.3 Neuer Ansatz zur Merkmalsselektion

Die Bewertung basiert auf Merkmalen, die für die Durchführung einer Übung auf dem Simulator bestimmt werden. Sind Merkmale nicht geeignet, sinkt die Güte der Bewertung, d.h. dass verschiedene Leistungsniveaus nicht unterschieden werden können und die Bewertung nicht nachvollziehbar ist. Da die Merkmale Eingänge der Bewertungsvorschriften darstellen, ist eine Reduktion der Merkmale auch aus Modellierungssicht sinnvoll. Gerade bei dem hier vorgestellten Ansatz zur Merkmalsextraktion innerhalb von Aktionen wird eine Vielzahl von Merkmalen generiert. Jedoch verringern irrelevante oder redundante Eingangsgrößen häufig die Generalisierungsfähigkeit des erstellten Modells [SCHAUTEN, 2008]. Zusätzlich sinkt bei einer geringeren Anzahl an Merkmalen der Berechnungsaufwand für die Entwicklung der Bewertungsvorschriften. Gleichzeitig steigt die Transparenz bzw. die Interpretierbarkeit der Modelle. Deshalb müssen bei der Entwicklung eines Bewertungssystems geeignete Merkmale aus einer Menge möglicher Merkmale ausgewählt werden. Im Bereich der Bewertung chirurgischer Fertigkeiten in der MIC existieren bisher keine Ansätze.

In der vorliegenden Arbeit sollen Merkmale nur dann zur Bewertung herangezogen werden, wenn sie eine Unterscheidung von verschiedenen Leistungsniveaus erlauben und eine realistische Lernkurve aufweisen, vergl. [BOLL et al., 2009a] und [BOLL et al., 2009b]. Es muss jedoch berücksichtigt werden, dass für einige Übungen zu erfüllende medizinische Vorgaben existieren. Bei der Cholezystektomie soll z.B. eine Blutung vermieden und gallenblasennah präpariert werden. Erfüllen alle Trainierenden die Vorgaben, ist keine Unterscheidung verschiedener Leistungsniveaus möglich. Für eine Bewertung ist jedoch notwendig, dass auch die Erfüllung der medizinischen Vorgaben durch Merkmale berücksichtigt wird. Deshalb werden bei der Merkmalsselektion zwei Gruppen von Merkmalen unterschieden:

1. Aus medizinischer Sicht notwendige Merkmale: Merkmale, die von Medizinern als wichtig erachtet werden und das Erfüllen medizinischer Vorgaben charakterisieren,

2. Allgemein geeignete Merkmale: Merkmale, die für eine Bewertung geeignet sind, jedoch nicht das Erfüllen medizinischer Vorgaben charakterisieren.

Aus medizinischer Sicht notwendige Merkmale werden in jedem Fall für die Bewertung berücksichtigt. Bei der Merkmalsselektion werden deshalb nur die übrigen Merkmale betrachtet, um die Gruppe der allgemein geeigneten Merkmale zu identifizieren. Geeignete Merkmale zeichnet aus, dass sie eine Unterscheidung von verschiedenen Leistungsniveaus erlauben und gleichzeitig eine realistische Lernkurve aufweisen.

Im ersten Schritt werden Merkmale ausgewählt, die den durch das Bewertungsmaß Q_{Merkmal} definierten Anforderungen genügen, vergl. Abb. 2.9. Dazu wird jedem Merkmal durch das Bewertungsmaß Q_{Merkmal} ein skalarer Wert zugewiesen, der das Erfüllen der Anforderungen charakterisiert. Werden die Anforderungen erfüllt, so wird ein geringerer skalarer Wert gewählt. Eine Anforderung ist dabei z.B. die Trennbarkeit von Leistungsniveaus. Auf die Bestimmung des skalaren Wertes wird in Abschnitt 3.3 noch ge-

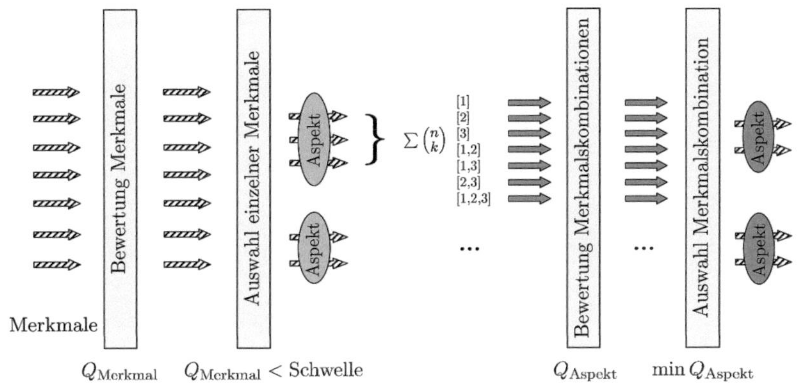

Abb. 2.9: Ansatz zur Merkmalsselektion

nauer eingegangen. Es werden diejenigen Merkmale ausgewählt, deren Bewertungsmaße unterhalb eines vorher festgelegten Schwellwertes liegen. Im zweiten Schritt werden die ausgewählten Merkmale abhängig von ihrer inhaltlichen Bedeutung einem Aspekt zugeordnet. Es werden jedoch nicht unbedingt alle Merkmale für eine Aussage über den Aspekt berücksichtigt. Merkmale sollen nur dann kombiniert werden, wenn ein Neuwert entsteht, d.h. eine bessere Trennbarkeit von Leistungsniveaus möglich ist. Sonst werden redundante Merkmale berücksichtigt, was aus Modellierungssicht nicht sinnvoll ist. Deshalb werden alle möglichen Merkmalskombinationen betrachtet, die durch die Zuordnung der Merkmale zu den Aspekten entstehen. Jede einzelne Merkmalskombination wird entsprechend eines Bewertungsmaßes Q_{Aspekt} durch einen skalaren Wert beurteilt, der das Erfüllen der Anforderungen an einen Aspekt charakterisiert. Diejenige Merkmalskombination wird dann als Aspekt ausgewählt, deren Bewertungsmaß minimal ist und somit die geeignetste Kombination darstellt.

2.4 Bewertungsvorschriften

Um die Beurteilung eines Trainierenden gemäß des mehrstufigen Ansatzes in Abschnitt 2.1 zu ermöglichen, sind entsprechende Bewertungsvorschriften zu entwickeln. Die Bewertungsvorschriften geben an, wie aus Eingangsdaten Bewertungen bzw. Noten generiert werden. Die Eingangsdaten können dabei beispielsweise Merkmale, bewertete Aspekte oder bewertete Kriterien sein. Eine Bewertungsvorschrift entspricht damit einer Abbildungsvorschrift, die z.B. angibt, wie ein Aspekt auf Grundlage der Merkmale bewertet wird, siehe Abb. 2.10.

Die Bewertung soll eine explizite Aussage über den Leistungsstand eines Trainierenden entsprechend einer kontinuierlichen Note aus dem Intervall [1 5] ermöglichen. Die Note 1 entspricht der minimalen bzw. schlechtesten Bewertung und die Note 5 der

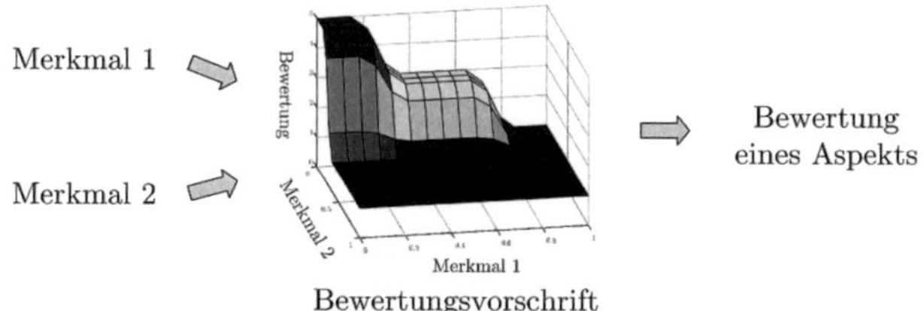

Abb. 2.10: Abbildung entsprechend einer Bewertungsvorschrift

maximalen bzw. besten Beurteilung. Eine besondere Herausforderung für das Bewertungssystem ist die Komplexität der zu bewertenden Tätigkeit. Selbst erfahrenen Chirurgen fällt es schwer zu beschreiben, was eine gute oder schlechte Durchführung einer OP ausmacht. Somit ist das Wissen der Experten ungenau. Das hängt auch damit zusammen, dass es unterschiedliche Vorgehensweisen bei der Ausführung einer Aktion gibt. Ebenso ist es nicht möglich, die optimale Instrumentenbahn für eine OP anzugeben, da es oftmals verschiedene gleich gute Möglichkeiten gibt. Neben der Variabilität in der Art der Ausführung gibt es deutliche Leistungsunterschiede innerhalb einer Erfahrungsgruppe. Das gilt insbesondere für die Anfängergruppe auf Grund von unterschiedlichem Talent bzw. der individuellen Verbesserung eines Einzelnen. Es gibt jedoch auch bei den Erfahrenen Leistungsunterschiede, vergl. [GALLAGHER et al., 2003] und [ROSENTHAL et al., 2006]. Gerade deshalb ist es wesentlich, dass die Bewertung nachvollziehbar ist. Nur so kann die Akzeptanz der Bewertung sichergestellt werden. Im Rahmen der Realisierung muss deshalb ein Abbildungsverfahren als Grundlage für die Bewertungsvorschriften ausgewählt werden, das den folgenden Anforderungen genügt:

- Kontinuierliche Note aus dem Intervall $[1\ 5]$,

- Berücksichtigung der Komplexität der zu bewertenden Tätigkeit und

- Berücksichtigung der Leistungsunterschiede innerhalb einer Erfahrungsgruppe.

Wie in Abschnitt 3.4 begründet wird, entsprechen ANFIS-Modelle den gestellten Anforderungen. Um sie zur Generierung von Bewertungen zu verwenden, müssen die ANFIS-Modelle an das zu lösende Problem angepasst werden. Dafür ist die Auswahl einer geeigneten Trainingsmenge notwendig ebenso wie die Auswahl einer Bewertungsvorschrift aus einer Menge möglicher ANFIS-Modelle, siehe Abschnitt 3.4.3 bzw. Abschnitt 3.4.4.

2.5 Implementierung in Grid-Umgebungen

Für einen optimalen Trainingserfolg ist nach [MORAES und MACHADO, 2006] und [BURDEA et al., 1998] eine zeitnahe Bewertung notwendig. Aussagekräftige Bewertungen erfordern jedoch rechenintensive Berechnungen. Um die Echtzeit-Performance des Simulators nicht zu beeinträchtigen, ist es sinnvoll, die Berechnungen auf andere

Computer auszulagern, [MAASS et al., 2006] und [MORAES und MACHADO, 2007b]. Deshalb soll das Bewertungssystem in einer Grid-Umgebung implementiert werden. Ein Grid stellt eine Hardware- und Software-Infrastruktur dar, die die Nutzung von unterschiedlichsten Ressourcen für kollaborative Anwendungen ermöglicht [FOSTER und KESSELMAN, 2004]. Damit eignet sich eine Grid-Umgebung für die Implementierung des Bewertungsansatzes. Innerhalb eines Grids mit verschiedenen Simulatoren ist es möglich, Trainierende auch unabhängig von einem einzelnen Simulator zu bewerten. Denn neben dem eigentlichen Auslagern von Berechnungen können in einer Grid-Umgebung auch weitere Ressourcen wie Datenbanken auf anderen Computern genutzt werden. Das ist für eine zentrale und vom einzelnen Simulator unabhängige Administration von Trainierenden wesentlich. Sonst ist es aufwendig, verschiedene Durchführungen eines Trainierenden, die an unterschiedlichen Simulatoren ausgeführt wurden, gemeinsam für eine Bewertung zu berücksichtigen. Gespräche mit Betreibern von Trainingszentren haben gerade in diesem Bereich Defizite bei kommerziellen Simulatoren deutlich gemacht.

Die Implementierung soll den Umgang mit sensiblen Benutzerdaten berücksichtigen ebenso wie die semantische Trennung der Auswertestufen zur Erhöhung der Nachvollziehbarkeit. Zusätzlich soll eine Modularität in zwei Bereichen umgesetzt werden. Zum einen sollen die verschiedenen Komponenten des Bewertungssystems für eine flexible Implementierung austauschbar bzw. erweiterbar sein. Zum anderen sollen die Berechnungen so gestaltet werden, dass eine Parallelisierung realisiert werden kann. Das ist für eine zeitnahe Bewertung wesentlich.

Abbildung 2.11 zeigt schematisch den Ansatz zur Implementierung des Bewertungssystems für VR-Simulatoren in der Grid-Umgebung. Die Komponenten, die für das Bewertungssystem notwendig sind, werden unter dem Namen „KisSuccess" zusammengefasst. Der Wortstamm „Kis" ist dabei von der verwendeten Simulationssoftware „Kismet" abgeleitet. Der am Institut für Angewandte Informatik entwickelte „Kismet-Tutor", siehe Abb. 2.11, ist für die Verwaltung der Simulatoren bzw. Benutzer verantwortlich. Zusätzlich organisiert der Kismet-Tutor den Datentransfer und agiert dabei unabhängig von den Simulatoren, um dort die Datenlast zu minimieren. In der Umgebung, dem KisGrid, wurde KisSuccess implementiert.

KisSuccess besteht aus vier neu entwickelten bzw. modifizierten Komponenten, die im Folgenden beschrieben werden. Während der Simulation werden zu jedem Zeitpunkt die aufgezeichneten kontinuierlichen Signale, wie z.B. die Instrumentenpositionen, und evtl. auftretende Ereignisse an das Auswertemodul „KisAssess Task" geschickt, siehe „Tracking" in Abb. 2.11. Das neu entwickelte Modul KisAssess Task erkennt, wann ein Trainierender Fehler bei der Ausführung einer Übung begeht und sendet die Information direkt zurück an den Simulator. Die Angabe über die Anzahl der Fehler wird auf dessen Bildschirm aktualisiert. Eine weitere Aufgabe von KisAssess Task ist, die aktuelle Übung basierend auf den gemessenen Signalen zu bewerten. Dabei werden diejenigen Noten bestimmt, die dem Block „Bewertung - Aktuelle Übung" in Abb. 2.1 entsprechen, d.h. Noten für die Aspekte, Kriterien und für die gesamte Übung. Die Bewertungen wer-

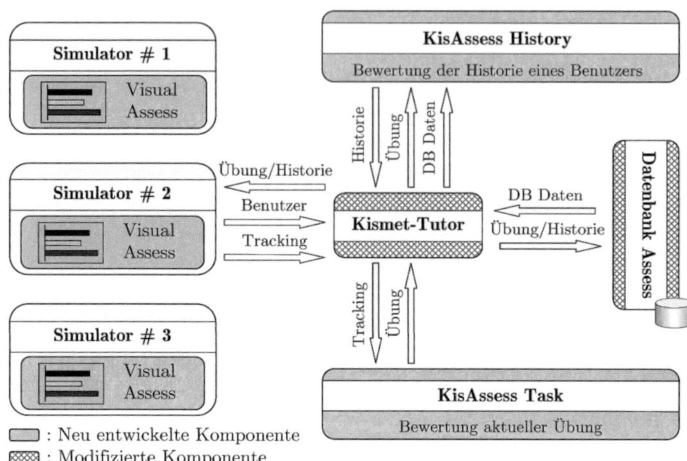

Abb. 2.11: Ansatz zur Implementierung des Bewertungssystems in Grid-Umgebungen

den nach Beendigung der Übung an den Kismet-Tutor gesendet, der im Rahmen der vorliegenden Arbeit modifiziert wurde. Von hier aus werden die aktuellen Bewertungen an die modifizierte „Datenbank Assess" geschickt und gleichzeitig die vorherigen Bewertungen desselben Benutzers abgefragt. Die aktuellen Beurteilungen werden dann gemeinsam mit den vorherigen Bewertungen an das neu entwickelte Auswertemodul „KisAssess History" geschickt. Hier werden die Beurteilungen, die die Historie eines Trainierenden berücksichtigen, berechnet. In Abb. 2.1 entspricht das dem Block „Bewertung - Historie", d.h. dass Noten für die Historie der aktuellen Übung, für die Verhaltensebene und die minimal invasive Fertigkeit eines Trainierenden bestimmt werden. Die Ergebnisse werden zurück an den Kismet-Tutor geschickt, der sie in der Datenbank speichert. Gleichzeitig werden die Ergebnisse der Module KisAssess Task und KisAssess History gemeinsam mit den vorherigen Ergebnissen an den Simulator gesendet. Hier werden dem Benutzer die verschiedenen Ergebnisse und Lernkurven innerhalb des neu entwickelten Moduls „Visual Assess" graphisch darstellt.
Ein Vorteil der implementierten Struktur ist, dass nur der Kismet-Tutor und die Datenbank Assess Informationen über den Benutzer benötigen. Die Auswertemodule KisAssess Task und KisAssess History sind unabhängig von personenbezogenen Daten. Deshalb kann hier der Datentransfer unverschlüsselt und damit schneller stattfinden. Die Datenbank speichert über den Kismet-Tutor die Ergebnisse der Trainierenden unabhängig von einem einzelnen Simulator. Das ist für eine zentrale und vom einzelnen Simulator unabhängige Administration in einem Grid mit verschiedenen Simulatoren vorteilhaft. Die Struktur stellt eine semantische Trennung der Bewertungsstufen dar, weil zwischen der Bewertung der aktuellen Übung und der Historie unterschieden wird. Durch die Einteilung wird die Nachvollziehbarkeit und die Modularität erhöht. So kann

abhängig von der Anwendung das Auswertemodul KisAssess History bei der Bewertung miteinbezogen werden oder nicht. Insgesamt erlaubt die Struktur der Implementierung eine Bewertung von Trainierenden unabhängig von einem speziellen Simulator bzw. einer speziellen Simulator-Struktur. Diese wesentliche Neuerung ist für eine umfassende, systematische und zeitnahe Bewertung von Trainierenden auch bei sehr komplexen Übungen wichtig.

3 Realisierung des neuen Bewertungsansatzes

Die im vorhergehenden Kapitel beschriebenen Methoden zur Entwicklung des neuen Bewertungssystems werden in den am Institut für Angewandte Informatik entwickelten VR-Simulator mit Force-Feedback integriert. Zuerst werden in Abschnitt 3.1 die zu bewertenden Übungen vorgestellt. Anschließend wird auf die Realisierung der einzelnen Schritte eingegangen, die zur Beurteilung entsprechend des mehrstufigen Ansatzes in Abschnitt 2.1 notwendig sind. Das ist zunächst die Merkmalsextraktion in Abschnitt 3.2, dann die Merkmalsselektion in Abschnitt 3.3 und schließlich die Entwicklung von Bewertungsvorschriften in Abschnitt 3.4. In Abschnitt 3.5 wird die Kombination der verschiedenen Bewertungen auf den unterschiedlichen Abstraktionsniveaus vorgestellt, um die Benotung entsprechend des mehrstufigen Ansatzes zu ermöglichen.

3.1 Vorstellung der zu bewertenden Übungen

Auf dem Simulator können unterschiedliche Übungen verschiedener Schwierigkeitsgrade trainiert werden. Hier werden die Übungen vorgestellt, die im neuen Bewertungssystem berücksichtigt werden. Das beinhaltet drei abstrakte Grundlagenübungen und einen an der Realität orientierten Eingriff, eine Cholezystektomie. Zu den Grundlagenübungen zählen

- Kamera-Übung,
- Klötzchen-Übung und
- Kreis-Übung.

Bei der Kamera-Übung müssen neun Zahlen auf dem Boden unterschiedlich ausgerichteter Röhren erkannt werden, siehe Abb. 3.1(a). Wird die Zahl erkannt, muss ein Fußschalter gedrückt werden. Ist die Zahl jedoch nicht vollständig im Blickfeld und wird dennoch der Fußschalter gedrückt, wird es als ein Fehler bei der Ausführung gewertet. Generell gilt, dass der Horizont der Kamera möglichst gerade gehalten werden soll, um die Orientierung im Raum nicht zu verlieren. Ziel der Übung ist es, die Kamerahandhabung mit einer 30°-abgewinkelten Optik zu trainieren.

Innerhalb der Klötzchen-Übung müssen erst mit dem Instrument in der linken Hand und dann mit dem Instrument in der rechten Hand jeweils neun Kontakte auf unterschiedlichen Klötzchen zielgenau berührt werden, siehe Abb. 3.1(b). Wird ein Kontakt verfehlt, wird es als ein Fehler gewertet. Durch die Übung soll die Tiefenwahrnehmung und Feinmotorik beider Hände geschult werden.

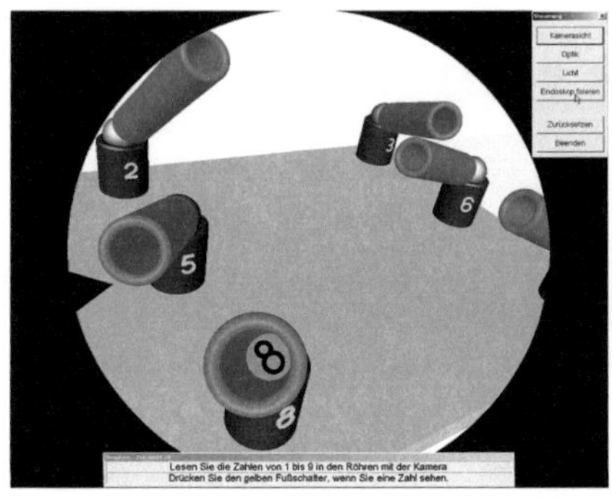

(a) Kamera-Übung

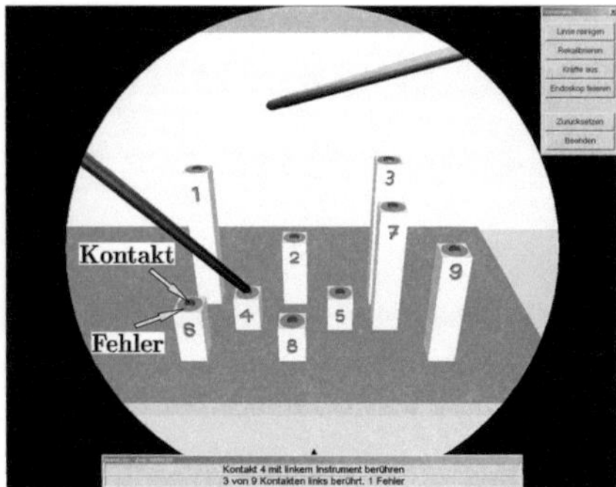

(b) Klötzchen-Übung

Abb. 3.1: Grundlagenübungen: Kamera-Übung und Klötzchen-Übung

Bei der Kreis-Übung soll mit einem Stift in der rechten Hand ein Kreis auf einer Zeichenplatte, die mit der linken Hand gehalten wird, innerhalb eines vorgegebenen Kreises gezeichnet werden, vergl. Abb. 3.2. Der Kreis soll dabei möglichst mittig innerhalb des vorgegebenen Kreises und möglichst gleichmäßig sein. Die Übung trainiert auch Feinmotorik und Tiefenwahrnehmung. Jedoch ist bei der Kreis-Übung darüber hinaus die Koordination beider Hände und ein taktiles Feingespür gefordert.

Abb. 3.2: Grundlagenübung: Kreis-Übung

Die Übungen werden basierend auf ihren Anforderungen den von [RASMUSSEN, 1983] definierten Verhaltensebenen zugeordnet. Da bei den Grundlagenübungen motorische Fertigkeiten trainiert werden, entsprechen die Grundlagenübungen der verhaltensbasierten Ebene.

Bei der (laparoskopischen) Cholezystektomie soll die Gallenblase aus ihrer Umgebung vollständig herausgelöst werden. Dazu sind mehrere Schritte notwendig, wobei jedoch nur auf die für die Simulation relevanten Schritte eingegangen wird. Die dafür wichtige Anatomie ist in Abb. 3.3(a) und Abb. 3.3(b) dargestellt. Die folgende Darstellung der Durchführung einer Cholezystektomie basiert auf den Ausführungen in den medizinischen Lehrbüchern bzw. Artikeln von [LARGIADER et al., 2001], [HENNE-BRUNS et al., 2003], [HIRNER und WEISE, 2004], [AHLBERG et al., 2007], [PEITGEN und WALZ, 2009], [MISHRA, 2009] und [JUGENMEIER, 2009].

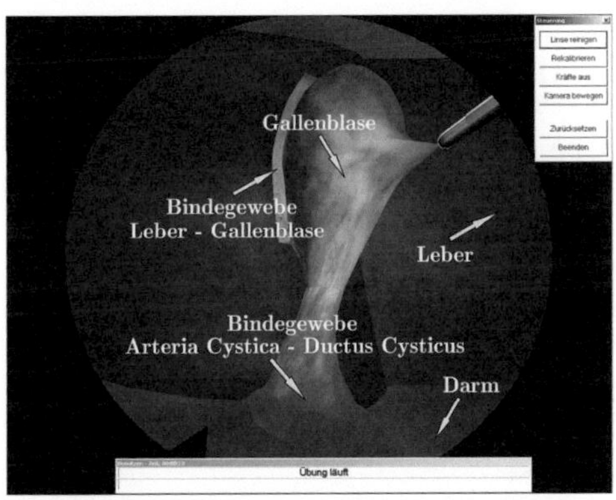

(a) Anatomie 1

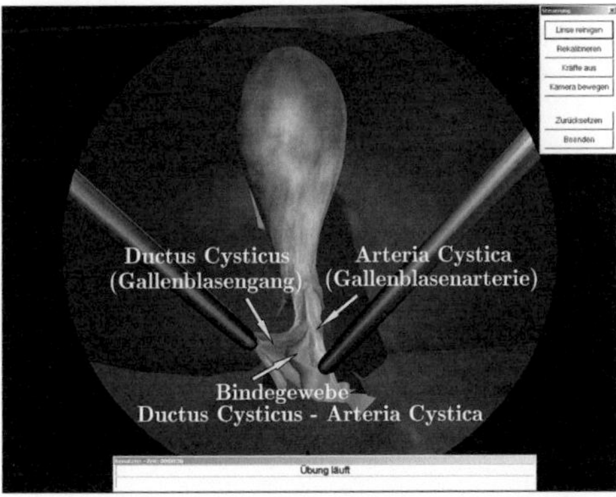

(b) Anatomie 2

Abb. 3.3: Cholezystektomie und die für die Simulation relevante Anatomie

Zunächst wird während der Exploration der Operationsraum mit der Kamera erkundet. Im zweiten Schritt, dem Präparieren des Bindegewebes, wird mit dem Greifer oder dem Koagulationshaken ohne Strom das Gewebe um und zwischen Ductus Cysticus (Gallenblasengang, kurz: DC) und Arteria Cystica (Arterie zur Versorgung der Gallenblase, kurz: AC) entfernt. Dazu wird häufig mit dem Instrument in der anderen Hand das

Gewebe durch Zug an der Gallenblase oder an Ductus Cysticus bzw. Arteria Cystica aufgespannt. Es wird gallenblasennah gearbeitet, um umliegende Strukturen nicht zu verletzten, d.h. dass vom Gallenblasenhals nach unten Richtung Darm präpariert wird. Dabei wird so viel Gewebe freipräpariert, bis Ductus Cysticus und Arteria Cystica identifiziert werden können und ausreichend Platz für das Clippen und Schneiden ist. Im nächsten Schritt werden Ductus Cysticus und Arteria Cystica geclippt und geschnitten. Dazu werden jeweils ein Clip distal, d.h. nahe der Gallenblase, und zwei Clips proximal, d.h. weiter von der Gallenblase entfernt, an Ductus Cysticus und Arteria Cystica gesetzt. Hier wird zwischen dem distalen und dem ersten proximalen Clip unter Sicht und mit einer Schere (oder einem Koagulationshaken) geschnitten, wobei der Schnitt möglichst mittig und mit genügend Abstand zu den Clips erfolgen soll. Zur Unterstützung kann der Ductus Cysticus oder die Arteria Cystica mit dem Instrument in der anderen Hand aufgespannt werden. Das Ausschälen der Gallenblase aus dem Leberbett ist der nächste Schritt innerhalb der Cholezystektomie. Dabei wird das Gewebe zwischen Gallenblase und Leber meist mit einem Koagulationshaken entfernt. Hierzu greift das Instrument in der zweiten Hand die Gallenblase und spannt das Gewebe auf. Das Ausschälen beginnt am Gallenblasenhals und wird von unten nach oben fortgeführt. Der letzte Schritt während der Simulation ist die Kontrolle. Es wird überprüft, ob die Gallenblase vollständig frei ist und herausgenommen werden kann.

Die Instrumente sollen zur Vermeidung von Verletzungen im Sichtfeld gehalten werden, [TANG et al., 2004] und [AHLBERG et al., 2007]. Generell sind bei einer Cholezystektomie auch Verletzungen besonders von Leber oder Gallenblase zu unterlassen, die zu Blutungen oder einer Perforation der Gallenblase führen können, [SEYMOUR et al., 2002] und [SARKER et al., 2006].

Bei einer Cholezystektomie sind zum einen motorische Fertigkeiten wie die Handhabung der Instrumente notwendig. Zum anderen werden kognitive Anforderungen gestellt. So muss der Trainierende die relevante Anatomie und die notwendigen Operationsschritte kennen. Zusätzlich können unvorhergesehene Situationen auftreten, wie z.B. eine Blutung, die weitere eigenständige Entscheidungen von den Trainierenden erfordern. Auf Grund der Anforderungen wird die Cholezystektomie der von [RASMUSSEN, 1983] definierten wissensbasierten Verhaltensebene zugeordnet.

Während der Simulation werden abhängig von den verwendeten Instrumenten verschiedene kontinuierliche Signale mit einer Abtastfrequenz $f_\mathrm{s} = 10\,\mathrm{Hz}$ aufgenommen. Um die durch die Sensoren verursachten Messungenauigkeiten zu eliminieren, werden die Signale gefiltert. Dazu wird ein Butterworth-Tiefpassfilter vierter Ordnung mit einer Grenzfrequenz von $6\,\mathrm{Hz}$ verwendet, da sich die Wahl als geeignet herausgestellt hat. Der Simulator besitzt drei Instrumente, für die Bewegungen und Kräfte aufgezeichnet werden. Dabei handelt es sich um ein linkes bzw. ein rechtes Instrument und eine Kamera. Die Kamera besitzt im Gegensatz zu den beiden anderen Instrumenten jedoch kein Force-Feedback, so dass kein Kraftsignal zur Auswertung zur Verfügung steht. Die Bewegungen und Kräfte des linken bzw. rechten Instruments werden für alle Übungen außer für die Kamera-Übung aufgezeichnet. Die Bewegung der Kamera wird nur bei der

Kamera-Übung und der Cholezystektomie aufgenommen, da die Kamera bei den anderen Grundlagenübungen fixiert ist.

Tabelle 3.1 gibt eine Übersicht über die abhängig von der Übung zur Verfügung stehenden kontinuierlichen Signale. Die Abkürzung „Chol." steht dabei für Cholezystektomie. Es wird die Anzahl der Instrumente angegeben, für die die entsprechenden Signale aufgenommen werden. Zusätzlich wird die Dimension der Signale berücksichtigt, wobei n_{Ab} für die Anzahl der Abtastpunkte steht. Für alle Übungen wird ein Zeitsignal t aufgenommen, das die absoluten Zeitstempel bzgl. einer aufgabenunabhängigen Startzeit enthält. Gleichzeitig werden die Instrumentenposition pos, ausgedrückt durch die drei Koordinatenrichtungen, und die Instrumentenrotation aufgezeichnet. Um die Rotation zu beschreiben werden drei Raumwinkel α, β und γ angegeben. Ein Instrument wird zunächst entsprechend $rot_\alpha(p)$ zum Zeitpunkt p um die x-Achse rotiert, dann entsprechend $rot_\beta(p)$ um die y-Achse und zum Schluss entsprechend $rot_\gamma(p)$ um die z-Achse. Dabei beschreibt $rot_\gamma(p)$ die Rotation um die Instrumentenachse. Die Optik-Rotation der Kamera rot_o wird nur für die Übungen mit beweglicher Kamera aufgezeichnet. Ein Kraftsignal k, das die Kraft in die drei Koordinatenrichtungen angibt, wird bei den Übungen mit Force-Feedback aufgenommen, d.h. bei der Klötzchen- und Kreis-Übung bzw. der Cholezystektomie. Für dieselben Übungen gibt es ein Kontakt-Signal, das den Kontakt eines Instruments mit einem Objekt signalisiert. Bei der Cholezystektomie geben weitere Signale die Grifföffnung ξ und die Wahl des Instruments an. Dabei beschreibt die Wahl des Instruments, ob z.B. gerade ein Greifer oder ein Clip-Applikator verwendet wird.

Signal	Bezeichnung	Anzahl der Instrumente bei Übungen				Dimension
		Kamera	Klötzchen	Kreis	Chol.	
Zeitstempel	t	1	1	1	1	$1 \times n_{Ab}$
Position	pos	1	2	2	3	$3 \times n_{Ab}$
Rotation: α	rot_α	1	2	2	3	$1 \times n_{Ab}$
Rotation: β	rot_β	1	2	2	3	$1 \times n_{Ab}$
Rotation: γ	rot_γ	1	2	2	3	$1 \times n_{Ab}$
Rotation: Optik	rot_o	1			1	$1 \times n_{Ab}$
Kraft	k		2	2	2	$3 \times n_{Ab}$
Grifföffnung	ξ				2	$1 \times n_{Ab}$
Kontakt			1	1	1	$1 \times n_{Ab}$
Wahl Instrument					2	$1 \times n_{Ab}$

Tab. 3.1: Übersicht über die zur Verfügung stehenden Signale abhängig von der Übung

Neben den kontinuierlichen Signalen stehen diskrete Ereignisse zur Auswertung zur Verfügung. Tabelle 3.2 gibt eine Übersicht über die möglichen Ereignisse abhängig von der Übung. Ereignisse besitzen weitergehende Spezifikationen. So wird in allen Fällen angegeben, zu welchem Zeitpunkt das Ereignis auftritt. Zwei andere häufig verwendete

Spezifikationen sind das Objekt, das z.B. berührt wurde, oder die Hand, mit der eine Aktion wie das Präparieren ausgeführt wurde.

Ereignisse	Übungen				Spezifikation
	Kamera	Klötzchen	Kreis	Chol.	
Fehler	✓	✓			Zeit
Zahl in Röhre erkannt	✓				Zeit
Kontakt berührt		✓			Zeit
Kontakt Zeichenplatte			✓		Zeit, Pos. auf Platte
Instrumentenwechsel				✓	Zeit, Hand
Clip				✓	Zeit, Hand, Knoten, Objekt
Löschen von Objekten				✓	Zeit, Hand, Knoten, Objekt
Greifen/Loslassen von Objekten				✓	Zeit, Hand, Knoten, Objekt
Berühren von Objekten				✓	Zeit, Hand, Knoten, Objekt
Griff Öffnen/Schließen				✓	Zeit, Hand
Start/Ende Blutung				✓	Zeit, Hand, Knoten
Start/Ende Koagulieren				✓	Zeit, Hand
Reinigung Linse				✓	Zeit
Kamera fixieren/lösen				✓	Zeit

Tab. 3.2: Übersicht über die auftretenden Ereignisse abhängig von der Übung

Die Bewertung der Fertigkeiten eines Trainierenden erfolgt auf Grundlage der aufgenommenen kontinuierlichen Signale und Ereignisse während einer Durchführung. Auf die einzelnen Schritte zur Realisierung des Bewertungsansatzes wird im Folgenden eingegangen.

3.2 Merkmalsextraktion

Die Merkmale werden entsprechend der in Abschnitt 2.2 vorgestellten Methodik bestimmt. Zuerst findet eine Segmentierung der Durchführung in Phasen und Aktionen statt, siehe Abschnitt 3.2.1, dann werden die Merkmale auf Aktionsniveau innerhalb einzelner Phasen extrahiert, siehe Abschnitt 3.2.2, und zum Schluss wird auf Merkmale mit Aussagen über die gesamte Übung geschlossen, siehe Abschnitt 3.2.3.

3.2.1 Segmentierung

Eine Übung wird wie in Abschnitt 2.2.1 beschrieben in Phasen und Aktionen eingeteilt. Dabei werden zwei Darstellungsformen der Segmentierung unterschieden:

- Zustandsdiagramme und
- Zeitlinien-Därstellungen.

Die Zustandsdiagramme werden im Rahmen der Entwicklung des Bewertungssystems erstellt, um die Anforderungen der einzelnen Übungen übersichtlich darzustellen. Die Zeitlinien-Darstellungen werden dagegen für jede Durchführung einer Übung neu identifiziert. Im Folgenden werden die beiden Darstellungsformen erst für die Grundlagenübungen und dann für die Cholezystektomie vorgestellt.

Grundlagenübungen

Bei den Grundlagenübungen ist die Reihenfolge der auszuführenden Schritte sehr genau vorgegeben und es müssen keine Entscheidungen getroffen werden. Deshalb sind die Zustandsdiagramme und Zeitlinien-Darstellungen intuitiv und für eine Übung ähnlich. Die Phasen und Aktionen, die bei den Grundlagenübungen unterschieden werden, sind in Tab. 3.3 zusammengefasst. Als Typ einer Aktion wird bezeichnet, ob die Aktion zielführend oder unterstützend ist.

Übung	Aktionen	Phasen	Typ	Ausführung
Kamera	Zahl erkennen	Rohr 1,..., Rohr 9	zielführend	Kamera
Klötzchen	Kontakt	Klotz 1,..., Klotz 9	zielführend	rechts, links
Kreis	Kontakt herstellen	Kreis zeichnen	zielführend	rechts, links
Kreis	Zeichnen	Kreis zeichnen	zielführend	rechts
Kreis	Halten	Kreis zeichnen	unterstützend	links

Tab. 3.3: Übersicht über die Phasen und Aktionen bei den Grundlagenübungen

Innerhalb der Kamera-Übung werden nacheinander die Zahlen in neun Röhren erkannt. Die Phasen sind deshalb „Rohr 1" bis „Rohr 9". In jeder Phase gibt es nur die eine Aktion „Rohr erkennen". Es wird ausschließlich die Kamera und kein anderes Instrument verwendet.

Bei der Klötzchen-Übung werden erst mit dem linken und dann mit dem rechten Instrument neun Kontakte berührt. Die Phasen sind deshalb „Klotz 1" bis „Klotz 9", die jeweils zweimal auftreten, mit der Aktion „Kontakt" während jeder Phase. Als Zustandsdiagramm ergibt sich die Darstellung in Abb. 3.4(a). Abbildung 3.4(b) zeigt eine Zeitlinien-Darstellung für eine beispielhafte Durchführung. Beide Darstellungsformen sind sehr ähnlich. Bei der Zeitlinien-Darstellung wird jedoch deutlich, zu welcher Zeit eine Aktion ausgeführt wird und mit welchem Instrument. Für verschiedene Durchführungen unterscheiden sich die jeweiligen Zeitlinien-Darstellungen nur durch die Zeitpunkte und die Dauer der Aktionen, da die Reihenfolge der Aktionen vorgegeben ist.

Innerhalb der Kreis-Übung gibt es nur die Phase „Kreis zeichnen", vergl. Tab. 3.3. Es werden jedoch drei Aktionen unterschieden. Zuerst wird der Kontakt zwischen Zeichenplatte und Stift hergestellt. Dann wird mit dem Stift in der rechten Hand der Kreis gezeichnet und gleichzeitig die Zeichenplatte mit der linken Hand gehalten. Die Zustands-

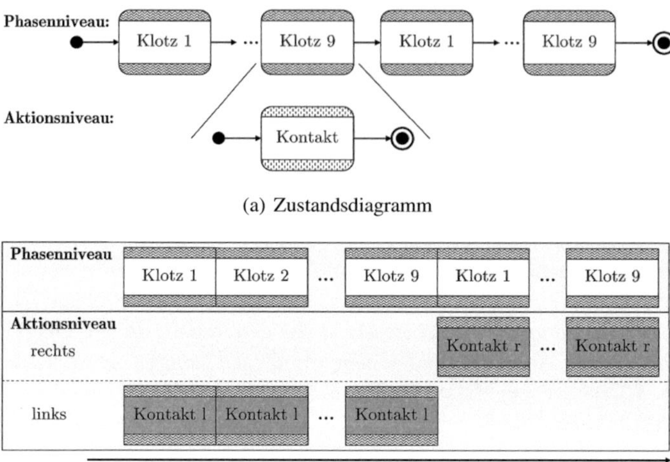

(a) Zustandsdiagramm

(b) Zeitlinien-Darstellung

Abb. 3.4: Zustandsdiagramm und Zeitlinien-Darstellung auf Phasen- und Aktionsniveau für die Klötzchen-Übung

diagramme und Zeitlinien-Darstellungen für Kamera- und Kreis-Übung sind im Anhang unter Abschnitt A.1.1 angegeben.

Während einer Simulation müssen die Phasen und Aktionen automatisiert erkannt werden, um den Aktionen die Signalabschnitte und die auftretenden Ereignisse zuordnen zu können. Die Grundlage dafür ist die Analyse der Ereignisse und ihrer Spezifikationen, die in Tab. 3.2 angegeben sind. Bei der Kamera- und der Klötzchen-Übung basiert die Einteilung der Phasen direkt auf den Ereignissen, die das Erkennen der Zahlen oder den Kontakt anzeigen. Da bei beiden Übungen die Phasen mit den Aktionen übereinstimmen, ist eine weitere Segmentierung nicht notwendig. Die Kreis-Übung wird auf Grundlage der Ereignisse, die den Kontakt mit der Zeichenplatte angeben, in Aktionen eingeteilt.

Cholezystektomie

Die Segmentierung einer Cholezystektomie basiert auf der allgemeinen Vorgehensweise bei einer realen OP, vergl. Abschnitt 3.1. Es werden jedoch nur Schritte und Entscheidungen berücksichtigt, die für die Simulation relevant sind. Als Phasen werden Exploration, Präparieren des Bindegewebes (Binde), Clippen und Schneiden von Ductus Cysticus (DC) und Arteria Cystica (AC), Ausschälen der Gallenblase (GB) bzw. Kontrolle gewählt.

Bei der Cholezystektomie müssen die Phasen in einer vorgegebenen Reihenfolge durchgeführt werden. Deswegen gibt es im Zustandsdiagramm auf Phasenniveau weder Entscheidungen noch Rückführungen, vergl. Abb. 3.5. Aus demselben Grund ist auf Phasenniveau die Zeitlinien-Darstellung für eine Durchführung dem Zustandsdiagramm sehr ähnlich und wird nicht gesondert angegeben.

Abb. 3.5: Zustandsdiagramm auf Phasenniveau für die Cholezystektomie

Abhängig von der Phase gibt es verschiedene zielführende und unterstützende Aktionen, siehe Tab. 3.4. Die Nummerierung der Phasen entspricht den Zuordnungen in Abb. 3.5. Es gibt Aktionen, die nur unter bestimmten Umständen zielführend sind und nur dann im Zustandsdiagramm berücksichtigt werden. So wird die Arteria Cystica während der Kontrolle nur dann zielführend geclippt, wenn eine Blutung aufgetreten ist. Die Phasenbezeichnung ist dann in Tab. 3.4 in Klammern angegeben.

Aktion	Phase	Typ	Ausführung
Erkundung	1, 2-5	ziel., unter.	Kamera
Präparieren	2	zielführend	rechts, links, Greifer, Haken ohne Strom, Schere
Schneiden AC/DC	3	zielführend	rechts, links, Schere, Haken mit Strom
Clip AC/DC	3	zielführend	rechts, links, Clip-Applikator
Ausschälen	4	zielführend	rechts, links, Greifer, Haken mit/ohne Strom, Schere
Kontrolle GB/DC/AC	5	zielführend	rechts, links, Greifer
Hand 2	1-5	unterstützend	rechts, links, Greifer
Spülen/Saugen	(1-5)	zielführend	rechts, links, Sauger/Spüler
Blutung stillen	(1-5)	zielführend	rechts, links, Greifer
Clip AC	(1-5)	zielführend	rechts, links, Clip-Applikator

Tab. 3.4: Übersicht über die Aktionen bei der Cholezystektomie

In Abb. 3.6 ist das Zustandsdiagramm für das Präparieren des Bindegewebes auf Aktionsniveau dargestellt. Es werden nur die zielführenden Tätigkeiten wie das Präparieren berücksichtigt. Die hier angegebenen Aktionen „Säubern" und „Blutung" sind Sammelbegriffe für mehrere Aktionen und Entscheidungen, die nur bei Blutungen auftreten und die deshalb auf Grund der Übersichtlichkeit nicht explizit angegeben werden. Der wesentliche Kern der Phase besteht aus der Aktion „Präparieren" und der Entscheidung

„Präparieren fertig?". Es wird so lange weiter präpariert bis der Trainierende entscheidet, dass genug Gewebe entfernt wurde. Die Entscheidung „Erkannt ?" drückt aus, ob ein Trainierender eine Blutung erkennt. Ist das nicht der Fall, wird weiter präpariert. Sonst wird die Blutung durch das Abdrücken der Arterie bzw. das Setzen eines Clips gestillt. Bei Bedarf wird der Bauchraum durch Spülen und Saugen gesäubert.

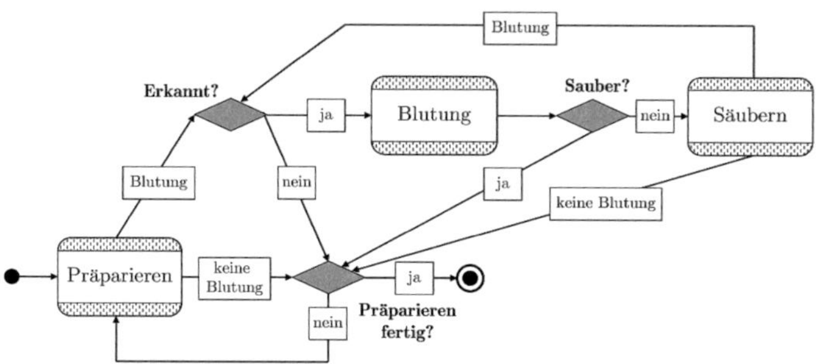

Abb. 3.6: Zustandsdiagramm für das Präparieren des Bindegewebes auf Aktionsniveau

Die Modellierung durch Zustandsdiagramme erlaubt eine systematische und strukturierte Darstellung der Anforderungen innerhalb einer Übung. Das ist sehr wichtig, wenn alle relevanten Merkmale bei der Entwicklung eines Bewertungssystems identifiziert werden sollen. Innerhalb einer Übung müssen Entscheidungen getroffen werden. So muss der Trainierende beim Präparieren beurteilen, ob ausreichend Gewebe präpariert wurde und der Zugang zu Ductus Cysticus und Arteria Cystica ausreichend groß ist. Das Zustandsdiagramm macht deutlich, dass es bei der Durchführung einer Übung wichtig ist, solch eine Entscheidung durch Merkmale zu überprüfen.

Anzahl und Reihenfolge der Aktionen sind bei der Cholezystektomie im Gegensatz zu den Grundlagenübungen nicht fest vorgegeben. Deshalb variieren Zeitlinien-Darstellungen von Durchführung zu Durchführung z.T. deutlich. Es wird hier nur beispielhaft eine typische Zeitlinien-Darstellung für das Präparieren des Bindegewebes angegeben, vergl. Abb. 3.7. Bei Zeitlinien-Darstellungen können unterstützende Tätigkeiten, ausgedrückt durch „Hand 2", auf Grund der Berücksichtigung der verschiedenen Instrumente dargestellt werden. In Abb. 3.7 wird die Kamera vernachlässigt und die Aktion „Präparieren" ist durch „Pr." abgekürzt. Es ist die Ausführung einer Aktion, d.h. das Instrument bzw. die ausführende Hand, angegeben ebenso wie das präparierte bzw. gegriffene Objekt. Im Beispiel wird mit dem Greifer in der rechten Hand das Bindegewebe präpariert. Während einiger Präparier-Aktionen wird gleichzeitig mit dem Greifer in der linken Hand der Ductus Cysticus aufgehalten, um das Gewebe besser zu erreichen. Im Gegensatz zu den Grundlagenübungen gibt es Zeitbereiche, in denen keine Aktionen stattfinden. Durch die Zeitlinien-Darstellung einer Durchführung können den

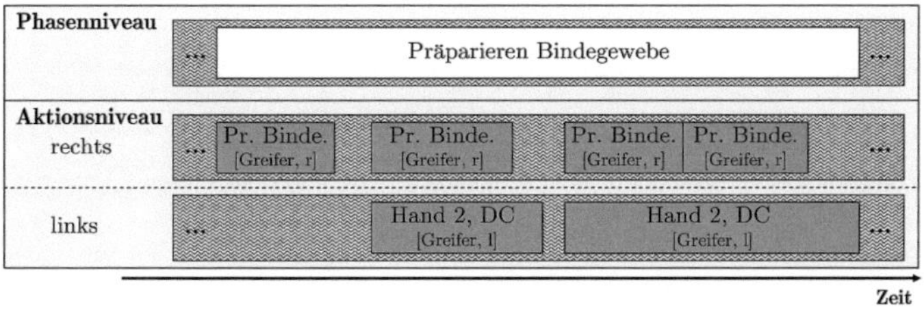

Abb. 3.7: Zeitlinien-Darstellung für das Präparieren des Bindegewebes auf Aktionsniveau

verschiedenen Aktionen Signalabschnitte und aufgetretene Ereignisse zugeordnet werden, so dass Merkmale innerhalb einzelner Aktionen extrahiert werden können.

Die Phasen und Aktionen müssen während einer Durchführung am Simulator automatisiert erkannt werden. Nur dann können Merkmale innerhalb bzw. außerhalb von Aktionen extrahiert werden. Bei der Cholezystektomie ist die automatisierte Einteilung in Phasen und Aktionen komplex, da wesentlich mehr Informationen als bei den Grundlagenübungen ausgewertet werden müssen und das Vorgehen bei der Übung nicht so stark vorgegeben ist.

Der neu entwickelte Algorithmus zur automatisierten Segmentierung basiert auf der Analyse der auftretenden Ereignisse innerhalb einer Simulation und ihren Spezifikationen, siehe Tab. 3.2. Um die Vorgehensweise zu erläutern, werden die auftretenden Ereignisse über der Zeit aufgetragen, siehe Abb. 3.8. Der obere Bereich der Abbildung zeigt für einen kleinen Ausschnitt die zur Verfügung stehenden Informationen bei einer Cholezystektomie, die für die Identifikation von Aktionen analysiert werden. Der untere Bereich der Abbildung stellt die daraus folgende Segmentierung innerhalb einer Zeitlinien-Darstellung dar. Die Art eines Ereignisses ist über der y-Achse aufgetragen, die Spezifikation wird durch die Form kodiert. Ist eine innere Figur innerhalb des äußeren Kreises vorhanden, gibt die Form der inneren Figur Auskunft über das Objekt, das z.B. gelöscht oder gegriffen wird. Die Umrandung des äußeren Kreises steht für die ausführende Hand: durchgängige Linie für links und unterbrochene Linie für rechts. Wesentlich für die Identifikation einer Phase oder Aktion bei der Cholezystektomie sind die Ereignisse, die das Öffnen und Schließen der Instrumentengriffe angeben bzw. das Löschen von Objekten. Wird durch Ereignisse das Schließen und Öffnen des Greifers angezeigt und wird zwischen dem Schließen und Öffnen Bindegewebe mit derselben Hand entfernt, wird auf das Präparieren geschlossen. Eine unterstützende Tätigkeit zeichnet sich dadurch aus, dass z.B. der Gallenblasengang vor der zielführenden Aktion mit der anderen Hand gegriffen und nach der Aktion wieder losgelassen wird. Die Analyse der auftretenden Ereignisse erlaubt die Identifikation der Aktionen im unteren Bereich von Abb. 3.8. Als Ende einer Aktion wird das Öffnen des Griffs gewählt. Der Anfang einer Aktion ist im Allgemeinen das Ende der vorherigen Aktion, kann jedoch wie bei einer unterstützenden Tätigkeiten davon abweichen. Die Ereignisse im oberen Bereich von

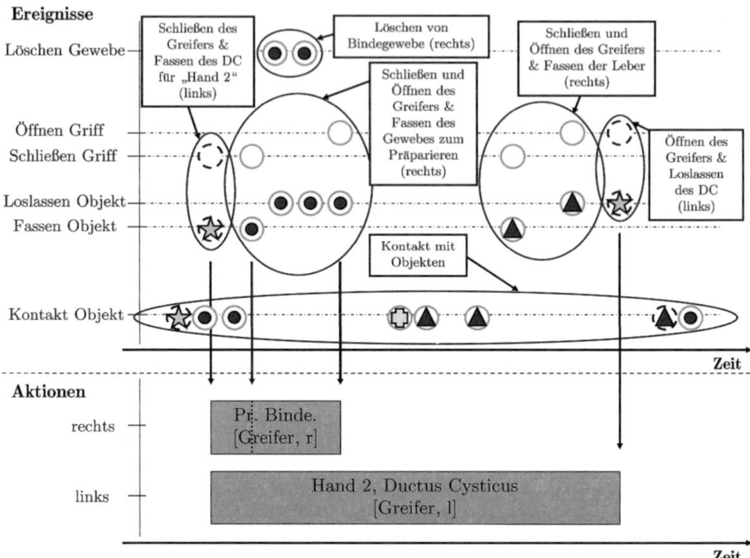

Abb. 3.8: Automatisierte Segmentierung bei der Cholezystektomie entsprechend eines neu entwickelten Algorithmus

Abb. 3.8 zeigen, dass die Leber gegriffen wurde. Die Tätigkeit wird in der Zeitlinien-Darstellung im unteren Bereich der Abbildung jedoch vernachlässigt, da es weder eine zielführende noch eine unterstützende Aktion ist.

3.2.2 Merkmalsextraktion auf Aktionsniveau

Um die Merkmale auf Aktionsniveau während einer Durchführung zu bestimmen, werden Extraktionsvorschriften auf Signalabschnitte oder auf eine Auswahl von aufgetretenen Ereignissen angewendet, vergl. Abschnitt 2.2.2. Die Signalabschnitte oder Ereignisse werden dabei basierend auf der Segmentierung in der Zeitlinien-Darstellung identifiziert. Es werden Signalabschnitte innerhalb von Aktionen, außerhalb von Aktionen und Phasenabschnitte unterschieden.

Auf Grund der einfachen Struktur der Grundlagenübungen stimmen bei der Kamera- und der Klötzchen-Übung die Phasenabschnitte mit den Signalabschnitten innerhalb der Aktionen überein. Signalabschnitte außerhalb von Aktionen sind nicht vorhanden. In Abb. 3.9 ist die Zuordnung der verschiedenen Signalabschnitte für eine beispielhafte Durchführung der Klötzchen-Übung dargestellt. Auch bei der Kreis-Übung gibt es keine Signalabschnitte außerhalb einer Aktion. Da hier zwei unterschiedliche Aktionen ausgeführt werden, stimmt jedoch der Phasenabschnitt nicht mit dem Signalabschnitt

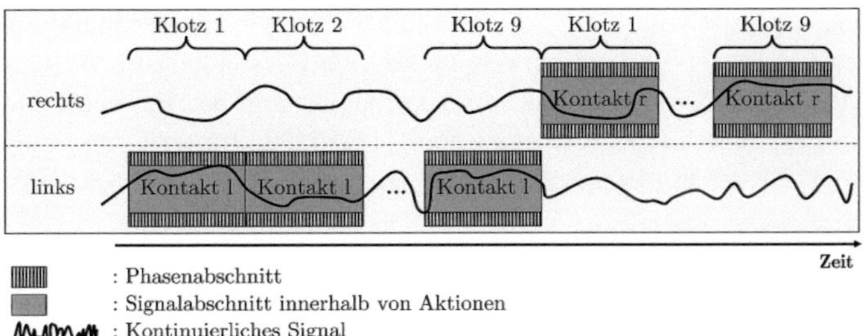

Abb. 3.9: Signalabschnitte innerhalb von Aktionen und Phasenabschnitte bei der Klötzchen-Übung

innerhalb einer Aktion überein.

Bei der Cholezystektomie gibt es sowohl Signalabschnitte innerhalb als auch außerhalb von Aktionen. Zusätzlich wird innerhalb der Aktionen zwischen den Signalabschnitten vor und nach dem Schließen des Griffs unterschieden. Für die Zeitlinien-Darstellung der beispielhaften Durchführung in Abb. 3.8 ergeben sich die in Abb. 3.10 angegebenen Signalabschnitte. Das Schließen des Griffs ist in der Abbildung gesondert markiert.

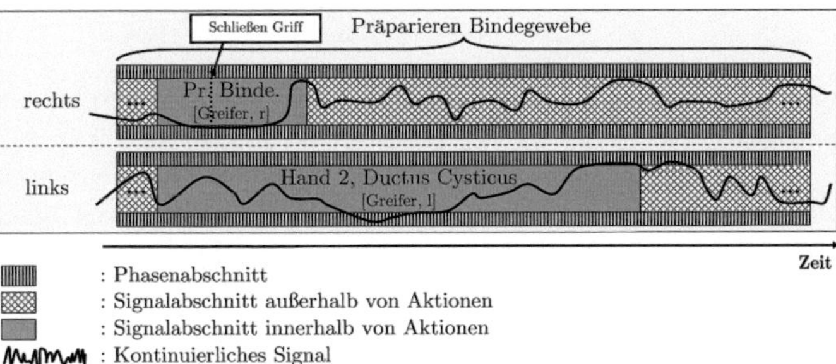

Abb. 3.10: Signalabschnitte innerhalb und außerhalb von Aktionen bzw. Phasenabschnitte beim Präparieren des Bindegewebes

Für die Realisierung eines Bewertungssystems müssen Extraktionsvorschriften definiert werden, die auf die innerhalb einer Simulation identifizierten Signalabschnitte oder Ereignisse angewendet werden. Erst so werden während einer Durchführung die Merkmale auf Aktionsniveau bestimmt. Dabei sind die Merkmale auf Grund der aufgabenabhängigen Extraktionsvorschriften für jede Übung verschieden. In der vorliegenden Arbeit liegt der inhaltliche Schwerpunkt bei der Merkmalsextraktion auf Merkmalen bzw. Extraktionsvorschriften, die die motorischen Fertigkeiten eines Trainierenden charakterisieren. Die Definition der Extraktionsvorschriften berücksichtigt die Erfahrung von Medizinern aus dem Bereich der MIC. Dazu wurden die Anforderungen, die Mediziner an die Merkmale stellen, mit Hilfe eines Fragebogens erhoben. Auf die von Medizinern als wichtig eingestuften Merkmale wird jedoch erst in Abschnitt 4.2 eingegangen. Bei der Merkmalsselektion muss sich erst zeigen, ob die entsprechend der Extraktionsvorschriften generierten Merkmale für die Bewertung geeignet sind. Erst dann können die im Bewertungssystem berücksichtigten Merkmale mit denen von Medizinern formulierten Merkmalen verglichen werden.

Im Folgenden wird die Definition der Extraktionsvorschriften vorgestellt. Dabei wird zunächst auf Extraktionsvorschriften zur Bestimmung diskreter und anschließend zur Bestimmung kontinuierlicher Merkmale eingegangen.

Definition der Extraktionsvorschriften für diskrete Merkmale

Die diskreten Merkmale charakterisieren die Erfüllung der Vorgaben an die Trainierenden und die Ausführung bzw. Sequenz von Aktionen. Sie werden basierend auf der Analyse der aufgetretenen Ereignisse während einer Durchführung extrahiert und im Vektor $x_{\mathrm{Roh,D}}$ zusammengefasst. Der Vektor $x_{\mathrm{Roh,D}}$ hat die Länge n_{D}, das bedeutet dass n_{D} Ereignisse während einer Durchführung aufgetreten sind. Die diskreten Merkmale auf Aktionsniveau $x_{\mathrm{MD,A}}$ können durch eine Abbildung F_{MD} mit den Ereignissen $x_{\mathrm{Roh,D}}$ als Eingängen beschrieben werden:

$$F_{\mathrm{MD}} : x_{\mathrm{Roh,D}} \to x_{\mathrm{MD,A}}, \tag{3.1}$$

wobei $F_{\mathrm{MD}} = \{f_{\mathrm{MD},1}, \ldots, f_{\mathrm{MD},n_{\mathrm{ExD}}}\}$ eine Menge von Abbildungen ist und n_{ExD} die Anzahl der verschiedenen diskreten Extraktionsvorschriften. Der Vektor $x_{\mathrm{MD,A}}$ besitzt die Länge $n_{\mathrm{MD,A}}$, mit $n_{\mathrm{MD,A}}$ der Anzahl der diskreten Merkmale auf Aktionsniveau. Jede Abbildung $f_{\mathrm{MD},j}$, die einer Extraktionsvorschrift entspricht, bildet die Eingänge in verschiedene diskrete Merkmale $x_{\mathrm{MD,A},j}$ ab:

$$f_{\mathrm{MD},j} : x_{\mathrm{Roh,D}} \to x_{\mathrm{MD,A},j}. \tag{3.2}$$

Die Merkmale $x_{\mathrm{MD,A},j}$ sind eine Teilmenge von $x_{\mathrm{MD,A}}$ und unterscheiden sich nur durch die ausgewählten Ereignisse, auf die die Extraktionsvorschrift angewendet wird.

Die Definition der Extraktionsvorschriften berücksichtigt, dass die Merkmale auf Aktionsniveau zunächst einzeln für die verschiedenen Phasen bestimmt werden. Der Index des Ereignis-Vektors $x_{\mathrm{Roh,D}}$, der dem Beginn bzw. dem Ende einer Phase entspricht, wird im Folgenden als z_{Start} bzw. z_{Ende} bezeichnet. Zur Bestimmung der diskreten Merkmale werden alle Ereignisse während einer Aktion, unabhängig vom Zeitpunkt der Aktion, gemeinsam anhand der Extraktionsvorschriften ausgewertet. Die Zuordnung der Ereignisse zu einer Aktion e wird durch eine Menge $I_{\mathrm{D},e}$ von Indexen z des Ereignis-Vektors $x_{\mathrm{Roh,D}}$ beschrieben. Jeder Index z in der Menge $I_{\mathrm{D},e}$ steht dabei für ein Ereignis, das der Aktion e zugeordnet ist. Im Folgenden werden die Definitionen der verschiedenen Extraktionsvorschriften in Form einer Auflistung vorgestellt. Hierbei wird zuerst auf die Extraktionsvorschriften für die Grundlagenübungen und anschließend für die Cholezystektomie eingegangen.

Im Folgenden werden 11 verschiedene diskrete Merkmale eingeführt, die in Tab. 3.5 zusammengefasst sind.

Anzahl Fehler	Anzahl Schnitt/Clip	Kontrolle*
Gelöschte Knoten Binde.°	Bereich Schnitt°	Anzahl Berührungen/Blutungen
Richtung Präparieren*	Gelöschte Knoten GB°	Anzahl Aktion°
Konstanz Richtung*	Richtung Ausschälen GB*	

Tab. 3.5: Übersicht über die diskreten Merkmale (*/°: neues/modifiziertes Merkmal)

Merkmal „Anzahl Fehler": Bei der Kamera- und der Klötzchen-Übung wird die Anzahl der Fehler beim Erkennen einer Zahl bzw. beim Berühren eines Kontakts bestimmt. Dazu wird überprüft, wie häufig ein bestimmtes Ereignis $x_{\mathrm{D},q}$ während einer Aktion e auftritt. Die Anzahl eines Ereignisses wird allgemein entsprechend

$$\sum_{z=z_{\mathrm{Start}}}^{z_{\mathrm{Ende}}} n_{\mathrm{D},q,z}, \; \mathrm{mit}\; n_{\mathrm{D},q,z} = \begin{cases} 1 & \boldsymbol{x}_{\mathrm{Roh,D}}(z) = x_{\mathrm{D},q} \wedge z \in \boldsymbol{I}_{\mathrm{D},e} \\ 0 & \mathrm{sonst} \end{cases} \tag{3.3}$$

bestimmt. Ereignisse können eine Spezifikation besitzen, wie z.B. Informationen über berührte Objekte. Die Spezifikation der Ereignisse wird durch den Vektor $\boldsymbol{\vartheta}$ angegeben, der dieselbe Länge wie $\boldsymbol{x}_{\mathrm{Roh,D}}$ hat, d.h. n_{D}. Sollen nicht alle Ereignisse berücksichtigt werden, sondern nur solche mit einer bestimmten Spezifikation $\vartheta_{\mathrm{D},q}$, gilt

$$n_{\mathrm{D},q,z} = \begin{cases} 1 & \boldsymbol{x}_{\mathrm{Roh,D}}(z) = x_{\mathrm{D},q} \wedge \boldsymbol{\vartheta}(z) = \vartheta_{\mathrm{D},q} \wedge z \in \boldsymbol{I}_{\mathrm{D},e} \\ 0 & \mathrm{sonst} \end{cases}. \tag{3.4}$$

Neben den Extraktionsvorschriften in Gl. (3.3) und Gl. (3.4) werden bei den Grundlagenübungen keine weiteren Extraktionsvorschriften zur Bestimmung diskreter Merkmale angewendet.

Merkmal „Gelöschte Knoten Binde.": Ein wichtiger Schritt bei der Cholezystektomie ist das Präparieren des Bindegewebes. Es wird zwischen dem Präparieren um Ductus Cysticus und Arteria Cystica herum bzw. zwischen diesen Strukturen unterschieden, da das zu entfernende Gewebe bei der Modellierung unterschiedlichen Objekten zugeordnet ist. Hier wird jedoch nur auf das Präparieren des Gewebes um Ductus Cysticus und Arteria Cystica eingegangen, da das Präparieren zwischen beiden Strukturen vergleichbar ist. Für die Definition der Extraktionsvorschriften ist wichtig, dass die Modellierung der Objekte durch Oberflächenmodelle realisiert ist, in denen Oberflächenknoten miteinander verbunden sind. Deshalb entspricht das Präparieren dem Entfernen von Knoten im Modell. Durch das Präparieren muss ein ausreichend großer Zugang zu Ductus Cysticus und Arteria Cystica geschaffen werden, um Clips setzen zu können und um dann die beiden Strukturen zu durchtrennen. Deshalb wird durch ein Merkmal bewertet,

ob genügend Gewebe präpariert wurde bzw. ausreichend Knoten aus dem Modell des
Bindegewebes entfernt sind. Dazu wird zunächst der Anteil der im Bindegewebe gelöschten Knoten bestimmt. Dann wird überprüft, ob der Anteil einen vorher definierten
Schwellwert überschreitet. Zur Bestimmung des Anteils der gelöschten Knoten werden
nur die vorne liegenden Knoten des Bindegewebes betrachtet, vergl. Abb. 3.11(a), da die
anderen Knoten auf Grund der Anordnung der Objekte in der Simulation nicht zugäng-
lich sind. Es gilt

$$\frac{\sum_{z=z_{\text{Start}}}^{z_{\text{Ende}}} n_{\text{D},q,z}}{n_{\text{Knoten}}}, \tag{3.5}$$

mit n_{Knoten} der Anzahl aller entfernbarer Knoten im Modell und $n_{\text{D},q,z}$ entsprechend Gl.
(3.4).

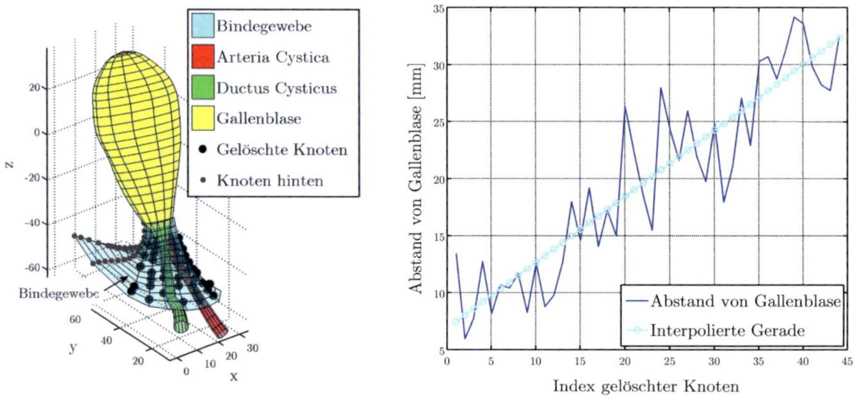

(a) Lage der gelöschten Knoten   (b) Abstand der gelöschten Knoten zur Gallenblase

Abb. 3.11: Präparieren des Bindegewebes um Ductus Cysticus und Arteria Cystica

Merkmal „Richtung Präparieren": Es soll gallenblasennah präpariert werden,
d.h. von der Gallenblase beginnend in Richtung Darm [SARKER et al., 2006]. Um die
Ausführung zu bewerten, wird die Lage der gelöschten Knoten analysiert. Die Lage der
gelöschten Knoten wird auf Grundlage der Spezifikation ϑ der aufgetretenen Ereignisse und der Anordnung der Szene bestimmt. Durch das Präparieren werden z.B. die in
Abb. 3.11(a) dargestellten Knoten gelöscht. Es wird der Abstand der präparierten Knoten zur Gallenblase, ausgedrückt durch den Vektor d_{Pr}, berechnet, vergl. Abb. 3.11(b).
Der Vektor d_{Pr} gibt dabei den Abstand zur Gallenblase für jeden einzelnen entfernten
Knoten im Bindegewebe an. Die Elemente des Vektors sind entsprechend ihres zeitlichen Auftretens sortiert. Um zu bewerten, ob gallenblasennah präpariert wurde, wird
eine Gerade durch d_{Pr} interpoliert, wobei der Abstand zur Gallenblase über dem Index

des Vektors d_{Pr} aufgetragen ist. Beim gallenblasennahen Präparieren steigt der Abstand zur Gallenblase und die Steigung der interpolierten Gerade in Abb. 3.11(b) ist positiv. Wird dagegen in die falsche Richtung präpariert, d.h. in Richtung der Gallenblase, ist die Steigung der interpolierten Gerade negativ. Deshalb bedeutet eine hohe Steigung, dass korrekt gallenblasennah präpariert wird. Zur Überprüfung der Vorgabe wird untersucht, ob die Steigung der interpolierten Gerade größer als ein vorher festgelegter Minimalwert ist.

Merkmal „Konstanz Richtung": Ein anderes Merkmal charakterisiert, wie konsequent das gallenblasennahe Präparieren ausgeführt wird. Es wird untersucht, wie der Abstand der gelöschten Knoten von der Gallenblase bzgl. der interpolierten Gerade streut. Dazu wird das Bestimmtheitsmaß, ausgedrückt durch

$$1 - \frac{\sum_{z=1}^{n_{\mathrm{Knoten}}} |d_{\mathrm{Pr}}(z) - d_{\mathrm{Inter}}(z)|^2}{\sum_{z=1}^{n_{\mathrm{Knoten}}} |d_{\mathrm{Pr}}(z) - \overline{d_{\mathrm{Pr}}}|^2} \tag{3.6}$$

betrachtet, wobei d_{Inter} für die interpolierte Gerade steht und $\overline{d_{\mathrm{Pr}}}$ für den Mittelwert von d_{Pr}. Das Bestimmtheitsmaß gibt den Anteil der Varianz an, der durch das Modell, hier die interpolierte Gerade, erklärt werden kann [HARTUNG et al., 1998]. Damit ist eine Aussage darüber möglich, wie konsequent gallenblasennah präpariert wird.

Merkmal „Anzahl Schnitt/Clip": Nach dem Präparieren des Bindegewebes werden Ductus Cysticus bzw. Arteria Cystica geclippt und durchtrennt. Dazu sind jeweils drei Clips an Ductus Cysticus und Arteria Cystica notwendig. Als Merkmale werden die Anzahl der Clips und Schnitte für beide Strukturen einzeln entsprechend Gl. (3.3) bestimmt. Für die Bewertung der Vorgaben wird unterschieden, ob an Ductus Cysticus und Arteria Cystica jeweils mindestens drei Clips oder weniger als zwei Clips gesetzt wurden bzw. ob beide Strukturen mindestens einmal geschnitten wurden.

Merkmal „Bereich Schnitt": Es soll zwischen den oberen beiden Clips geschnitten werden, damit zwei Clips nach dem Herauslösen der Gallenblase im Körper bleiben. Beim Schneiden oder Setzen von Clips geben aufgetretene Ereignisse Auskunft über die geschnittenen Knoten bzw. die Knoten, an denen ein Clip sitzt. So kann auf die Lage der Knoten geschlossen werden, vergl. Abb. 3.12. Es wird der Abstand der Schnitte und der Clips von der Gallenblase bestimmt und durch die Vektoren $d_{\mathrm{Schnitt,GB}}$ bzw. $d_{\mathrm{Clip,GB}}$ ausgedrückt. Dabei werden die Clips und Schnitte bei nur einer Struktur berücksichtigt, d.h. entweder von Ductus Cysticus oder von Arteria Cystica. Die Vektoren sind entsprechend des Abstandes in aufsteigender Reihenfolge sortiert. Um die Lage der n_{Schnitt} Schnitte bzgl. der Clips zu bewerten, wird ein Merkmal eingeführt, dass den Anteil der richtig gesetzten Schnitte angibt:

$$\frac{\sum_{z=1}^{n_{\mathrm{Schnitt}}} n_{\mathrm{Schnitt,richtig},z}}{n_{\mathrm{Schnitt}}}, \text{ mit} \tag{3.7}$$

$$n_{\mathrm{Schnitt,richtig},z} = \begin{cases} 1 & d_{\mathrm{Schnitt,GB}}(z) > d_{\mathrm{Clip,GB}}(1) \wedge d_{\mathrm{Schnitt,GB}}(z) < d_{\mathrm{Clip,GB}}(2) \\ 0 & \text{sonst} \end{cases}.$$

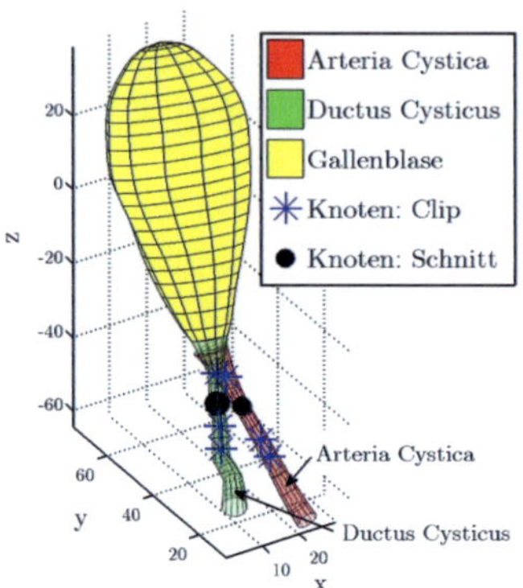

Abb. 3.12: Lage von gesetzten Clips und geschnittenen Knoten bei der Cholezystektomie

Das Merkmal wird sowohl für Ductus Cysticus als auch für Arteria Cystica bestimmt.

Merkmal „Gelöschte Knoten GB": Beim Lösen der Gallenblase aus dem Leberbett
sollen alle Knoten des Gewebes zwischen Gallenblase und Leber entfernt werden, vergl.
Abb. 3.13(a). Nur so kann die Gallenblase herausgenommen werden. Deshalb wird der
Anteil der gelöschten Knoten entsprechend Gl. (3.5) bestimmt. Anhand eines Merkmals
wird bewertet, ob der Anteil der gelöschten Knoten genügend groß ist und damit die
Vorgabe erfüllt wird.

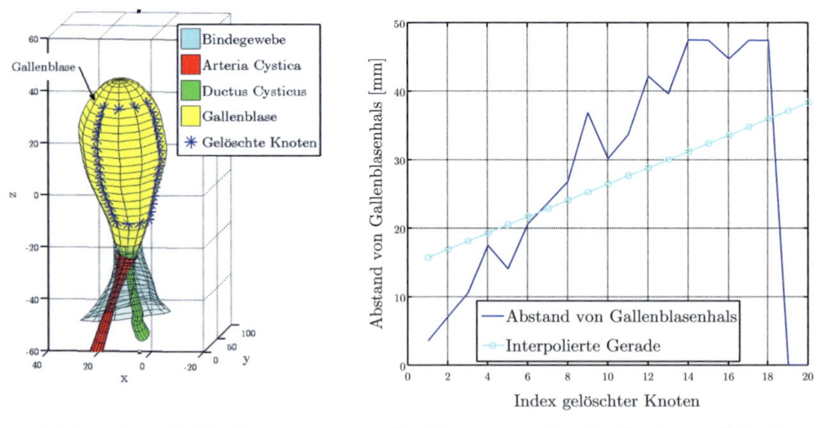

(a) Lage der gelöschten Knoten (b) Abstand der gelöschten Knoten zur Gallenblase

Abb. 3.13: Ausschälen der Gallenblase aus dem Leberbett

Merkmal „Richtung Ausschälen GB": Das Ausschälen der Leber aus dem Leberbett soll am Gallenblasenhals begonnen und dann von unten nach oben fortgeführt werden. Um die Vorgehensweise zu bewerten, wird der Abstand der gelöschten Knoten zum Gallenblasenhals bestimmt, vergl. Abb. 3.13(b). Der Vektor d_{Aus} gibt den Abstand für jeden einzelnen entfernten Knoten an und ist entsprechend des zeitlichen Auftretens der Ereignisse sortiert. Zusätzlich wird eine Gerade interpoliert, wobei der Abstand zum Gallenblasenhals über dem Index des Vektors d_{Aus} aufgetragen ist, vergl. Abb. 3.13(b). Nur wenn die Steigung der interpolierten Gerade positiv und ausreichend groß ist, wird die Gallenblase in vorgegebener Richtung ausgeschält. Deshalb wird untersucht, ob die Steigung der interpolierten Gerade größer als ein vorher festgelegter Minimalwert ist. Auf Grund der Modellierung der Operationsszene werden die linke und die rechte Seite der Gallenblase meist nacheinander vom Leberbett gelöst und deshalb auch unabhängig bewertet.

Merkmal „Kontrolle": Nach dem Lösen der Gallenblase aus dem Leberbett sollen die Trainierenden kontrollieren, ob die Gallenblase tatsächlich frei ist und Ductus Cysticus bzw. Arteria Cystica durchtrennt sind. Dazu müssen die Strukturen gefasst werden, was entsprechend Gl. (3.4) gezählt wird. Es wird überprüft, ob die Vorgabe erfüllt ist.

Merkmal „Anzahl Berührungen/Blutungen": Bei der Cholezystektomie wird die Anzahl der Berührungen von Objekten und die Anzahl der Blutungen entsprechend Gl. (3.3) bestimmt. Die Anzahl der Berührungen anderer Objekte ist ein wichtiges Merkmal für die Charakterisierung einer zielgenauen und damit auch sicherheitsbewussten Bewegung. Ebenfalls sollen Blutungen möglichst vermieden werden, was auch als Vorgabe an die Trainierenden formuliert wird.

Merkmal „Anzahl Aktion": Es werden Merkmale bestimmt, die die Häufigkeit von auftretenden Aktionen angeben. Die Sequenz von Aktionen wird durch den Vektor ς beschrieben, wobei seine Länge der Anzahl der Aktionen n_{Akt} während einer Durchführung entspricht. Generell kann der Vektor jeweils für das linke und rechte Instrument bzw. für die Kamera angegeben werden. Die Anzahl einer bestimmten Aktion $\varsigma_{\text{Akt},q}$ wird entsprechend

$$\sum_{e=e_{\text{Start}}}^{e_{\text{Ende}}} n_{\text{Akt},q,e}, \text{ mit } n_{\text{Akt},q,e} = \begin{cases} 1 & \varsigma(e) = \varsigma_{\text{Akt},q} \\ 0 & \text{sonst} \end{cases} \tag{3.8}$$

identifiziert. Der Index e_{Start} bzw. e_{Ende} steht dabei für die erste bzw. letzte Aktion während einer Phase. Als Merkmal kann beispielsweise die Anzahl der Greifversuche bestimmt werden.

Definition der Extraktionsvorschriften für kontinuierliche Merkmale

Die kontinuierlichen Merkmale auf Aktionsniveau $x_{\text{MS,A}}$ basieren auf der Analyse der kontinuierlichen Signale, die während einer Simulation aufgenommen wurden. Sie ermöglichen die Charakterisierung der Bewegung eines Trainierenden. Allgemein werden die Signale im Folgenden als $x_{\mathrm{Roh,S},j}$ bezeichnet, mit $j = 1, \ldots, n_\mathrm{S}$ und n_S der Anzahl der unterschiedlichen Signale. So ergibt sich eine Matrix der Signale $X_{\mathrm{Roh,S}}$ mit der Dimension $n_\mathrm{S} \times n_\mathrm{Ab}$ und n_Ab der Anzahl der Abtastpunkte innerhalb der Signale. Die kontinuierlichen Merkmale können durch eine Abbildung F_{MS} mit den Signalen $X_{\mathrm{Roh,S}}$ als Eingängen beschrieben werden:

$$F_{\mathrm{MS}} : X_{\mathrm{Roh,S}} \rightarrow x_{\mathrm{MS,A}}, \tag{3.9}$$

wobei $F_{\mathrm{MS}} = \{ f_{\mathrm{MS},1}, \ldots, f_{\mathrm{MS},n_\mathrm{ExS}} \}$ eine Menge von Abbildungen ist und n_ExS die Anzahl der verschiedenen kontinuierlichen Extraktionsvorschriften. Der Vektor $x_{\mathrm{MS,A}}$ besitzt die Länge $n_\mathrm{MS,A}$, mit $n_\mathrm{MS,A}$ der Anzahl der kontinuierlichen Merkmale auf Aktionsniveau. Jede Abbildung $f_{\mathrm{MS},j}$ entspricht einer aufgabenabhängigen Extraktionsvorschrift und bildet die Eingänge in verschiedene Merkmale $x_{\mathrm{MS,A},j}$ ab, so dass

$$f_{\mathrm{MS},j} : X_{Roh,S} \rightarrow x_{\mathrm{MS,A},j}. \tag{3.10}$$

Die Merkmale $x_{\mathrm{MS,A},j}$ unterscheiden sich dabei nur durch den Signalabschnitt, aus dem sie extrahiert wurden, und sind eine Teilmenge von $x_{\mathrm{MS,A}}$.

Wie bereits erwähnt, berücksichtigt die Definition der Extraktionsvorschriften, dass die Merkmale für Signalabschnitte innerhalb und außerhalb von Aktionen bestimmt werden. Der Anfang eines Signalabschnitts wird deshalb durch den Index p_Start eines Signals $x_{\mathrm{Roh,S},j}$ beschrieben und das Ende durch den Index p_Ende.

Damit die Definitionen der Extraktionsvorschriften leichter nachvollziehbar sind, werden im Folgenden die allgemeinen und für eine geschlossene Formulierung notwendigen Bezeichnungen $X_{\mathrm{Roh,S}}$ bzw. $x_{\mathrm{Roh,S},j}$ durch einfachere Bezeichnungen ersetzt, die den Inhalt der Signale hervorheben. Die entsprechenden Namen sind in Tab. 3.1 angegeben.

Von den aufgenommenen Signalen werden andere Signale abgeleitet, die für die Merkmalsextraktion wichtig sind. Eine abgeleitete Größe ist z.B. die Strecke s, mit

$$s(p) = |\boldsymbol{pos}(p+1) - \boldsymbol{pos}(p)|, \quad p = 1, \ldots, n_\mathrm{Ab} - 1. \tag{3.11}$$

Zusätzlich werden die kinematischen Größen mittlere Bahngeschwindigkeit $\mathbf{v}$, mittlere Bahnbeschleunigung $\boldsymbol{a}$ und mittlerer Bahnruck $\boldsymbol{r}$ bestimmt, vergl. [MEYER et al., 2006]. Für die Bahngeschwindigkeit gilt

$$\boldsymbol{v}(p) = \frac{\boldsymbol{s}(p)}{t_\mathrm{s}}, \quad p = 1, \ldots, n_\mathrm{Ab} - 1, \tag{3.12}$$

mit der Abtastrate $t_\mathrm{s} = \frac{1}{f_\mathrm{s}}$. Die Bahnbeschleunigung wird basierend auf der Bahngeschwindigkeit bestimmt, so dass

$$\boldsymbol{a}(p) = \frac{\boldsymbol{v}(p+1) - \boldsymbol{v}(p)}{t_\mathrm{s}}, \quad p = 1, \ldots, n_\mathrm{Ab} - 2. \tag{3.13}$$

Für den Bahnruck gilt

$$\boldsymbol{r}(p) = \frac{\boldsymbol{a}(p+1) - \boldsymbol{a}(p)}{t_{\mathrm{s}}}, \; p = 1, \ldots, n_{\mathrm{Ab}} - 3. \tag{3.14}$$

Im Folgenden werden die Bezeichnungen „Bahn" für die abgeleiteten kinematischen Größen vernachlässigt.

Gerade bei der Extraktion kontinuierlicher Merkmale werden häufig Extraktionsvorschriften mit ähnlicher inhaltlicher Aussage definiert. Da die Bewegungsmuster für jede Übung unterschiedlich sind, können so für jede Übung die am besten geeigneten Merkmale ausgewählt werden. Die folgenden Extraktionsvorschriften werden entsprechend der Zuordnung der extrahierten Merkmale zu den Kriterien vorgestellt.

Kriterium: Bewegung der Instrumente

Zur Bewertung der Bewegung der Instrumente werden 12 Merkmale eingeführt, die in Tab. 3.6 zusammengefasst sind.

Zeit	Strecke Peak Geschwindigkeit°	Abstand*
Zeit Stillstand	Integral Beschleunigung	Extrema Abstand*
Strecke	Extrema Geschwindigkeit/Beschleunigung	Wendepunkte*
Anzahl Peak Geschwindigkeit	Maximale Beschleunigung	Volumen konvexe Hülle*

Tab. 3.6: Übersicht über die kontinuierlichen Merkmale zur Bewertung der Bewegung der Instrumente (*/°: neues/modifiziertes Merkmal)

Merkmal „Zeit": Als ein Merkmal wird die Zeit bestimmt, d.h die Dauer der Durchführung einer Übung. Für die Auswertung steht das Signal t zur Verfügung, in dem die absoluten Zeitstempel bzgl. einer aufgabenunabhängigen Startzeit angegeben sind. Zur Berechnung der Dauer der Durchführung wird der Betrag der Differenz zweier aufeinanderfolgender Zeitpunkte aufsummiert, was allgemein durch

$$\sum_{p=p_{\mathrm{Start}}}^{p_{\mathrm{Ende}}} |\boldsymbol{x}_{\mathrm{Roh,S}}(p+1) - \boldsymbol{x}_{\mathrm{Roh,S}}(p)| \tag{3.15}$$

ausgedrückt wird. Zur Bestimmung der Zeit wird $\boldsymbol{x}_{\mathrm{Roh,S}} = t$ gewählt.

Merkmal „Zeit Stillstand": Neben der gesamten Zeit wird auch die Zeit im Stillstand als Merkmal verwendet. Eine Bewegung wird als „im Stillstand" bezeichnet, wenn die Geschwindigkeit geringer als $0.5\,\frac{\text{mm}}{\text{s}}$ ist, vergl. Abb. 3.14. Dann gilt für das Merkmal

$$t_{\text{s}} \cdot \sum_{p=p_{\text{Start}}}^{p_{\text{Ende}}} n_{\text{Still},p}, \text{ mit } n_{\text{Still},p} = \begin{cases} 0 & \boldsymbol{v}(p) \geq 0.5 \\ 1 & \boldsymbol{v}(p) < 0.5 \end{cases}, \tag{3.16}$$

wobei t_{s} für die Abtastrate steht.

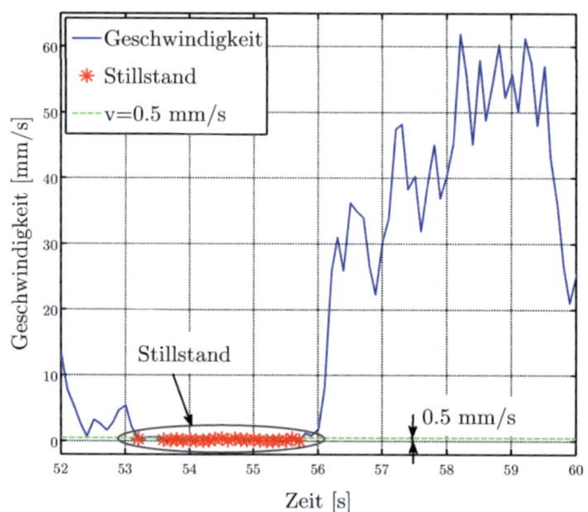

Abb. 3.14: Identifikation der Zeit im Stillstand

Merkmal „Strecke": Die gesamte Strecke, die ein Instrument zurücklegt, lässt sich als Summe der Teilstrecken zwischen zwei aufeinanderfolgenden Raumpunkten bestimmen. Das wird durch die Summe über das Signal $\boldsymbol{s}$ ausgedrückt, d.h. durch

$$\sum_{p=p_{\text{Start}}}^{p_{\text{Ende}}} \boldsymbol{x}_{\text{Roh,S}}(p), \tag{3.17}$$

mit $\boldsymbol{x}_{\text{Roh,S}} = \boldsymbol{s}$. Wird nur die Strecke in eine Koordinatenrichtung q als Merkmal gewählt, wird die Extraktionsvorschrift in Gl. (3.15) angewendet, mit $\boldsymbol{x}_{\text{Roh,S}} = \boldsymbol{pos}_q$ und $\boldsymbol{pos}_q$ dem Positionssignal in Koordinatenrichtung q.

Eine Vorgabe an die Probanden besteht darin, die Bewegungen möglichst zielgerichtet und gleichmäßig auszuführen. Die beiden Anforderungen sind sehr ähnlich. Hier wird die Zielstrebigkeit jedoch als eine „globalere" Eigenschaft aufgefasst. Deshalb werden im Gegensatz zur Gleichmäßigkeit nur Eigenschaften der Bewegung betrachtet, die sich über mehrere Sekunden erstrecken.

Merkmal „Anzahl Peak Geschwindigkeit": Eine zielstrebige Bewegung wird durch die Anzahl der Peaks im Geschwindigkeitsverlauf charakterisiert, [DATTA et al., 2001a] und [DOSIS et al., 2003]. Dabei ist für eine zielgerichtete Bewegung die Anzahl der Peaks gering. Damit tatsächlich zielstrebige Bewegungen und nicht nur überlagerte Ungleichmäßigkeiten in der Bewegung erkannt werden, müssen die Peaks ausgeprägt sein. Deshalb wird das Geschwindigkeitssignal v zunächst durch einen interpolierenden Spline geglättet. Als Ansatz werden „Cubic Smoothing Splines" gewählt, die im Gegensatz zu anderen Methoden wie den kubischen Splines nicht durch die vorgegebenen Stützpunkte verlaufen [THE MATHWORKS, 2010a]. Vielmehr minimiert der Spline f an gegebenen Stellen $x(p)$, $p = p_{\text{Start}}, \ldots, p_{\text{Ende}}$, die Kostenfunktion K, mit

$$K = \lambda \cdot \sum_{p=p_{\text{Start}}}^{p_{\text{Ende}}} \left(\boldsymbol{\omega}(p) \cdot |\boldsymbol{y}(p) - \boldsymbol{f}(\boldsymbol{x}(p))|^2\right) + (1 - \lambda) \cdot \int |\boldsymbol{f}''(t)|^2 \, \mathrm{d}t, \qquad (3.18)$$

wobei $\boldsymbol{y}(p)$ die ursprünglichen Werte an den Stellen $\boldsymbol{x}(p)$ darstellen. Durch die Wahl der Parameter λ und ω wird Einfluss auf die Form des Splines f genommen. Die Wahl des „Fehlermaßes" ω ermöglicht eine Gewichtung der Abweichung zwischen Spline und ursprünglicher Trajektorie für jeden einzelnen Datenpunkt. Der „Parameter der Glattheit" $\lambda \in [0\ 1]$ wird global für die gesamte Kurve gewählt und erlaubt einen Ausgleich zwischen Genauigkeit der Approximation und Glattheit des Splines.

Auf Grundlage des interpolierten Splines und einem Algorithmus von [O'HAVER, 2009] zur Bestimmung von Extrema werden die Indexe der Peaks im Geschwindigkeitssignal, beschrieben durch die Menge $\boldsymbol{I}$, identifiziert, vergl. Abb. 3.15. Die Indexe in einem Signal geben dabei die Lage in einem Signal bzw. einen Zeitpunkt an. Deshalb entspricht der Index eines Peaks im Geschwindigkeitssignal dem Zeitpunkt für das Auftreten des Peaks. Die Beschreibung der Lage in einem Signal durch Indexe wird auch für die Extraktion anderer Merkmale verwendet. Die Anzahl der Peaks wird dann entsprechend

$$\sum_{p=p_{\text{Start}}}^{p_{\text{Ende}}} n_{\text{Index},p}, \text{ mit } n_{\text{Index},p} = \begin{cases} 1 & p \in \boldsymbol{I} \\ 0 & \text{sonst} \end{cases} \qquad (3.19)$$

bestimmt.

Merkmal „Strecke Peak Geschwindigkeit": Die mit einem Instrument zurückgelegte Strecke während eines Peaks im Geschwindigkeitssignal entspricht der zurückgelegten Strecke bei einer zielstrebigen Bewegung. Je zielstrebiger die Bewegung, desto kürzer die Strecke innerhalb aller Peaks. Deshalb wird sie als zusätzliches Merkmal zur Charakterisierung der Zielstrebigkeit der Bewegung gewählt. Es gilt

$$\sum_{q=1}^{n_{\text{Peak}}} \sum_{p=p_{\text{Start},q}}^{p_{\text{Ende},q}} s(p), \qquad (3.20)$$

wobei n_{Peak} für die Anzahl der Peaks im Geschwindigkeitssignal steht, $p_{\text{Start},q}$ für den

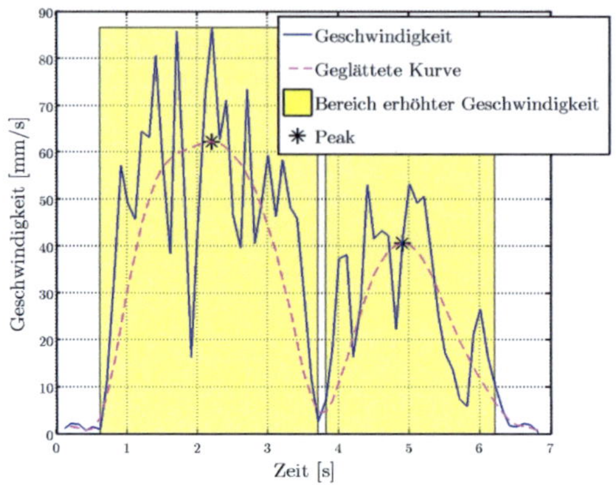

Abb. 3.15: Peaks im Geschwindigkeitssignal

Start-Index des q-ten Peaks in s und $p_{\mathrm{Ende},q}$ für den zugehörigen Endpunkt. Die Start- und Endpunkte eines Peaks werden basierend auf der Veränderung der Steigung im Geschwindigkeitssignal identifiziert, vergl. Abb. 3.15.

Merkmal „Integral Beschleunigung": Die Gleichmäßigkeit einer Bewegung wird im Bereich der Bewegungsanalyse durch ein Integral über die Beschleunigung oder den Ruck bewertet [FLASH und HOGAN, 1985]. Je geringer der Wert für das Integral, desto höher die Gleichmäßigkeit. Hier wird die Beschleunigung a betrachtet, so dass für das Merkmal

$$\int_{t_{\mathrm{Start}}}^{t_{\mathrm{Ende}}} a(t)^2 \, \mathrm{dt} \tag{3.21}$$

gilt, mit $t_{\mathrm{Start}} = t(p_{\mathrm{Start}})$ und $t_{\mathrm{Ende}} = t(p_{\mathrm{Ende}})$. Das Maß korreliert mit dem Energieaufwand für eine Bewegung [CAVALLO et al., 2005].

Merkmal „Extrema Geschwindigkeit/Beschleunigung": Im Bereich der Bewegungsanalyse wird die Anzahl der Extrema im Geschwindigkeits- bzw. Beschleunigungsverlauf zur Bewertung der Gleichmäßigkeit der Bewegung betrachtet. So ist eine Aussage über den Grad der Automatisierung der Bewegung möglich, [MAI und MARQUARDT, 1998] und [BLANKENFELD, 2002]. Die Indexe bzw. die Lage der Extrema im Signal werden basierend auf einer Glättung des Signals, wieder durch Cubic Smoothing Splines, und einem Algorithmus zur Identifikation von Extrema ermittelt, vergl. Abb. 3.16. Die Menge I fasst die Indexe zusammen und ist die Grundlage für die Bestimmung der Anzahl der Extrema nach Gl. (3.19). Ein Unterschied zur Zielstrebigkeit bzw. zur Bestimmung der Peaks entsprechend Merkmal „Anzahl Peak Geschwindigkeit" ist, dass auch Minima berücksichtigt werden. Zusätzlich werden bei der Gleichmäßigkeit der Bewegung auch geringere Veränderungen im Signalverlauf als Extrema gewertet. Deshalb werden die Signale zur Identifikation der Extrema weniger

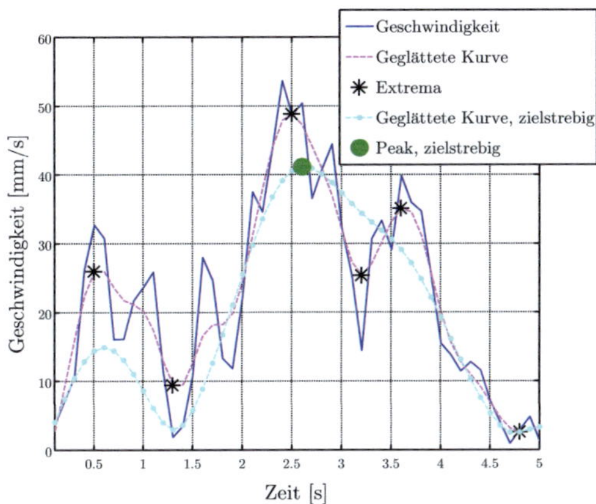

Abb. 3.16: Minima und Maxima im Geschwindigkeitssignal

stark geglättet. Der Sachverhalt ist in Abb. 3.16 dargestellt. So ist die weniger stark geglättete Kurve („Geglättete Kurve") zur Bestimmung der Extrema angegeben ebenso wie das stärker geglättete Geschwindigkeitssignal („Geglättete Kurve, zielstrebig") zur Identifikation der Peaks („Peak, zielstrebig") für die Bewertung der Zielstrebigkeit. In beiden Fällen bedeutet eine geringe Anzahl an Extrema oder Peaks eine hohe Gleichmäßigkeit der Bewegung bzw. ein hohe Zielstrebigkeit.

Merkmal „Maximale Beschleunigung": Das kinematische Verhalten eines Trainierenden wird auch durch die maximale Beschleunigung charakterisiert. Allgemein wird das durch

$$\max_{p=p_{\text{Start}},\ldots,p_{\text{Ende}}} x_{\text{Roh,S}}(p) \tag{3.22}$$

ausgedrückt, wobei $x_{\text{Roh,S}} = a$.

Merkmal „Abstand": Die Glattheit der Form der Instrumentenbahn ist für eine zielgerichtete Bewegung wesentlich. So bewegen sich erfahrene Chirurgen auf einer glatteren Kurve auf ihr Ziel hin, d.h. dass die Kurve weniger Ecken oder abrupte Wendungen besitzt. Um die Glattheit der Trajektorie zu charakterisieren wird die Abweichung der tatsächlichen Trajektorie von einer geglätteten Kurve bestimmt. Dadurch wird keine ideale Kurve im Raum angenommen, mit der die tatsächliche Bahn direkt verglichen werden könnte. Vielmehr wird eine allgemeine Eigenschaft einer zielgerichteten Bewegung bestimmt, so dass die Extraktionsvorschrift auf verschiedene Übungen angewendet werden kann. Die geglättete Trajektorie wird durch einen Cubic Smoothing Spline erzeugt, da der Spline nicht direkt durch die Stützpunkte führt und die Glattheit der Kurve durch die Wahl der Parameter in der Kostenfunktion beeinflusst werden kann, vergl. Gl. (3.18). Die Abweichung wird durch das Abstandssignal d beschrieben, das den Abstand zwischen ursprünglicher und geglätteter Kurve zu jedem Abtastpunkt angibt. So sind in Abb. 3.17 eine ursprüngliche und eine geglättete Trajektorie angegeben, für die der Abstand zu jedem Abtastpunkt dargestellt ist. Als Merkmal wird der mittlere Abstand gewählt, der entsprechend

$$\frac{\sum_{p=p_{\text{Start}}}^{p_{\text{Ende}}} x_{\text{Roh,S}}(p)}{p_{\text{Start}} - p_{\text{Ende}} + 1} \tag{3.23}$$

bestimmt wird, wobei $x_{\text{Roh,S}} = d$.

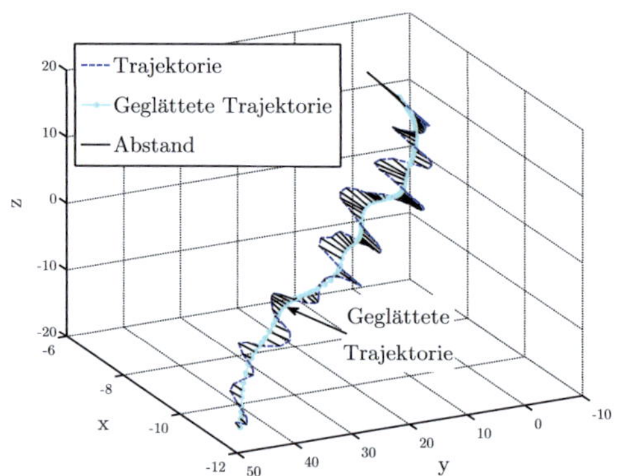

Abb. 3.17: Abstand zwischen tatsächlicher und geglätteter Trajektorie

Merkmal „Extrema Abstand": Die Anzahl der Peaks im Abstandssignal d ist ein weiteres Maß für die Glattheit der Kurve. Die Indexe der Peaks im Abstandssignal, beschrieben durch die Menge I, werden basierend auf einer Glättung von d und einem Algorithmus zur Identifikation von Extrema bestimmt. Die Anzahl der Peaks wird nach Gl. (3.19) ermittelt.

Merkmal „Wendepunkte": Die Anzahl der Wendepunkte in der Kurve erlaubt ebenfalls eine Aussage über die Glattheit der Trajektorie, siehe Abb. 3.18. Abhängig von der zu bewertenden Übung kann es Vorteile bieten die Wendepunkte anstelle eines interpolierenden Splines zu betrachten, wie es jedoch zur Bestimmung des Abstandes zwischen tatsächlicher und geglätteter Kurve notwendig ist. Gerade für kleine Bewegungsräume mit starken Richtungswechseln ist es sinnvoll, die Anzahl der Wendepunkte zu bestimmen. In solch einem Fall weicht der interpolierte Spline z.T. deutlich von der ursprünglichen Trajektorie ab, so dass keine sinnvolle Aussage mehr möglich ist. Die Indexe der Wendepunkte im Positionssignal, beschrieben durch die Menge I, werden basierend auf der Torsion und der Krümmung der Kurve identifiziert. Die Anzahl der Wendepunkte wird dann entsprechend Gl. (3.19) ermittelt.

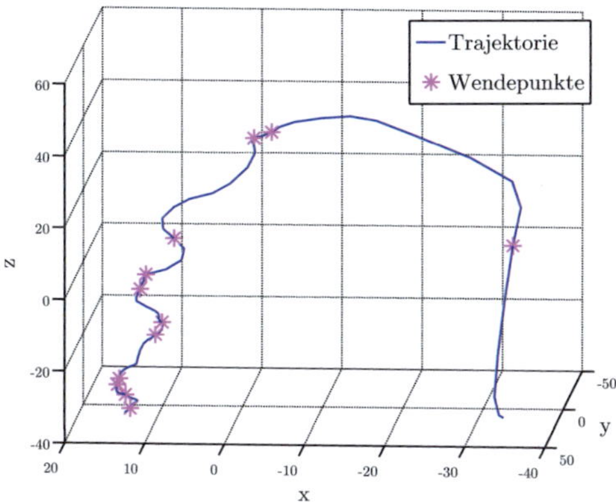

Abb. 3.18: Wendepunkte einer Trajektorie

Merkmal „Volumen konvexe Hülle": Die Bahn der Instrumente wird auch durch die Größe des Bewegungsraumes charakterisiert. Gerade in der Umgebung von gefährdeten Strukturen ist es wichtig, dass der Bewegungsraum der Instrumente klein ist. Sonst werden die gefährdeten Strukturen leicht verletzt. Zur Abschätzung der Größe des Bewegungsraumes wird das Volumen der konvexen Hülle einer Trajektorie bestimmt, siehe Abb. 3.19. Ausgedrückt wird das Vorgehen durch

$$V(C_{\text{Huelle}}(\boldsymbol{pos}(p_{\text{Start}} : p_{\text{Ende}}))), \tag{3.24}$$

wobei V für das Volumen und C_{Huelle} für die konvexe Hülle basierend auf den Instrumentenpositionen zwischen p_{Start} und p_{Ende} steht.

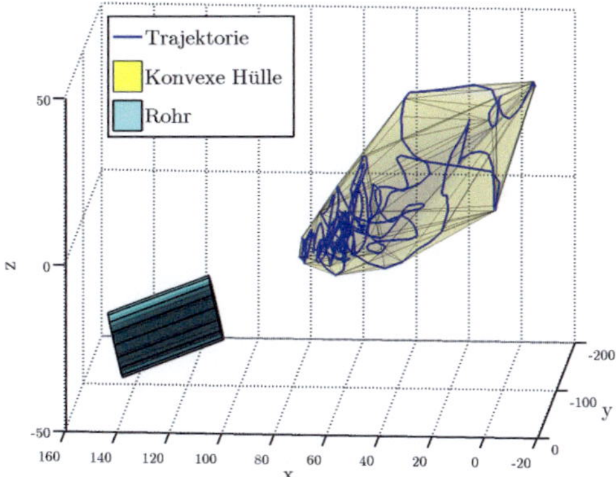

Abb. 3.19: Konvexe Hülle einer Trajektorie

Kriterium: Tiefenwahrnehmung

Die Tiefenwahrnehmung gibt an, wie gut ein Trainierender die dritte Dimension der Szene basierend auf der zwei-dimensionalen Darstellung auf dem Bildschirm rekonstruieren kann. Für die Bewertung der Tiefenwahrnehmung werden sieben Merkmale definiert, die in Tab. 3.7 zusammengefasst sind.

Eintritte Nahbereich/Sichtbereich°	Maximale Tiefe (Platte und Abheben)*
Zeit/Strecke Nahbereich°	Zurückziehen*
Direktheit	Anteil Zeit Nahbereich°
Veränderung der Eindrücktiefe in Platte*	

Tab. 3.7: Übersicht über die kontinuierlichen Merkmale zur Bewertung der Tiefenwahrnehmung (*/°: neues/modifiziertes Merkmal)

Merkmal „Eintritte Nahbereich/Sichtbereich": Bei einer guten Tiefenwahrnehmung, die zu einer zielgerichteten und genauen Bewegung führt, wird ein Nahbereich C_{Nah} vor einem zu erreichenden Ziel nur einmal betreten. Der Nahbereich wird abhängig von der Übung gewählt. Bei der Kamera-Übung ist der Nahbereich der Bereich vor einem Rohr, von dem aus die Zahl auf dem Boden des Rohrs erkannt werden kann, siehe „Sichtbereich" in Abb. 3.20. Der Bereich wurde experimentell durch das Abfahren mit der Kamera bestimmt.

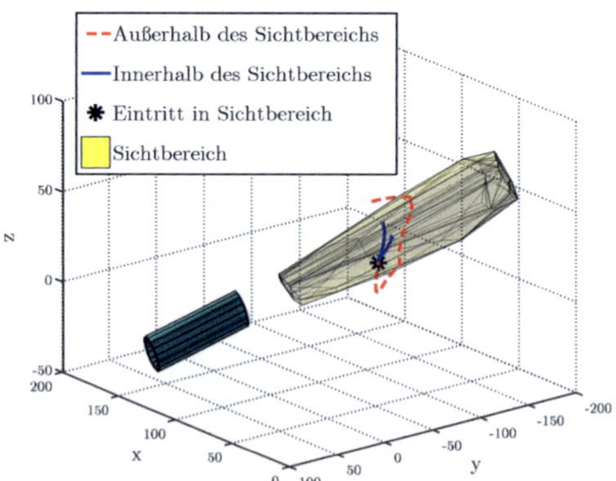

Abb. 3.20: Nahbereich bei der Kamera-Übung

Als Merkmal wird die Anzahl der Eintritte in den Nahbereich entsprechend

$$\sum_{p=p_{\text{Start}}}^{p_{\text{Ende}}} n_{\text{Ein},p}, \text{ mit } n_{\text{Ein},p} = \begin{cases} 1 & \boldsymbol{pos}(p+1) \in C_{\text{Nah}} \wedge \boldsymbol{pos}(p) \notin C_{\text{Nah}} \\ 0 & \text{sonst} \end{cases} \tag{3.25}$$

ermittelt. Auch bei der Cholezystektomie kann ein Nahbereich angegeben werden, wobei der Nahbereich hier als eine Kugel mit einem Radius von 15 mm gewählt wird. Der Radius hat sich als geeignet erwiesen. Der Ursprung der Kugel entspricht dem Ort einer Aktion wie dem Schneiden des Ductus Cysticus oder dem Setzen eines Clips an Arteria Cystica, vergl. Abb. 3.23(b).

Merkmal „Zeit/Strecke Nahbereich": Der Nahbereich einer Aktion ist in der Cholezystektomie, wie z.B. beim Präparieren des Bindegewebes, auch immer eine „sicherheitsrelevante" Zone. Unvorsichtige Bewegungen führen leicht zu Verletzungen, so dass hier überflüssige Bewegungen vermieden werden sollen. Deshalb werden Aufenthaltsdauer und Strecke innerhalb des Nahbereichs C_{Nah} als Merkmale gewählt. Für die Zeit gilt

$$t_{\text{s}} \cdot \sum_{p=p_{\text{Start}}}^{p_{\text{Ende}}} n_{\text{Index},p}, \text{ mit} \tag{3.26}$$

$n_{\text{Index},p}$ entsprechend Gl. (3.19) und $\boldsymbol{I}$ der Menge der Indexe im Positionssignal, für die das Instrument im Nahbereich ist. Die Berechnung der Strecke im Nahbereich erfolgt nach

$$\sum_{p=p_{\text{Start}}}^{p_{\text{Ende}}} s_{\text{Nah},p}, \text{ mit } s_{\text{Nah},p} = \begin{cases} \boldsymbol{s}(p) & p \in \boldsymbol{I} \\ 0 & \text{sonst} \end{cases}. \tag{3.27}$$

Zeit und Strecke in der Umgebung der Aktion werden bei der Cholezystektomie als sicherheitsrelevante Merkmale aufgefasst und dem Kriterium „Technik und Fehler" zugeordnet. Für die anderen Übungen werden die beiden Merkmale zur Bewertung der Tiefenwahrnehmung verwendet, da die Zeit und die zurückgelegte Strecke im Nahbereich eines Ziels auch eine Aussage über die Tiefenwahrnehmung eines Trainierenden zulassen.

Merkmal „Direktheit": Wie bei [ACOSTA und TEMKIN, 2005] wird die Tiefenwahrnehmung durch das Verhältnis von tatsächlich zurückgelegter Strecke zu kürzester Strecke, d.h. dem direkten Weg, charakterisiert. Für das entsprechende Merkmal gilt dann

$$\frac{\sum_{p=p_{\text{Start}}}^{p_{\text{Ende}}} \boldsymbol{s}(p)}{|\boldsymbol{pos}(p_{\text{Ende}}) - \boldsymbol{pos}(p_{\text{Start}})|}. \tag{3.28}$$

Bei der Kamera-Übung wird nur die Bewegung zum Röhrchen hin berücksichtigt, siehe Abb. 3.21. Das Zurückziehen nach dem Erkennen der Zahl im vorherigen Röhrchen wird vernachlässigt. Entsprechendes gilt für die Klötzchen-Übung.

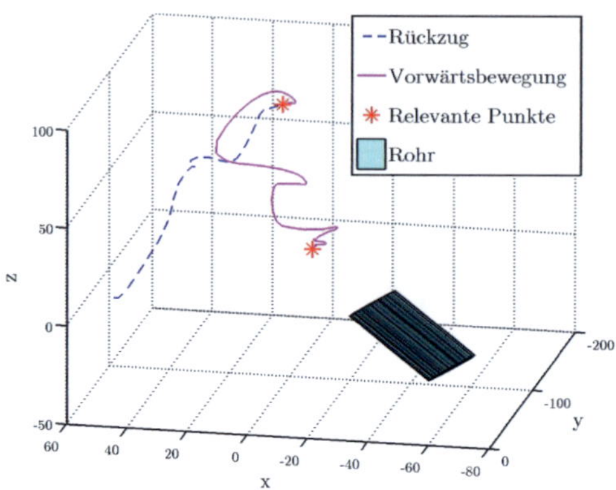

Abb. 3.21: Direktheit der Bewegung bei der Kamera-Übung

Merkmal „Veränderung der Eindrücktiefe in Platte": Bei der Kreis-Übung zeichnet sich die Tiefenwahrnehmung durch die Bewegung des Stiftes vertikal zur Zeichenplatte aus. So zeichnet ein Trainierender mit guter Tiefenwahrnehmung den Kreis mit einer konstanten Eindrücktiefe in der Platte. Die Koordinatenrichtung vertikal zur Zeichenplatte wird durch den Vektor $\boldsymbol{h}$ beschrieben. Wird der Stift in die Zeichenplatte eingedrückt, gilt $\boldsymbol{h}(p) \geq 0$. Beim Abheben des Stiftes von der Platte ist $\boldsymbol{h}(p) < 0$, vergl. Abb. 3.22. Als Merkmal wird die Konstanz beim Eindrücken des Stiftes in die Zeichenplatte gewählt. Dazu wird die Veränderung von $\boldsymbol{h}$ beim Kontakt mit der Platte entsprechend

$$\sum_{p=p_{\text{Start}}}^{p_{\text{Ende}}} h_{\text{Diff},p}, \text{ mit } h_{\text{Diff},p} = \begin{cases} |\boldsymbol{h}(p+1) - \boldsymbol{h}(p)| & \boldsymbol{h}(p+1) \geq 0 \wedge \boldsymbol{h}(p) \geq 0 \\ 0 & \text{sonst} \end{cases} \tag{3.29}$$

bestimmt.

Merkmal „Maximale Tiefe (Platte und Abheben)": Die Tiefenwahrnehmung wird bei der Kreis-Übung durch die Bewegung vertikal zur Zeichenplatte charakterisiert, auch wenn beim Zeichnen der Kontakt mit der Platte verloren geht. Deswegen wird als Merkmal der maximale Unterschied in der Bewegung vertikal zur Zeichenplatte gewählt. Dann gilt für das Merkmal

$$|\max \boldsymbol{h} - \min \boldsymbol{h}|. \tag{3.30}$$

Merkmal „Zurückziehen": Eine gute Tiefenwahrnehmung innerhalb der Cholezystektomie zeichnet sich dadurch aus, dass beim Schneiden Ductus Cysticus und Arteria Cystica in einem Zug mit der Schere eingefädelt und durchtrennt werden. Ist die Tiefenwahrnehmung nicht so gut, sind zum Einfädeln mehrere Anläufe nötig und das Instrument wird mehrmals zurückgezogen. Das Zurückziehen wird durch Peaks im

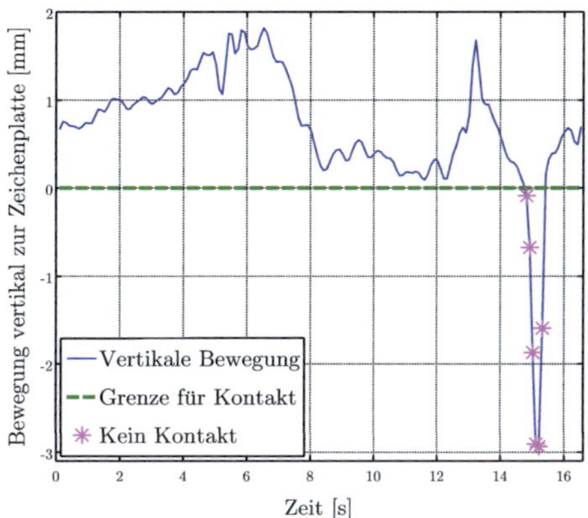

Abb. 3.22: Bewegung des Stiftes vertikal zur Zeichenplatte beim Zeichnen eines Kreises

Abstandssignal von der eigentlichen Aktion identifiziert. Dazu wird der Abstand von dem Ort bestimmt, an dem letztendlich der Schnitt gesetzt bzw. der Griff zum Schneiden geschlossen wird, vergl. Abb. 3.23(a) und Abb. 3.23(b). Die Indexe der Peaks im Abstandssignal von der eigentlichen Aktion werden durch die Menge I beschrieben. Als Merkmal wird die Anzahl der Peaks während einer Aktion entsprechend Gl. (3.19) ermittelt. Es wird auch das Setzen von Clips und das Präparieren des Bindegewebes betrachtet, um das Zurückziehen des Instruments zu untersuchen.

Merkmal „Anteil Zeit Nahbereich": Bei einer guten Tiefenwahrnehmung ist die Bewegung auch außerhalb des Nahbereichs auf das Ziel hin ausgerichtet und der Nahbereich wird schnell erreicht. Dann ist der zeitliche Anteil hoch, bei dem das Instrument in der Umgebung des Ziels ist. Deshalb wird der Anteil als weiteres Merkmal gewählt. Die Berechnung erfolgt nach Gl. (3.26), wobei die Zeit im Nahbereich relativ zur Dauer der gesamten Phase angegeben wird.

Kriterium: Kraft

Auf Grund des Force-Feedbacks des Simulators bzw. der Echtzeit-Berechnung der Kräfte während einer Simulation, können die auftretenden Kräfte analysiert werden. Es werden die Kräfte untersucht, die beim Kontakt der Instrumente mit Objekten entstehen. So kann das taktile Feingefühl eines Trainierenden charakterisiert werden.

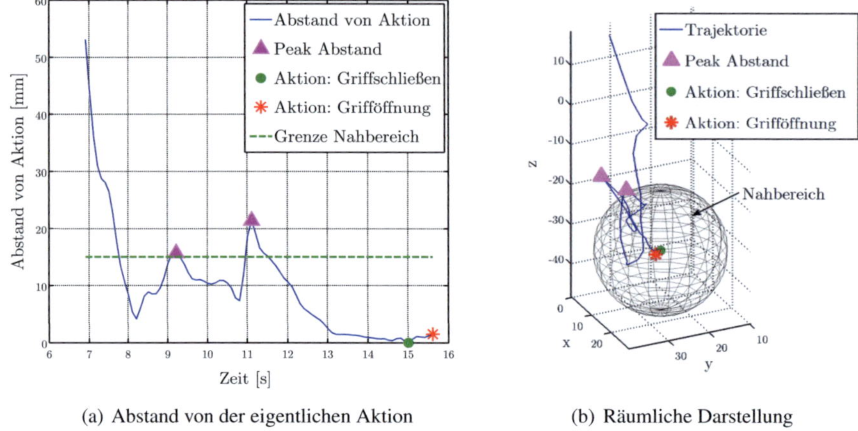

(a) Abstand von der eigentlichen Aktion   (b) Räumliche Darstellung

Abb. 3.23: Wiederholtes Zurückziehen des Instruments bei der Cholezystektomie

Zur Bewertung der Kraft werden vier Merkmale eingeführt, die in Tab. 3.8 zusammengefasst sind.

Mittlere/Maximale Kraft	Kraft Peak°
Kraft Zeit	Kraft Unterstützung*

Tab. 3.8: Übersicht über die kontinuierlichen Merkmale zur Bewertung der Kraft (*/°: neues/modifiziertes Merkmal)

Merkmal „Mittlere/Maximale Kraft": Als Merkmale werden die mittlere Kraft, siehe Gl. (3.23), und die maximale Kraft, siehe Gl. (3.22), gewählt, wobei jeweils $x_{\mathrm{Roh,S}} = k$.

Merkmal „Kraft Zeit": Ein anderes Merkmal gibt die Zeit an, während der eine Kraft und damit auch eine Berührung auftritt. Damit ein Kontakt identifiziert wird, muss die Kraft k größer als ein vorgegebener Schwellwert sein. Für das Merkmal gilt dann

$$t_{\mathrm{s}} \cdot \sum_{p=p_{\mathrm{Start}}}^{p_{\mathrm{Ende}}} n_{\mathrm{Kraft},p}, \ \mathrm{mit} \ n_{\mathrm{Kraft},p} = \begin{cases} 1 & k(p) > 0.02\,\mathrm{N} \\ 0 & \mathrm{sonst} \end{cases}, \tag{3.31}$$

wobei sich der Schwellwert von 0.02 N als geeignet herausgestellt hat. In Abb. 3.24(a) sind für einen beispielhaften Kraftverlauf diejenigen Punkte markiert, die oberhalb des festgelegten Schwellwertes liegen und für die damit eine Berührung identifiziert wird.

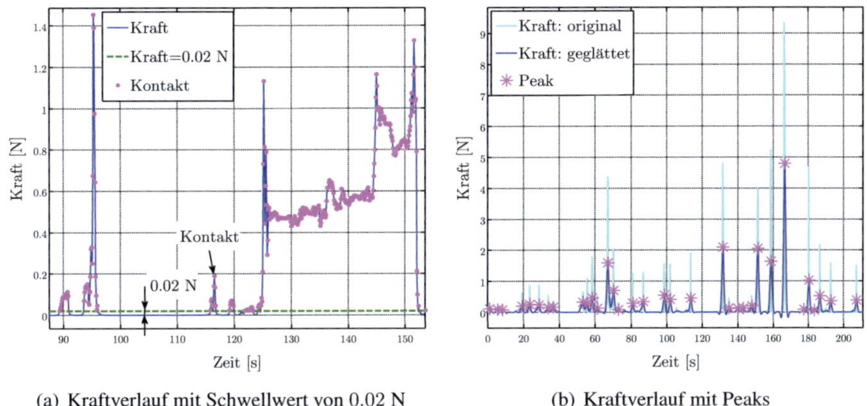

(a) Kraftverlauf mit Schwellwert von 0.02 N   (b) Kraftverlauf mit Peaks

Abb. 3.24: Allgemeine Analyse des Kraftverlaufs

Merkmal „Kraft Peak": Findet häufig ein Kontakt mit anderen Objekten statt und ist die Berührung dabei ruckartig, so ist der Kraftverlauf k ungleichmäßig. Um die Ruckartigkeit des Kontakts zu beurteilen, wird die Anzahl der Peaks im Kraftsignal bestimmt, siehe Abb. 3.24(b). Dazu wird das Signal zunächst geglättet. Die Indexe der Peaks im Kraftsignal sind in der Menge I zusammengefasst. Die Anzahl der Peaks wird entsprechend Gl. (3.19) ermittelt.

Merkmal „Kraft Unterstützung": Beim Halten einer Struktur, wie z.B. der Arteria Cystica während der Präparation, soll nicht „gerissen" werden. Dann ist die Kraft bei der unterstützenden Tätigkeit konstant und es existiert nur ein ausgeprägter Peak im Histogramm der Kraft während der Aktion. Als Merkmal wird deshalb die Anzahl der Peaks im Histogramm gewählt. Es wird eine Aussage darüber möglich, ob verschiedene Kraftniveaus im Signalverlauf während der unterstützenden Tätigkeit vorhanden sind. So repräsentieren die beiden Peaks im Histogramm in Abb. 3.25(b) die beiden Kraftniveaus in Abb. 3.25(a). Um die Anzahl der Peaks zu bestimmen, wird zunächst der Signalabschnitt für die unterstützende Tätigkeit identifiziert und das Histogramm basierend auf dem Kraftverlauf in dem Signalabschnitt ermittelt. Dann werden die Peaks im Histogramm auf Grundlage einer geglätteten Kurve des Histogramms bestimmt, vergl. Abb. 3.25(b). Die Indexe bzw. die Lage der Peaks im Histogramm während der unterstützenden Tätigkeit e wird durch die Menge I_e beschrieben. Für die Anzahl der Peaks ergibt sich

$$\sum_{q=1}^{q_{\text{Hist},e}} n_{\text{Peak,Hist,q}}, \text{ mit } n_{\text{Peak,Hist,q}} = \begin{cases} 1 & \varsigma(e) = \text{Hand 2} \wedge q \in I_e \\ 0 & \text{sonst} \end{cases}, \tag{3.32}$$

wobei der Index q für den q-ten Datenpunkt von $q_{\text{Hist},e}$ Punkten im Histogramm steht.

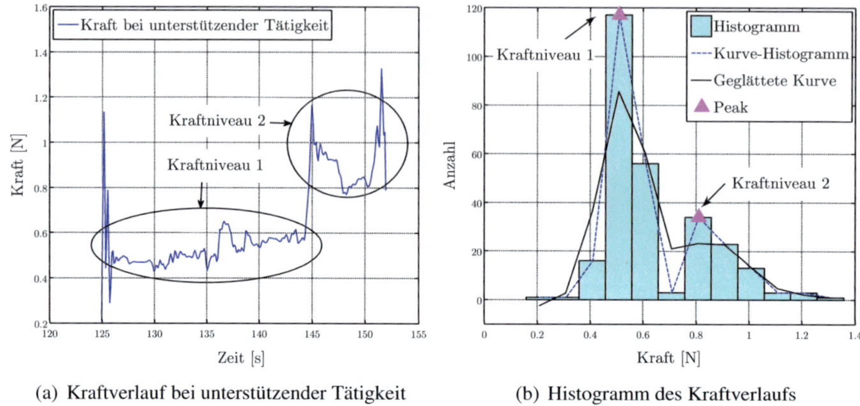

(a) Kraftverlauf bei unterstützender Tätigkeit   (b) Histogramm des Kraftverlaufs

Abb. 3.25: Analyse des Kraftverlaufs während einer unterstützenden Tätigkeit

Kriterium: Beidhändigkeit

Abhängig von der Übung gibt es unterschiedliche Anforderungen an die Beidhändigkeit. Zum einen kann Beidhändigkeit bedeuten, dass linke und rechte Hand die Aktionen gleich gut durchführen können. Dann besteht kein Unterschied bei der Ausführung mit dem linken oder rechten Instrument. Zum anderen müssen beide Hände unabhängig voneinander bewegt werden können. Das gilt im Besonderen bei unterstützenden Tätigkeiten.

Zur Bewertung der Beidhändigkeit werden drei Merkmale vorgestellt, die in Tab. 3.9 zusammengefasst sind.

Unterschied Merkmale*
Maximaler Unterschied Merkmale*
Unabhängigkeit Hand*

Tab. 3.9: Übersicht über die kontinuierlichen Merkmale zur Bewertung der Beidhändigkeit (*: neues Merkmal)

Merkmal „Unterschied Merkmale": Bei der Klötzchen-Übung werden die Kontakte nacheinander erst mit dem Instrument in der linken Hand und dann in der rechten Hand berührt. Eine gute Beidhändigkeit zeichnet sich dadurch aus, dass die Bewegung bzw. das Verhalten beider Hände ähnlich ist. Das gilt auch für die Cholezystektomie, wenn hier die gleichen Aktionen sowohl mit dem linken als auch mit dem rechten Instrument durchgeführt werden. Deshalb wird der Unterschied bei einem Merkmal für die Ausführung mit linker und rechter Hand betrachtet. Zur Charakterisierung der Beidhändigkeit wird der mittlere Unterschied für mehrere ausgewählte Merkmale bestimmt. Da verschiedene Merkmale unterschiedliche Wertebereiche besitzen, wird die Differenz zwischen linker und rechter Hand auf den Wertebereich des Merkmals bezogen. Dann gilt

$$\frac{\sum_{q=1}^{n_{\text{Merk}}} \frac{|v_{\text{Rechts},q} - v_{\text{Links},q}|}{v_{\text{Mittel},q}}}{n_{\text{Merk}}}, \tag{3.33}$$

wobei der Parameter n_{Merk} für die Anzahl der berücksichtigten Merkmale steht , $v_{\text{Rechts},q}$ bzw. $v_{\text{Links},q}$ für den Wert des q-ten Merkmals bei der rechten bzw. linken Hand und $v_{\text{Mittel},q}$ für den entsprechenden mittleren Wertebereich, der basierend auf einer Testmenge bestimmt wurde.

Merkmal „Maximaler Unterschied Merkmale": Anstelle die Differenz bei einem Merkmal für die Ausführung mit linker und rechter Hand über verschiedene Merkmale zu mitteln, wird auch die maximale Differenz, wieder normiert auf den Wertebereich eines Merkmals, betrachtet. Es gilt dann

$$\max_{q=1,\ldots,n_{\text{Merk}}} \frac{|v_{\text{Rechts},q} - v_{\text{Links},q}|}{v_{\text{Mittel},q}}. \tag{3.34}$$

Merkmal „Unabhängigkeit Hand": Bei der Kreis-Übung werden Zeichenplatte und Stift unabhängig voneinander bewegt. Um das Verhalten zu charakterisieren, werden die Signalverläufe der kinematischen Größen Geschwindigkeit v, Beschleunigung a und Ruck r für Zeichenplatte und Stift verglichen. Sind die Verläufe für linkes und rechtes Instrument unterschiedlich, werden die Hände unabhängig voneinander bewegt. Da die Signale verschiedene Zeit- und Wertebereiche besitzen, werden sie zunächst sowohl im Zeit- als auch im Wertebereich auf das Intervall $[0\ 1]$ skaliert. Um die Ähnlichkeit der Signale für linkes und rechtes Instrument zu beschreiben, wird die Fläche A_{Signal} zwischen den beiden skalierten Signalverläufen betrachtet, vergl. Abb. 3.26. Als Merkmal wird die mittlere Fläche für die drei kinematischen Größen entsprechend

$$\frac{1}{3} \cdot \sum_{q=1}^{3} A_{\text{Signal},q} \tag{3.35}$$

bestimmt.

Bei der Cholezystektomie ist die Koordination der Hände während einer unterstützenden Tätigkeit gefordert. Deshalb wird die Beidhändigkeit durch Merkmale bewertet, die die Ausführung einer unterstützenden Tätigkeit charakterisieren. Das ist z.B. die mit einem Instrument zurückgelegte Strecke während einer unterstützenden Tätigkeiten oder die mittlere Kraft bei der Aktion.

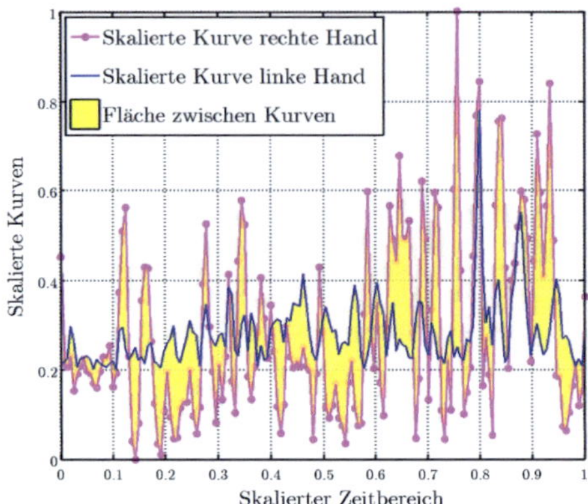

Abb. 3.26: Fläche zwischen zwei kinematischen Signalen für linkes und rechtes Instrument

Kriterium: Technik und Fehler

Im Folgenden werden 11 kontinuierliche Merkmale zur Bewertung von Technik und Fehlern eingeführt, die in Tab. 3.10 zusammengefasst sind.

Streuung Merkmale*	Visualisierung Ziel*	Kreis falsche Richtung*
Rotation Horizont/Instrument	Austritt Kreis*	Instrument Sichtfeld°
Anteil schnelle Optik-Rotation°	Abheben Zeichenplatte*	Öffnen Instrument°
Optik-Rotation Austritte Sichtbereich*	Gleichmäßigkeit Kreis*	

Tab. 3.10: Übersicht über die kontinuierlichen Merkmale zur Bewertung von Technik und Fehlern (*/°: neues/modifiziertes Merkmal)

Merkmal „Streuung Merkmale": Erfahrene Probanden haben eine höhere Konstanz in ihrer Leistung. Bei Anfängern variiert der Wert eines Merkmals für gleiche Aktionen dagegen stärker und die Streuung der Merkmale σ_{Merk} während einer Durchführung ist größer. Die beiden Histogramme für einen erfahrenen Probanden und einen Anfänger in Abb. 3.27(a) bzw. Abb. 3.27(b) machen das deutlich. Es sind die Histogramme für die zurückgelegten Strecken beim Erkennen der einzelnen Zahlen während einer Kamera-Übung dargestellt. Zusätzlich ist die daraus abgeleitete Normalverteilung angegeben. Die Streuung ist bei den Anfängern wesentlich größer. Ein neues Merkmal drückt deshalb die Streuung bei einer Durchführung für eine Auswahl von Merkmalen aus. Da verschiedene Merkmale betrachtet werden, wird die Streuung auf die mittlere Streuung der einzelnen Merkmale normiert und über die unterschiedlichen Merkmale gemittelt. Es gilt

$$\frac{\sum_{q=1}^{n_{\mathrm{Merk}}} \frac{\sigma_{\mathrm{Merk},q}}{\sigma_{\mathrm{Merk,Mittel},q}}}{n_{\mathrm{Merk}}}, \tag{3.36}$$

wobei der Parameter $\sigma_{\mathrm{Merk},q}$ die Streuung des q-ten Merkmals während einer Durchführung angibt und $\sigma_{\mathrm{Merk,Mittel},q}$ die mittlere Streuung des Merkmals, die auf Grundlage einer Testmenge ermittelt wurde. Zur Erhebung der Testmenge haben verschiedene Probanden die Übungen mehrmals durchgeführt.

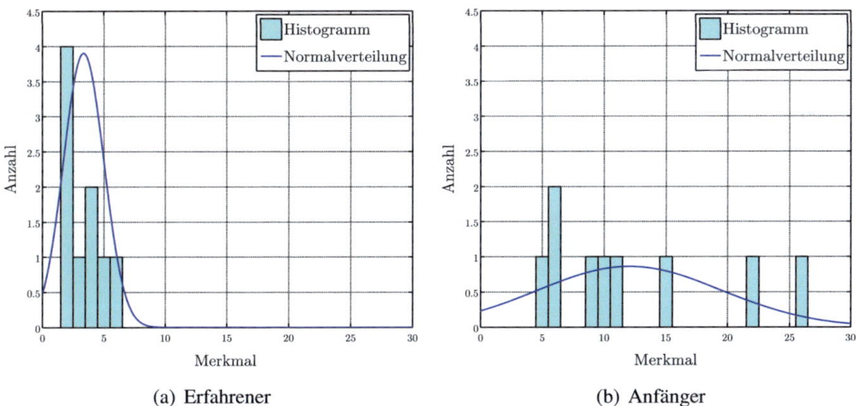

(a) Erfahrener　　　　　(b) Anfänger

Abb. 3.27: Histogramme für verschiedene Werte eincs Merkmals während einer Durchführung

Merkmal „Rotation Horizont/Instrument": Eine Vorgabe an den Trainierenden besteht darin, den Horizont der Kamera möglichst konstant zu halten. Sonst geht die Orientierung im Raum verloren. Die Horizont-Rotation entspricht bei der Kamera der Rotation rot_γ. Deshalb wird als Merkmal die Summe der Veränderung der Rotation rot_γ gewählt, die entsprechend Gl. (3.15) ermittelt wird, wobei $x_{\mathrm{Roh,S}} = rot_\gamma$. Auch die Anzahl der Extrema, die basierend auf einer Glättung des Signals und nach Gl. (3.19) bestimmt wird, lässt eine Aussage über die Konstanz des Horizonts zu. Bei den anderen Instrumenten entspricht rot_γ der Rotation um die eigene Achse. Deshalb werden die Merkmale hier im Kriterium „Bewegung der Instrumente" berücksichtigt, da es keine technische Vorgabe ist, die Instrumente wenig um die eigene Achse zu rotieren.

Merkmal „Anteil schnelle Optik-Rotation": Die Kameraoptik soll zielgerichtet und gleichmäßig bewegt werden. Deshalb wird der Anteil hoher Werte im Winkelgeschwindigkeitssignal der Optik-Rotation v_{o} als Merkmal gewählt, vergl. Abb. 3.28(a). Bei einer gleichmäßigen Bewegung ist der Anteil höher, da es im Winkelgeschwindigkeitssignal nicht so starke Ausreißer nach oben gibt. Es wird bestimmt, wie häufig die

Werte größer als 60% ihres Maximalwerts sind, da sich die Schwelle als geeignet erwiesen hat. Die Berechnung des Merkmals erfolgt dann nach

$$\frac{\sum_{p=p_{\text{Start}}}^{p_{\text{Ende}}} n_{\text{Hoch},p}}{p_{\text{Start}} - p_{\text{Ende}} + 1}, \text{ mit } n_{\text{Hoch},p} = \begin{cases} 1 & \boldsymbol{v}_{\text{o}}(p) > 0.6 \cdot \max \boldsymbol{v}_{\text{o}} \\ 0 & \text{sonst} \end{cases}$$
$$\text{und } \boldsymbol{v}_{\text{o}}(p) = \frac{\boldsymbol{rot}_{\text{o}}(p+1) - \boldsymbol{rot}_{\text{o}}(p)}{t_{\text{s}}}. \tag{3.37}$$

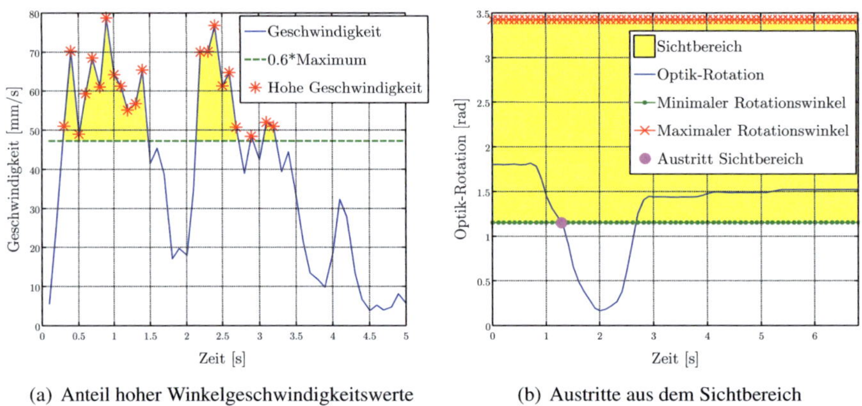

(a) Anteil hoher Winkelgeschwindigkeitswerte   (b) Austritte aus dem Sichtbereich

Abb. 3.28: Analyse der Optik-Rotation bei der Kamera-Übung

Merkmal „Optik-Rotation Austritte Sichtbereich": Die Röhrchen sind bei der Kamera-Übung unterschiedlich ausgerichtet, so dass die Optik zum Erkennen der Zahl rotiert werden muss. Bei einem guten Verständnis für die Handhabung einer abgewinkelten Kameraoptik, wird die Optik nur einmal in die richtige Richtung rotiert und evtl. direkt vor dem Röhrchen noch feinjustiert. Um die Vorgehensweise zu charakterisieren, wird für jedes Röhrchen ein Bereich C_{Sicht} der Optik-Rotation $\boldsymbol{rot}_{\text{o}}$ bestimmt, von dem aus die Zahl gesehen werden kann, vergl. Abb. 3.28(b). Die Anzahl der Austritte aus dem Sichtbereich wird als Merkmal gewählt, so dass

$$\sum_{p=p_{\text{Start}}}^{p_{\text{Ende}}} n_{\text{Out},p}, \text{ mit } n_{\text{Out},p} = \begin{cases} 1 & \boldsymbol{rot}_{\text{o}}(p+1) \notin C_{\text{Sicht}} \wedge \boldsymbol{rot}_{\text{o}}(p) \in C_{\text{Sicht}} \\ 0 & \text{sonst} \end{cases}. \tag{3.38}$$

Merkmal „Visualisierung Ziel": Bei der Kamera-Übung soll das nächste anzufahrende Röhrchen im Sichtfeld sein. Die Visualisierung des Ziels wird auf Grundlage des Sichtkegels der Kamera analysiert. Für die Bestimmung des Sichtkegels werden die Position der Kamera $\boldsymbol{pos}$ und ihre Rotationen $\boldsymbol{rot}_{\alpha}, \boldsymbol{rot}_{\beta}, \boldsymbol{rot}_{\gamma}$ und $\boldsymbol{rot}_{\text{o}}$ ausgewertet.

Dabei wird zusätzlich der Öffnungswinkel der Kamera von $45\,°$ berücksichtigt. Es wird der Schnitt des Sichtkegels mit der Ebene am oberen und am unteren Ende des Rohrs ermittelt, wobei die beiden Ebenen senkrecht zur Ausrichtung des Rohrs sind. Dabei ergeben sich zwei Schnitt-Ellipsen $\boldsymbol{a}_{\text{Ellipse,oben}}(p)$ und $\boldsymbol{a}_{\text{Ellipse,unten}}(p)$, siehe Abb. 3.29. Es

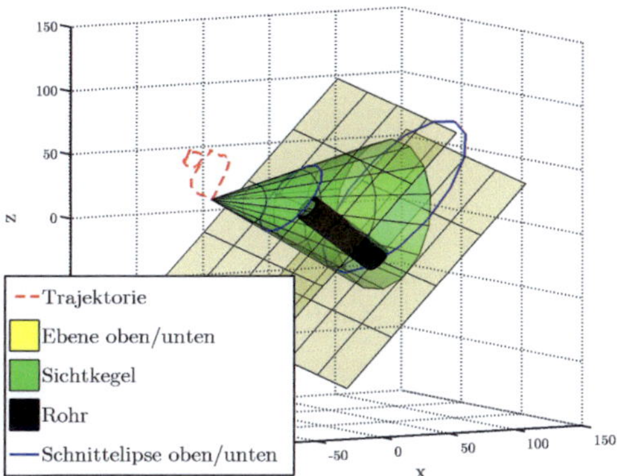

Abb. 3.29: Visualisierung des Ziels bei der Kamera-Übung

werden die Schnittmengen der Ellipsen mit den Rohröffnungen am oberen bzw. unteren Ende des Rohrs, $a_{\text{Rohr,oben}}$ und $a_{\text{Rohr,unten}}$, bestimmt. Als Maß für die Visualisierung eines Rohrs zum Abtastpunkt p wird diejenige Schnittmenge gewählt, die maximal ist. Durch ein Merkmal entsprechend

$$\sum_{p=p_{\text{Start}}}^{p_{\text{Ende}}} 1 - \max\left(\boldsymbol{a}_{\text{Ellipse,oben}}(p) \cap a_{\text{Rohr,oben}}, \boldsymbol{a}_{\text{Ellipse,unten}}(p) \cap a_{\text{Rohr,unten}}\right) \tag{3.39}$$

wird dann bewertet, wie deutlich ein Rohr außerhalb des Sichtfeldes ist.

Merkmal „Austritt Kreis": Bei der Kreis-Übung soll mit einem Stift ein Kreis innerhalb einer vorgegebenen Kreisbahn gezeichnet werden, siehe Abb. 3.30(a). Ein Austritt aus dem vorgegebenen Kreis wird als Fehler gewertet. Da bei der Kreis-Übung keine Ereignisse mit Informationen über Fehler auftreten, müssen die Fehler während der Auswertung bestimmt werden. Dazu wird die Position des Stiftes bzgl. der Zeichenplatte untersucht. Die Anzahl der Fehler wird entsprechend

$$\sum_{p=p_{\text{Start}}}^{p_{\text{Ende}}} n_{\text{Austritt},p}, \text{ mit} \tag{3.40}$$

$$n_{\text{Austritt},p} = \begin{cases} 1 & (\boldsymbol{r}_{\text{Kreis}}(p) < r_{\min} \vee \boldsymbol{r}_{\text{Kreis}}(p) > r_{\max}) \wedge \boldsymbol{h}(p) \geq 0 \wedge n_{\text{Austritt},p-1} = 0 \\ 0 & \text{sonst} \end{cases}$$

bestimmt, wobei $\boldsymbol{r}_{\text{Kreis}}$ für den Radius des gezeichneten Kreises steht und $r_{\min}$ bzw. $r_{\max}$

für den minimalen bzw. maximalen Radius der vorgegebenen Kreisbahn. Weiter steht h für die Eindrücktiefe des Stiftes in die Zeichenplatte, mit $h(p) \geq 0$ bei einem Kontakt von Zeichenplatte und Stift.

Merkmal „Abheben Zeichenplatte": Der Kreis soll ohne Abheben von der Zeichenplatte, d.h. ohne Kontaktverlust, gezeichnet werden. Deshalb wird als Merkmal die Anzahl des Kontaktverlustes mit der Zeichenplatte gewählt, vergl. Abb. 3.30(a). Die Anzahl wird entsprechend

$$\sum_{p=p_{\text{Start}}}^{p_{\text{Ende}}} n_{\text{Abheben},p}, \text{ mit } n_{\text{Abheben},p} = \begin{cases} 1 & h(p+1) < 0 \wedge h(p) \geq 0 \\ 0 & \text{sonst} \end{cases} \tag{3.41}$$

bestimmt, wobei h wieder für die Eindrücktiefe des Stiftes in die Zeichenplatte steht.

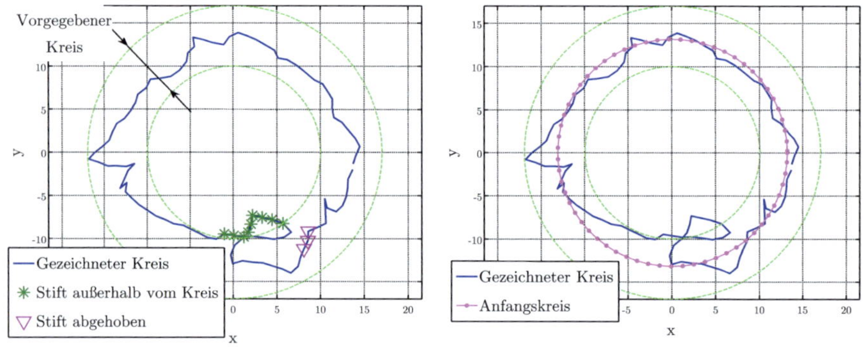

(a) Austritte aus dem Kreis und Abheben des Stiftes

(b) Gleichmäßigkeit des gezeichneten Kreises

Abb. 3.30: Analyse des gezeichneten Kreises bei der Kreis-Übung

Merkmal „Gleichmäßigkeit Kreis": Der Kreis soll möglichst gleichmäßig gezeichnet werden. Bei einem gleichmäßigen Kreis ist der Abstand zum Ursprung konstant. Um die Gleichmäßigkeit zu bewerten, wird ein optimal gleichmäßiger Kreis betrachtet, der den mittleren Anfangsradius des gezeichneten Kreises als Radius besitzt und in Abb. 3.30(b) als „Anfangskreis" bezeichnet ist. Als Merkmal wird das Verhältnis der Strecke des gezeichneten Kreises zur Strecke des optimal gleichmäßigen Kreis gewählt. Dann gilt

$$\frac{\sum_{p=p_{\text{Start}}}^{p_{\text{Ende}}} \sqrt{(x_{\text{Kreis}}(p+1) - x_{\text{Kreis}}(p))^2 + (y_{\text{Kreis}}(p+1) - y_{\text{Kreis}}(p))^2}}{2 \cdot \pi \frac{\sum_{p=p_{\text{Kreis},1}}^{p_{\text{Kreis},2}} r_{\text{Kreis}}(p)}{p_{\text{Kreis},2} - p_{\text{Kreis},1} + 1}}, \tag{3.42}$$

wobei die Vektoren x_{Kreis} und y_{Kreis} die Lage des gezeichneten Kreises entsprechend der Koordinatenrichtungen x und y auf der Oberfläche der Zeichenplatte angeben, vergl. Abb. 3.30(b). Die Strecke des optimalen Kreises wird basierend auf dem mittleren Radius des gezeichneten Kreises r_{Kreis} zu Beginn des Zeichnens zwischen $p_{\mathrm{Kreis},1}$ und $p_{\mathrm{Kreis},2}$ bestimmt.

Merkmal „Kreis falsche Richtung": Ein gleichmäßiger Kreis zeichnet sich auch dadurch aus, dass der Stift nur im Uhrzeigersinn bzw. nur entgegen des Uhrzeigersinns bewegt wird. Um die Zeichenrichtung zu bewerten, wird der gezeichnete Kreis in Polarkoordinaten betrachtet, d.h. der Kreis wird durch den Radius r_{Kreis} und den Winkel ϕ beschrieben. Als Merkmal wird die Winkelsumme bestimmt, die der Bewegung entgegen der eigentlichen Zeichenrichtung entspricht, vergl. Abb. 3.31. Dann gilt für das Merkmal

$$\sum_{p=p_{\mathrm{Start}}}^{p_{\mathrm{Ende}}} \phi_{\mathrm{Diff},p}, \ \mathrm{mit} \ \phi_{\mathrm{Diff},p} = \begin{cases} |\phi(p+1) - \phi(p)| & \phi(p+1) - \phi(p) < 0 \\ 0 & \mathrm{sonst} \end{cases}. \tag{3.43}$$

In Gl. (3.43) wird angenommen, dass der Kreis entgegen des Uhrzeigersinns gezeichnet wird.

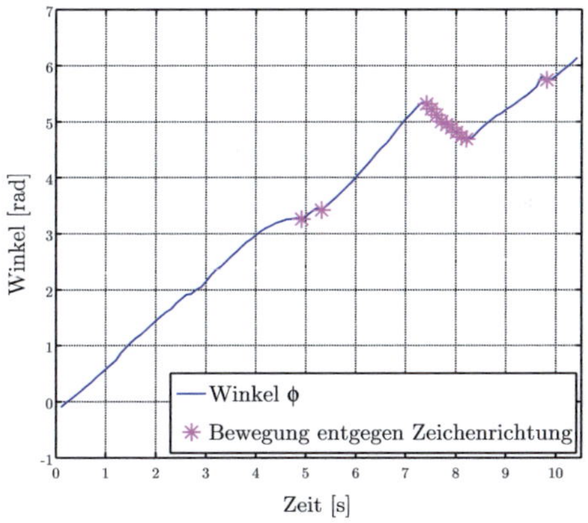

Abb. 3.31: Bewegung des Stiftes entgegen der Zeichenrichtung bei der Kreis-Übung

Merkmal „Instrument Sichtfeld": Bei der Cholezystektomie ist das Sichtfeld durch die Kamera eingeschränkt. Die Instrumente sollen im Sichtfeld sein, damit Strukturen bzw. Objekte außerhalb des Sichtfeldes nicht unbeabsichtigt verletzt werden. Als Merkmal wird deshalb der zeitliche Anteil einer Aktion bestimmt, bei dem die Instrumente innerhalb des Sichtfeldes sind. Das Sichtfeld wird wie für die Kamera-Übung auf Grundlage der Position der Kamera und ihrer Rotationen ermittelt, wobei das Sichtfeld als ein Kegel mit einem Öffnungswinkel von $45°$ angenommen wird, siehe Abb. 3.32(a). Es wird überprüft, wann die Instrumente innerhalb des Sichtfeldes sind, siehe Abb. 3.32(b). Die entsprechenden Indexe sind in der Menge I zusammengefasst. Die Bestimmung des Merkmals erfolgt nach Gl. (3.26). Dabei wird die Zeit relativ zur Dauer der Aktion $t(p_{\text{Ende}}) - t(p_{\text{Start}})$ angegeben.

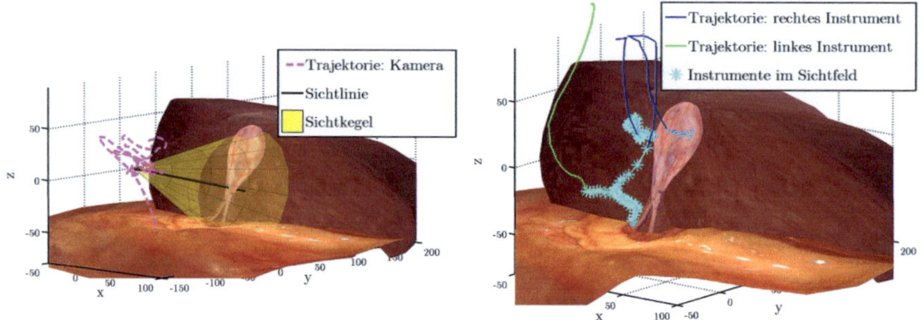

(a) Durch die Kamera vorgegebenes Sichtfeld

(b) Instrumente innerhalb des Sichtfeldes

Abb. 3.32: Analyse des Sichtfeldes bei der Cholezystektomie

Merkmal „Öffnen Instrument": Durch unaufmerksames Öffnen und Schließen einiger Instrumente wie z.B. der Schere können andere Strukturen bzw. Objekte verletzt werden. Wird der Clip-Applikator unbeabsichtigt geschlossen, können Clips im Bauchraum verloren gehen. Deshalb ist es wichtig, die Grifföffnung ξ bzw. ihre Veränderung zu untersuchen. Als Merkmal wird die Summe der Veränderung der Grifföffnung bestimmt, wenn sie einen Schwellwert überschreitet. Für das Merkmal gilt dann

$$\sum_{p=p_{\text{Start}}}^{p_{\text{Ende}}} \xi_{\text{Diff},p}, \text{ mit } \xi_{\text{Diff},p} = \begin{cases} |\xi(p+1) - \xi(p)| & |\xi(p+1) - \xi(p)| > 0.15\,\text{rad} \\ 0 & \text{sonst} \end{cases}. \quad (3.44)$$

3.2.3 Bestimmung der Merkmale auf Übungsniveau

Die $n_{\text{MS,A}}$ kontinuierlichen und $n_{\text{MD,A}}$ diskreten Merkmale werden unabhängig voneinander innerhalb bzw. außerhalb von Aktionen oder für die verschiedenen Phasenabschnitte entsprechend der definierten Extraktionsvorschriften bestimmt. Da jedoch eine Aussage über die gesamte Übung gemacht werden soll, müssen Merkmale zusammengefasst werden. Gibt es mehrere Merkmale, die sich nur durch den Zeitpunkt während der Simulation unterscheiden, werden sie nach der in Abschnitt 2.2.3 vorgestellten Methodik kombiniert. Zunächst werden die Merkmale in einer Phase zusammengefasst. Anschließend werden die Merkmale, die in einer Phase kombiniert wurden, für die verschiedenen Phasen verbunden. Das Zusammenfassen von Merkmalen wird dabei häufig durch das Summieren oder das Bilden von Mittelwerten realisiert. Es ergeben sich

n_{MS} kontinuierliche Merkmale auf Übungsniveau, beschrieben durch den Vektor x_{MS}, und n_{MD} diskrete Merkmale auf Übungsniveau, beschrieben durch den Vektor x_{MD}. Es stehen dann $n_M = n_{MD} + n_{MS}$ Merkmale für die Bewertung eines Trainierenden zur Verfügung, die im Vektor $x_M = [x_{MD}\ x_{MS}]$ zusammengefasst werden. Die Realisierung der Methodik zur Bestimmung von Merkmalen auf Übungsniveau wird im Folgenden kurz für die Grundlagenübungen und für die Cholezystektomie anhand zweier Beispiele vorgestellt.

Bei den Grundlagenübungen kann die Methodik zur Bestimmung der Merkmale auf Übungsniveau direkt angewendet werden. Ein Beispiel ist für die Kamera-Übung in Abb. 3.33 dargestellt. Hier wurde im Rahmen der Merkmalsextraktion auf Aktionsniveau beispielhaft die Zeit als Merkmal innerhalb der verschiedenen Aktionen „Zahl erkennen" bestimmt. Da bei der Kamera-Übung eine Aktion einer Phase entspricht, werden während einer einzelnen Phase keine Merkmale kombiniert. Um eine Aussage über die gesamte Übung zu ermöglichen, wird das Merkmal über alle neun Röhrchen gemittelt, d.h. für die verschiedenen Phasen. Dann kann ausgesagt werden, wie lange im Durchschnitt die Aktion „Zahl erkennen" dauert. Bei der Klötzchen-Übung werden zusätzliche Merkmale zur Charakterisierung der Durchführung mit dem linken und rechten Instrument identifiziert, da die Kontakte mit beiden Händen berührt werden. Deshalb werden hier die Aktionen auch getrennt für die beiden Instrumente ausgewertet.

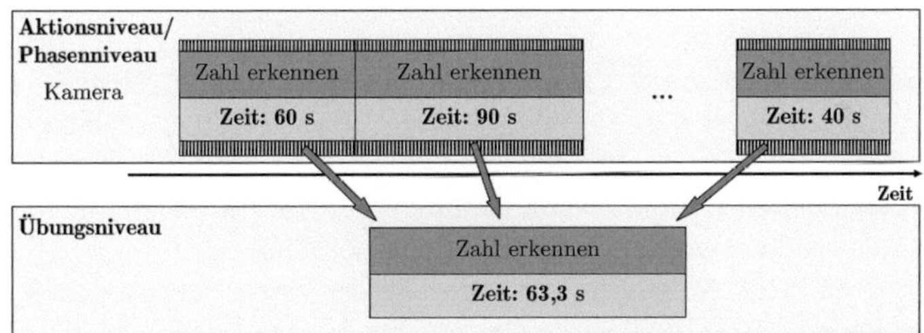

Abb. 3.33: Bestimmung der Merkmale auf Übungsniveau bei der Kamera-Übung

Anders als bei den Grundlagenübungen werden bei der Cholezystektomie die Merkmale nicht direkt kombiniert. Zunächst werden abhängig vom Merkmal einige Aktionen zusammengefasst, wie z.B. das Setzen von Clips an Arteria Cystica und Ductus Cysticus bzw. das Schneiden der beiden Strukturen. In anderen Fällen werden das Präparieren des Bindegewebes und das Ausschälen der Gallenblase aus dem Leberbett gemeinsam betrachtet. Das ist für einige Merkmale möglich und sinnvoll, da die Aktionen ähnlich sind und die Anzahl der Merkmale reduziert werden kann. Nach dem Zusammenfassen von Aktionen werden die verschiedenen Merkmale entsprechend der vorgestellten Methodik zur Bestimmung der Merkmale auf Übungsniveau kombiniert. Ein Beispiel ist in Abb. 3.34 dargestellt, wobei zunächst nur die Phase „Präparieren Bindegewebe" betrachtet wird. Bei der Merkmalsextraktion auf Aktionsniveau wurde beispielhaft die

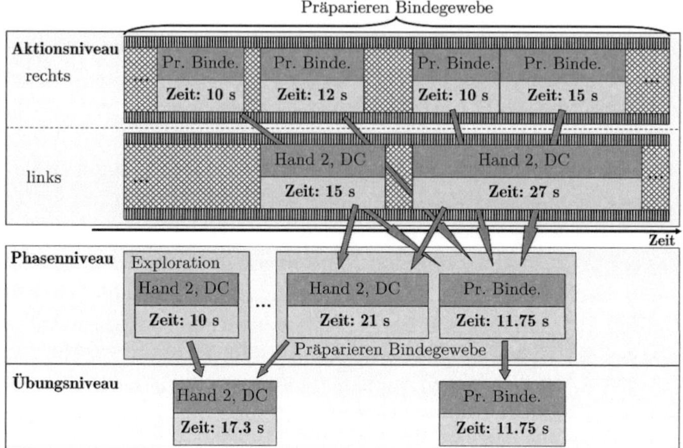

Abb. 3.34: Bestimmung der Merkmale auf Übungsniveau bei der Cholezystektomie

Zeit als Merkmal innerhalb der einzelnen Aktionen bestimmt. Für eine Aussage zunächst über die Phase werden die Merkmale innerhalb der Aktion „Pr. Binde." und innerhalb der Aktion „Hand 2" jeweils getrennt für die Phase zusammengefasst, so dass sich als mittlere Zeit für „Pr. Binde." 11.75 s ergeben und für „Hand 2" 21 s. Im Beispiel wird angenommen, dass auch in der Phase „Exploration" die Aktion „Hand 2" durch ein Merkmal charakterisiert wurde. Um eine Aussage über die gesamte Übung zu ermöglichen, werden dann die in der Phase zusammengefassten Merkmale für verschiedene Phasen kombiniert. Dabei ergibt sich als mittlere Zeit für die Ausführung der Aktion „Hand 2" 17.3 s. Hierbei wird nicht das arithmetische Mittel von 10 s und 21 s gebildet, sondern ein gewichteter Mittelwert abhängig von der Anzahl der Aktionen innerhalb einer Phase. Bei der Cholezystektomie werden einzelne Merkmale auch für die Bewertung der Durchführung mit dem linken bzw. rechten Instrument generiert, da Aktionen mit beiden Instrumenten ausgeführt werden können und getrennt ausgewertet werden sollen.

3.3 Merkmalsselektion

Generell sind nicht alle Merkmale für die Bewertung geeignet, auch wenn sie zunächst plausibel erscheinen. Deshalb ist es im Rahmen der Entwicklung eines Bewertungssystems wichtig, diese Merkmale zu identifizieren und auszuwählen. Um die Gruppe der allgemein geeigneten Merkmale nach der in Abschnitt 2.3 vorgestellten Methodik von ungeeigneten Merkmalen zu trennen, müssen Bewertungsmaße für die Auswahl einzelner Merkmale und weitere Maße für die Auswahl von Merkmalskombinationen festgelegt werden. Die Bewertungsmaße drücken die Unterscheidbarkeit verschiedener

Leistungsniveaus und die Plausibilität der Lernkurven aus. Dabei werden Lernkurven generell als Merkmale oder Bewertungen verstanden, die über der Anzahl der Durchführung aufgetragen sind. Für die Bestimmung der Lernkurven müssen zunächst Testdaten erhoben werden. Dazu haben Probanden mit unterschiedlichen Leistungsniveaus jeweils zehn Durchführungen der zu bewertenden Übungen am Simulator gemacht. Für jede Durchführung werden sämtliche Merkmale bestimmt, so dass die entsprechenden Lernkurven als Grundlage für die Merkmalsselektion zur Verfügung stehen. Die Merkmale $x_{\mathrm{M},r}$ der r-ten Durchführung von n_{Tr} Durchführungen aller Probanden werden für jede Übung einzeln in der Menge $\Upsilon = \{[x_{\mathrm{M},1}, y_1], \ldots, [x_{\mathrm{M},n_{\mathrm{Tr}}}, y_{n_{\mathrm{Tr}}}]\}$ zusammengefasst, wobei y_r der vor der Merkmalsselektion festgelegten Gruppenzugehörigkeit eines Trainierenden entspricht. Zusätzlich werden die ersten beiden und letzten beiden Durchführungen jedes einzelnen Probanden in der Menge Υ_{Beg} bzw. Υ_{End} vereint, mit $\Upsilon_{\mathrm{Beg}} \subset \Upsilon$ und $\Upsilon_{\mathrm{End}} \subset \Upsilon$.

Die Teilnehmer werden vor der Merkmalsselektion und für jede Übung einzeln in zwei oder drei Leistungsniveaus bzw. Gruppen eingeteilt. Dabei erfolgt die Einteilung nur für die Entwicklung des Bewertungssystems. Sie beeinflusst deshalb die im Bewertungssystem berücksichtigten Merkmale, jedoch erfolgt die Anwendung des Bewertungssystems, d.h. die automatisierte Beurteilung von Trainierenden, unabhängig von der Einteilung in Leistungsniveaus. Bei der Gruppierung wird zwischen Anfängern und Erfahrenen unterschieden, d.h. Probanden, die noch keine Übungen am Simulator durchgeführt haben, und Probanden, die mit den Anforderungen des Simulators vertraut sind. Die Durchführungen der Übungen haben gezeigt, dass es große Leistungsunterschiede innerhalb der Anfängergruppe gibt. Deshalb besteht die Möglichkeit, die Anfängergruppe weiter in „talentierte Anfänger" und „übrige Anfänger" einzuteilen. Die Einteilung der Anfänger basiert auf der Beobachtung der Probanden während ihrer Durchführungen und einer Analyse der automatisiert generierten Merkmale. Eine nicht korrekte Einteilung der Gruppe hat keine Auswirkung auf die Merkmalsselektion, da alle folgenden Auswahlschritte berücksichtigen, ob ein Merkmal auf Grundlage der Menge Υ eine Unterscheidung aller drei Gruppen oder von nur zwei Gruppen erlaubt. Bei einer falschen Einteilung, d.h. dass keine Diskriminierung möglich ist, wird nur zwischen Erfahrenen und Anfängern unterschieden. Ist die Einteilung für ein Merkmal jedoch korrekt, d.h. dass beide Anfängergruppen trennbar sind, können die existierenden Leistungsunterschiede zusätzlich berücksichtigt werden. So ist eine differenziertere Merkmalsselektion möglich. Deshalb wird bei den Probanden zwischen Erfahrenen und Anfängern unterschieden. Abhängig von der Übung werden die Anfänger zusätzlich entweder der Gruppe der talentierten oder der übrigen Anfänger zugeordnet.

Im ersten Schritt werden Merkmale ausgewählt, die unabhängig von anderen Merkmalen für die Bewertung als geeignet erscheinen, siehe Abschnitt 3.3.1. Im zweiten Schritt werden diejenigen Merkmale zu Aspekten kombiniert, die eine ähnliche inhaltliche Aussage besitzen und gleichzeitig ein besseres Verhalten aufweisen als andere Merkmalskombinationen, vergl. Abschnitt 3.3.2.

3.3.1 Auswahl einzelner Merkmale

Es werden verschiedene Bewertungsmaße definiert, um die Güte der einzelnen Merkmale zu beurteilen. Dabei werden folgende Bewertungsmaße berücksichtigt

- Voraussetzung $Q_{\mathrm{Vor}} \in [1\ 1.5]$,

- Interpretierbarkeit $Q_{\mathrm{Inter}} \in [1\ 1.5]$,

- Plausibilität $Q_{\mathrm{Plau}} \in [0.9\ 1.5]$,

- Konsistenz der Lernkurven für Merkmale $Q_{\mathrm{KonsM}} \in [1\ 1.5]$ und

- Unterscheidung von Gruppen anhand von Merkmalen $Q_{\mathrm{UnterM}} \in [1\ 1.5]$,

die den einzelnen Merkmalen skalare Werte aus den sich als geeignet erwiesenen Wertebereichen zuweisen und das Erfüllen der jeweiligen Anforderungen charakterisieren. Dabei bedeutet ein geringerer Wert, dass die Vorgaben besser erfüllt sind.

Ein wesentlicher Schritt im Verlauf der Auswahl von Merkmalen und Merkmalskombinationen ist die Bewertung der Unterscheidbarkeit der einzelnen Leistungsniveaus auf Grundlage statistischer Tests. Es werden ANOVA- bzw. MANOVA-Untersuchungen durchgeführt, auf die im Laufe des Kapitels genauer eingegangen wird. Die Voraussetzungen für die Tests, d.h. die Normalverteilung und die Varianzhomogenität, werden vorher statistisch überprüft [HARRIS et al., 1994]. Nur wenn die Bedingungen erfüllt sind, ausgedrückt durch das Bewertungsmaß Q_{Vor}, werden die jeweiligen Merkmale weiter bei der Auswahl berücksichtigt.

Ein wesentlicher Gesichtspunkt bei der Entwicklung eines Bewertungssystems ist die Interpretierbarkeit und Nachvollziehbarkeit der Ergebnisse [MIKUT, 2008]. Deshalb müssen schon die einzelnen Merkmale nachvollziehbar definiert sein. Es wird das Maß Q_{Inter} eingeführt, durch das die Interpretierbarkeit der einzelnen Merkmale bewertet werden kann. Ein geringerer Wert steht dabei für ein leicht nachvollziehbares Merkmal. Es wird z.B. bei der Kamera-Übung für die mittlere Geschwindigkeit ein höherer Wert vergeben, da nicht direkt einsichtig ist, ob eine schnelle Kamerabewegung positiv oder negativ ist.

Es gibt Merkmale, wie Zeit und Anzahl der Fehler bei der Ausführung einer Übung, die auch bei nicht so guter Beurteilung durch die Bewertungsmaße berücksichtigt werden sollen. Deshalb wird ein Gewicht Q_{Plau} eingeführt, das die Auswahl bestimmter Merkmale begünstigt.

Merkmale werden nur dann ausgewählt, wenn sie konsistente und realistische Lernkurven besitzen. Das wird durch das Bewertungsmaß Q_{KonsM} ausgedrückt. Um die Konsistenz zu beurteilen, werden Lernkurven für die verschiedenen Gruppen anhand von Fehlerbalkendiagrammen untersucht. Dazu werden die Gruppenmittelwerte der Merkmale und die Fehlerbalken über der Anzahl der Durchführung aufgetragen, wobei die Breite der Fehlerbalken der doppelten Standardabweichung σ entspricht. Schematische Darstellungen der Fehlerbalkendiagramme, die auch als Lernkurven der Gruppen bezeichnet werden, sind in Abb. 3.35(a) und Abb. 3.35(b) angegeben. Das Konsistenzmaß Q_{KonsM} berücksichtigt, ob die Gruppenmittelwerte in separierbaren Bändern liegen. Abbildung 3.35(a) und Abb. 3.35(b) verdeutlichen diese Idee. In Abb. 3.35(a) sind zwei se-

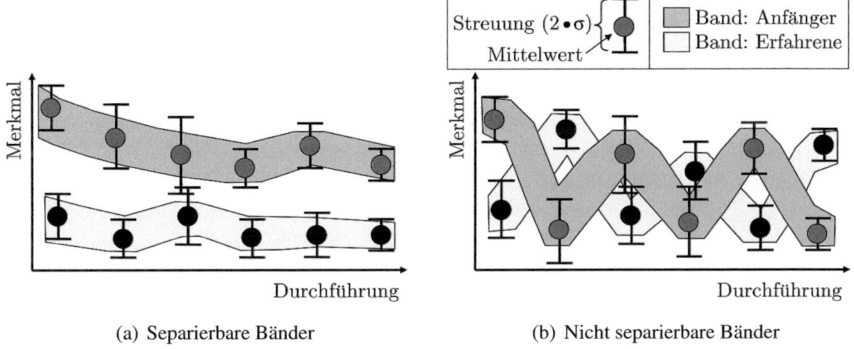

(a) Separierbare Bänder

(b) Nicht separierbare Bänder

Abb. 3.35: Band der Gruppenmittelwerte zur Beurteilung der Konsistenz von Lernkurven

parierbare Bänder der Gruppenmittelwerte dargestellt. Die Bänder für die Anfänger und Erfahrenen in Abb. 3.35(b) überschneiden sich dagegen und sind daher nicht separierbar. Es wird deutlich, dass die Bänder der Gruppenmittelwerte nicht eindeutig trennbar sind, wenn z.B. der Mittelwert in der Gruppe der Erfahrenen für eine Durchführung geringer ist als in der Anfängergruppe und für eine andere Durchführung höher, vergl. die ersten beiden Durchführungen in Abb. 3.35(b). Deshalb werden zur Beurteilung der Separierbarkeit die Mittelwerte der verschiedenen Gruppen für jede Durchführung verglichen. Zusätzlich werden zur Bewertung der Konsistenz so genannte interpolierte Lernkurven untersucht. Dabei werden Kurven durch die Fehlerbalkendiagramme der einzelnen Gruppen interpoliert. Es wird eine robuste logarithmische Interpolation der Form

$$y = a \cdot \lg(x) + b \tag{3.45}$$

gewählt. Dabei zeichnet eine robuste Interpolation aus, dass sie nicht sensibel auf Ausreißer reagiert, da diese nach einem Algorithmus von [HOLLAND und WELSCH, 1977] und [DUMOUCHEL und O'BRIEN, 1989] identifiziert und relativiert werden. Zunächst wurden verbreitete Interpolationsansätze für Lernkurven verglichen, wie z.B. die Approximation durch Potenzfunktionen oder logistische Funktionen, vergl. [SELLNER et al., 2005] und [WACHTER, 2001]. Die logarithmische Interpolation hat sich bei einer Auswahl von Daten auf Grundlage des Bestimmtheitsmaßes als am geeignetsten erwiesen. Das entspricht dem Ergebnis auch anderer Studien in der MIC, vergl. [ROSENTHAL et al., 2006]. Bei konsistenten Lernkurven wird angenommen, dass sich die übrigen Anfänger im Laufe der zehn Durchführungen am deutlichsten verbessern und die Leistungsschwankungen innerhalb der Gruppe auf Grund der typischen Leistungsschwankungen beim Lernen am höchsten sind. Für die Erfahrenen sollte die Verbesserung dagegen am geringsten ausfallen. Deshalb wird zur Beurteilung der Konsistenz überprüft, ob die Steigung der interpolierten Lernkurve für die Erfahrenen am geringsten ist und für die übrigen Anfänger am höchsten. Weiter wird untersucht, ob die Abweichung der Gruppenmittelwerte von der interpolierten Lernkurve für die übrigen Anfänger am höchsten ist.

In Abb. 3.36(a) und Abb. 3.36(b) sind Lernkurven angegeben, die eine geringere bzw. höhere Konsistenz aufweisen. Anhand der Beispiele soll die Konsistenzanalyse verdeutlicht werden. Der Mittelwert ist für die Erfahrenen in Abb. 3.36(a) nur in 40% der Durchführungen am höchsten, so dass die Bänder der Gruppenmittelwerte nicht separierbar sind. Die Abweichung der Mittelwerte von der interpolierten Lernkurve ist bei den Anfängern z.T. geringer als bei den Erfahrenen. In Abb. 3.36(b) ist demgegenüber

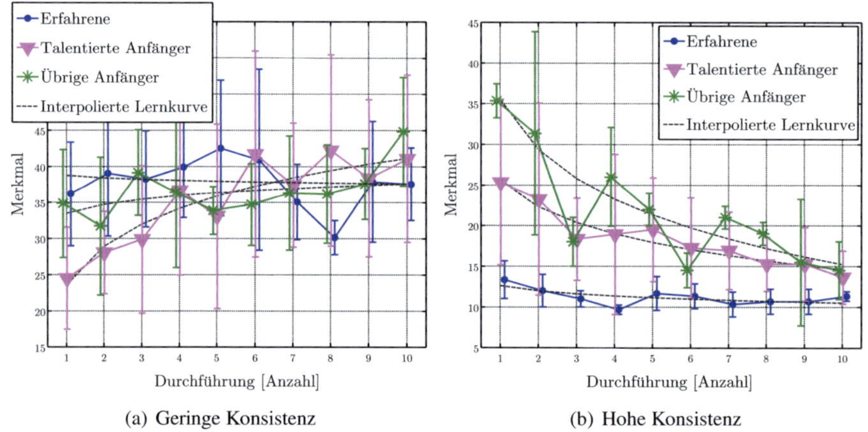

(a) Geringe Konsistenz   (b) Hohe Konsistenz

Abb. 3.36: Konsistenzbetrachtung für einzelne Merkmale

der Mittelwert bei den Erfahrenen immer am niedrigsten, so dass das Band für die Erfahrenen eindeutig trennbar ist. Gleichzeitig sind die Steigung der Lernkurve und die Abweichung der Mittelwerte von der interpolierten Lernkurve für die Erfahrenen am geringsten und für die übrigen Anfänger am höchsten. Deshalb weisen die Lernkurven für das Merkmal in Abb. 3.36(b) ein konsistenteres Verhalten auf als für das Merkmal in Abb. 3.36(a), so dass das Merkmal in Abb. 3.36(b) einen geringeren Wert für das Bewertungsmaß Q_{KonsM} erhält.

Für die Auswahl der Merkmale ist die Unterscheidbarkeit von verschiedenen Leistungsniveaus zentral. Es wird untersucht, ob während der ersten beiden Durchgänge eine signifikante Unterscheidung von Erfahrenen und Anfängern bzw. von talentierten und übrigen Anfängern möglich ist, vergl. Abb. 3.37. Zur Bewertung des Unterschiedes zwischen zwei Gruppen wird ein ANOVA-Test (Analysis of Variance) ohne Berücksichtigung von Ausreißern durchgeführt. Anhand des statistischen Tests wird untersucht, ob sich die Erwartungswerte einer Zufallsvariablen, d.h. hier eines Merkmals, für ver-

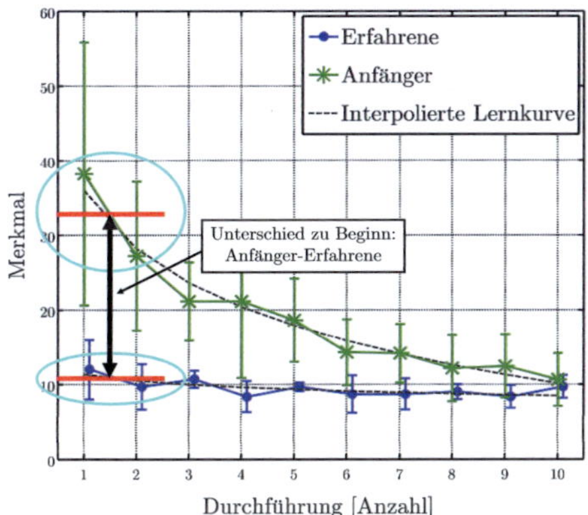

Abb. 3.37: Unterschied zwischen Leistungsniveaus während der ersten beiden Durchführungen

schiedene Gruppen unterscheiden [FAHRMEIR et al., 2007]. Dazu wird überprüft, ob die Varianz zwischen den Gruppen größer ist als die Varianz innerhalb der Gruppen. So kann auf Grundlage eines F-Tests ausgesagt werden, ob sich die Gruppen signifikant unterscheiden. Dann ist der so genannte α-Fehler p_α oder auch Fehler 1. Art geringer als das Signifikanzniveau α. Der α-Fehler bezeichnet die Wahrscheinlichkeit, dass eine Nullhypothese zurückgewiesen wird, obwohl sie wahr ist [HARTUNG und ELPELT, 2007]. Die Nullhypothese entspricht der Annahme, dass es keinen Unterschied zwischen den Gruppen gibt. Deshalb bedeutet ein kleinerer α-Fehler bei der Unterscheidung zweier Gruppen, dass die Signifikanz des Unterschiedes höher ist. Die Trennbarkeit von Erfahrenen und Anfängern auf Grundlage der ersten beiden Durchführungen wird durch den α-Fehler $p_{\text{EA,Beg}}$ charakterisiert. Für die Unterscheidung der beiden Anfängergruppen, auch während der ersten beiden Durchgänge, wird der entsprechende α-Fehler als $p_{\text{A,Beg}}$ bezeichnet. Die durch zwei unabhängige Tests bestimmten α-Fehler fließen in das Signifikanzmaß Q_{UnterM} ein. Damit ein Merkmal als relevant für das Bewertungssystem eingestuft wird, muss der α-Fehler für das Merkmal bei mindestens einer Gruppenunterscheidung geringer als 0.09 sein.

Ausgehend von den vorgestellten Bewertungsmaßen wird ein resultierendes Bewertungsmaß Q_{Merkmal} entsprechend einer multiplikativen Verknüpfung

$$Q_{\text{Merkmal}} = Q_{\text{Vor}} \cdot Q_{\text{Inter}} \cdot Q_{\text{Plau}} \cdot Q_{\text{KonsM}} \cdot Q_{\text{UnterM}} \tag{3.46}$$

bestimmt, mit $Q_{\text{Merkmal}} \in [0.9\ 7.6]$. Die einzelnen Bewertungsmaße werden multiplikativ verknüpft, da es sich als geeignet erwiesen hat. Die Merkmale, deren Bewertungsmaße Q_{Merkmal} unterhalb eines vorher festgelegten Schwellwertes von 1.1 liegen, werden im nächsten Auswahlschritt berücksichtigt.

3.3.2 Auswahl von Merkmalskombinationen

Alle zuvor ausgewählten Merkmale, die eine gemeinsame inhaltliche Aussage besitzen, werden einem Aspekt zugeordnet. Es werden jedoch nicht direkt alle Merkmale zur Beschreibung eines Aspekts verwendet, sondern nur solche Merkmale, die durch ihre Kombination einen Neuwert erzeugen. Das ist wichtig, da redundante Merkmale aus Modellierungssicht nicht sinnvoll sind. Für die Auswahl einer bestimmten Merkmalskombination als Aspekt werden alle möglichen Merkmalskombinationen betrachtet. Das Vorgehen ist in Abb. 2.9 skizziert. Werden z.B. drei Merkmale einem Aspekt zugeordnet, so werden die Merkmale einzeln betrachtet, die möglichen Kombinationen von zwei Merkmalen und schließlich alle drei Merkmale gemeinsam. Es ergeben sich $\sum_{k=1}^{n_{\mathrm{MA}}} \binom{n_{\mathrm{MA}}}{k}$ Möglichkeiten, mit n_{MA} der Anzahl der einem Aspekt zugeordneten Merkmale. Allgemein können so sehr viele Merkmalskombinationen erzeugt werden. Wenn die Anzahl und der damit verbundene Rechenaufwand zu hoch ist, werden nur diejenigen Kombinationen betrachtet, die für die Aufgabenstellung von Bedeutung sind. Es wird diejenige Merkmalskombination als Aspekt ausgewählt, die den durch Bewertungsmaße charakterisierten Anforderungen am besten genügt. Dazu werden die Bewertungsmaße

- Kombination von Merkmalen $Q_{\mathrm{Kombi},1} \in [1\ 100]$ und $Q_{\mathrm{Kombi},2} \in [1\ 100]$,
- Variabilität des Wertebereichs $Q_{\mathrm{Var}} \in [1\ 10]$,
- Unterscheidung von Gruppen anhand von Aspekten $Q_{\mathrm{UnterA}} \in [0.001\ 1]$ und
- Konsistenz der Lernkurven für Aspekte $Q_{\mathrm{KonsA}} \in [1\ 1\mathrm{E}{+}4]$

eingeführt, wobei die Schreibweise $a\mathrm{E}{+}\mathrm{b} = a \cdot 10^b$ bzw. $a\mathrm{E}{-}\mathrm{b} = a \cdot 10^{-b}$ bedeutet. Die Bewertungsmaße weisen den Merkmalskombinationen jeweils einen skalaren Wert aus den sich als sinnvoll erwiesenen Wertebereichen entsprechend der Erfüllung der einzelnen Anforderungen zu. Dabei bedeutet ein geringerer Wert, dass die Vorgaben besser erfüllt sind.

Beim Zusammenfassen von Merkmalen zu Aspekten werden Kombinationsmaße definiert. Zum einen sollten Merkmale mit identischer inhaltlicher Aussage nicht unbedingt kombiniert werden, da dann keine neuen Informationen berücksichtigt werden. Zum anderen gibt es Merkmale mit unterschiedlichen Aussagen, die zur Beschreibung eines Aspekts verwendet werden sollten, auch wenn die Unterscheidbarkeit der Leistungsniveaus nicht steigt. Deshalb werden zwei Bewertungsmaße $Q_{\mathrm{Kombi},1}$ und $Q_{\mathrm{Kombi},2}$ eingeführt, die das wiederholte Vorkommen ähnlicher Merkmale und das Fehlen bestimmter Merkmale berücksichtigen.

Die Variabilität des Wertebereichs eines Merkmals lässt eine Aussage über dessen Sensitivität zu. Deshalb wird ein Variabilitätsmaß Q_{Var} auf Grundlage einer Hauptkomponentenanalyse eingeführt, vergl. [HARTUNG und ELPELT, 2007].

Wesentlich für die Auswahl einer Merkmalskombination als Aspekt ist die Unterscheidbarkeit der verschiedenen Leistungsniveaus, ausgedrückt durch Q_{UnterA}. Es wird der Unterschied während der ersten beiden Durchführungen zwischen Anfängern und Erfahrenen bzw. talentierten und übrigen Anfängern bestimmt. In Abb. 3.38(a) ist das Vorgehen schematisch angedeutet, siehe Durchgang 1 und 2. Zur Bewertung der Trennbarkeit wird eine MANOVA-Untersuchung (Multivariate Analysis of Variance) ohne Berücksichtigung von Ausreißern durchgeführt, da auf Grund der verschiedenen Merkmale innerhalb der Merkmalskombinationen eine multivariate Varianzanalyse notwendig ist. Um die Signifikanz des Gruppenunterschiedes zu charakterisieren, wird hier im Unterschied zur ANOVA-Untersuchung die Wilk's-Lambda-Verteilung anstelle der F-Verteilung als Verteilung der Prüfgröße angenommen, [CRICHTON, 2000] und [BACKHAUS et al., 2008]. Der Unterschied zwischen den Gruppen wird wieder durch α-Fehler charakterisiert. Wie bei der ANOVA-Untersuchung drückt der α-Fehler $p_{\text{EA,Beg}}$ den Unterschied zwischen Erfahrenen und Anfängern während der ersten beiden Durchführungen aus. Für die Trennung beider Anfängergruppen, auch zu Beginn des Trainings, wird der α-Fehler $p_{\text{A,Beg}}$ verwendet. Nur wenn ein signifikanter Unterschied wenigstens zwischen zwei Gruppen besteht, d.h. $p_{\text{EA,Beg}} < \alpha \vee p_{\text{A,Beg}} < \alpha$, wird eine Merkmalskombination zur Beschreibung eines Aspekts verwendet. Dabei wird als Signifikanzniveau $\alpha = 0.05$ gewählt. Es wird besser gewertet, je ausgeprägter die Signifikanz ist und wenn alle drei Gruppen anstelle von nur zwei Gruppen unterschieden werden können.

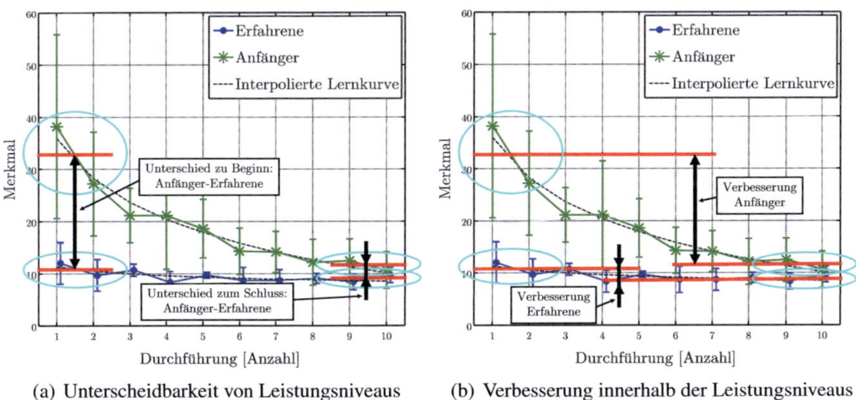

(a) Unterscheidbarkeit von Leistungsniveaus   (b) Verbesserung innerhalb der Leistungsniveaus

Abb. 3.38: Unterschiede zwischen Leistungsniveaus und Verbesserung der Gruppen

Es werden nur Merkmalskombinationen als Aspekte ausgewählt, die ein durch Q_{KonsA} beschriebenes konsistentes Verhalten aufweisen, d.h. dass Eigenschaften der Merkmalskombinationen keine Widersprüche aufweisen dürfen. Dazu werden die α-Fehler $p_{\text{EA,Beg}}$ und $p_{\text{A,Beg}}$ zur Unterscheidung der Gruppen während der ersten beiden Durchgänge berücksichtigt. Zusätzlich werden die α-Fehler $p_{\text{EA,End}}$ und $p_{\text{A,End}}$ betrachtet, die auf Grundlage zweier MANOVA-Untersuchungen die Signifikanz des Unterschiedes zwischen Anfängern und Erfahrenen bzw. zwischen talentierten und übrigen Anfängern während der letzten beiden Durchgänge charakterisieren, siehe letzte zwei Durchführungen in Abb. 3.38(a). Um ein konsistentes Verhalten beurteilen zu können, wird auch die Verbesserung der Anfänger und Erfahrenen untersucht. Dazu wird einzeln für die Anfänger und für die Erfahrenen die Signifikanz des Unterschiedes zwischen den ersten beiden und letzten beiden Durchgängen bestimmt, vergl. Abb. 3.38(b). Das wird mittels zweier MANOVA-Untersuchungen umgesetzt. Die Verbesserung der Anfänger wird dabei durch den α-Fehler $p_{\mathrm{Anf,Lern}}$ charakterisiert bzw. bei den Erfahrenen durch $p_{\mathrm{Erf,Lern}}$. Im Normalfall ist die Verbesserung bei den Anfängern signifikant. Es gibt jedoch auch Fälle, in denen die Lernkurven sehr flach sind, d.h. dass sich die Trainierenden auch noch nach mehreren Durchführungen verbessern. Dann ist es möglich, dass nach zehn Durchgängen noch keine Verbesserung stattgefunden hat. Ist die Verbesserung der Anfänger signifikant, d.h. $p_{\mathrm{Anf,Lern}} < \alpha$, muss sie bei den Anfängern deutlicher ausfallen als bei den Erfahrenen, d.h. $p_{\mathrm{Anf,Lern}} < p_{\mathrm{Erf,Lern}}$. Andernfalls wird eine Merkmalskombination nicht als Aspekt gewählt. In den meisten Fällen sinkt mit dem Training der Unterschied zwischen zwei Gruppen auf Grund der Verbesserung der Anfänger. Dann wird eine Merkmalskombination als möglicher Aspekt weiter berücksichtigt. Wenn sich jedoch auch die Erfahrenen in mindestens einem der beinhaltenden Merkmale verbessern, kann die Unterscheidbarkeit der Gruppen steigen. Wächst der Unterschied mit dem Training, d.h. $p_{\mathrm{EA,Beg}} > p_{\mathrm{EA,End}}$, und findet keine signifikante Verbesserung der Erfahrenen statt, d.h. $p_{\mathrm{Erf,Lern}} > \alpha$, wird die Merkmalskombination als Aspekt verworfen. Dieselben Überlegungen gelten für die Unterscheidung zwischen talentierten und übrigen Anfängern.

Merkmal	$p_{\mathrm{EA,Beg}}$	$p_{\mathrm{A,Beg}}$	$p_{\mathrm{EA,End}}$	$p_{\mathrm{A,End}}$	$p_{\mathrm{Erf,Lern}}$	$p_{\mathrm{Anf,Lern}}$
Merkmal 1 & 2	0.011	0.011	0.008	0.179	0.171	0.000
Merkmal 1	0.001	0.005	0.009	0.546	0.075	0.000
Merkmal 2	0.002	0.011	0.099	0.884	0.367	0.000

Tab. 3.11: α-Fehler zur Konsistenzbetrachtung bei einer Merkmalskombination

Nachfolgend wird eine Konsistenzbetrachtung anhand eines Beispiels vorgestellt. Die dafür relevanten α-Fehler sind in Tab. 3.11 zusammengefasst. Bei der Kombination von Merkmal 1 mit Merkmal 2 (Merkmal 1 & 2) ist während der ersten beiden Durchgänge eine Unterscheidung von Anfängern und Erfahren bzw. talentierten und übrigen Anfängern möglich ($p_{\mathrm{EA,Beg}} < 0.05$ und $p_{\mathrm{A,Beg}} < 0.05$), während der letzten beiden Durchgänge jedoch nur noch zwischen Anfängern und Erfahren ($p_{\mathrm{EA,End}} < 0.05$ und $p_{\mathrm{A,End}} > 0.05$). Dabei steigt der Unterschied zwischen Anfängern und Erfahrenen ($p_{\mathrm{EA,End}} < p_{\mathrm{EA,Beg}}$). Weil gleichzeitig eine signifikante Verbesserung nur bei den Anfängern stattfindet ($p_{\mathrm{Erf,Lern}} > 0.05$ und $p_{\mathrm{Anf,Lern}} < 0.05$) ist das Verhalten nicht konsistent. Betrachtet man die α-Fehler für die einzelnen Merkmale (Merkmal 1, Merkmal 2), ist ihr Verhalten konsistent. So sinkt die Unterscheidbarkeit zwischen den drei Gruppen mit dem Training ($p_{\mathrm{EA,Beg}} < p_{\mathrm{EA,End}}$ und $p_{\mathrm{A,Beg}} < p_{\mathrm{A,End}}$) und gleichzeitig verbessern sich nur die Anfänger signifikant ($p_{\mathrm{Erf,Lern}} > 0.05$ und $p_{\mathrm{Anf,Lern}} < 0.05$). Es wird deutlich, dass nur für die einzelnen Merkmale und nicht für die Merkmalskombination ein konsistentes Verhalten vorliegt. Deshalb dürfen die Merkmale nicht zu einem Aspekt kombiniert werden.

Es wird diejenige Merkmalskombination als Aspekt ausgewählt, die ein minimales resultierendes Bewertungsmaß Q_{Aspekt} besitzt und gleichzeitig den Vorgaben genügt. Dabei werden auch Bewertungsmaße für die Auswahl einzelner Merkmale aus Abschnitt 3.3.1 berücksichtigt. Das resultierende Bewertungsmaß wird entsprechend einer multiplikativen Verknüpfung bestimmt, so dass

$$Q_{\text{Aspekt}} = Q_{\text{Kombi},1} \cdot Q_{\text{Kombi},2} \cdot Q_{\text{Var}} \cdot Q_{\text{UnterA}} \cdot Q_{\text{KonsA}} \cdot Q_{\text{Inter}} \cdot Q_{\text{Plau}} \cdot Q_{\text{KonsM}}, \quad (3.47)$$

wobei $Q_{\text{Aspekt}} \in [9\text{E}{-}4 \ 3.4\text{E}{+}9]$. Die einzelnen Bewertungsmaße werden multiplikativ verknüpft, da es sich als geeignet erwiesen hat.

Bei der Entwicklung des Bewertungssystems hat sich gezeigt, dass noch ein zweiter Schritt zur Auswahl geeigneter Merkmalskombinationen notwendig ist. So konnten die Leistungsniveaus auf Grundlage der bewerteten Aspekte z.T. weniger gut unterschieden werden als durch das Bewertungsmaß Q_{Aspekt} erwartet. Das lässt sich dadurch erklären, dass die Bewertung eines Aspekts durch eine nichtlineare Abbildung der Merkmale generiert wird, bei der MANOVA-Untersuchung die Merkmale jedoch direkt betrachtet werden. Um so genannte „kritische" Aspekte zu identifizieren, wird die Güte der Bewertung von Aspekten bestimmt. Dazu werden ähnliche Bewertungsmaße wie zuvor definiert. Die Aspekte bilden die Grundlage für die Bewertung der Kriterien. Deshalb wird für jeden kritischen Aspekt einzeln untersucht, ob die Qualität der Bewertung der Kriterien bei Berücksichtigung des jeweiligen Aspekts steigt. Wie die Güte bestimmt wird, wird in Abschnitt 3.4.4 genauer beschrieben. Steigt die Qualität der Bewertung, wird der kritische Aspekt berücksichtigt. Sinkt die Güte hingegeben, wird der Aspekt mit den entsprechenden Merkmalen vernachlässigt.

3.4 Entwicklung von Bewertungsvorschriften

Bei der Durchführung einer Übung werden die Beurteilungen auf den verschiedenen Abstraktionsniveaus anhand von Bewertungsvorschriften erzeugt. Abhängig vom Abstraktionsgrad werden dabei z.B. die Merkmale in eine Bewertung der Aspekte abgebildet oder die Beurteilung der Aspekte in eine Bewertung der Kriterien. Die Bewertungsvorschriften ermöglichen deshalb eine explizite Beurteilung des Trainierenden durch einen skalaren Wert aus dem Intervall $[1 \ 5]$. Für jede Bewertung, die ein Trainierender erhält, muss während der Entwicklung des Bewertungssystems eine eigene Bewertungsvorschrift erstellt werden. Das gilt sowohl für die Beurteilung der aktuellen Übung als auch für die Bewertung der Historie.

Grundsätzlich gibt es verschiedene Möglichkeiten eine Bewertung z.B. auf Grundlage von Merkmalen zu generieren. So können wie auf Simulatoren verbreitet gewichtete Mittelwerte der Merkmale gebildet werden. Es ist jedoch auch möglich auf Grundlage von Testdaten funktionale Zusammenhänge zwischen Merkmalen und Bewertungen zu identifizieren. Deshalb muss zunächst ein Abbildungsverfahren als Grundlage für die Bewertungsvorschriften ausgewählt werden. Hier fällt die Wahl auf ANFIS-Modelle. Auf die Begründung zur Entscheidung für den Modelltyp wird in Abschnitt 3.4.1 eingegangen. In Abschnitt 3.4.2 werden grundlegende Eigenschaften der ANFIS-Modelle kurz vorgestellt. ANFIS-Modelle lassen sich als Künstliche Neuronale Netze interpretieren. Deshalb können die Parameter eines ANFIS-Modells durch eine Trainingsphase identifiziert werden. Wesentlich ist hier die Wahl der Trainingsmenge, die das zu optimierende Problem darstellt, da ein überwachtes Lernverfahren angewendet wird [JANG, 1993]. Dabei werden ANFIS-Modelle basierend auf der Trainingsmenge mit einem iterativen, hybriden Lernverfahren trainiert, [CHIU, 1997] und [WAHYUDI und MOHAMED, 2007], für das verschiedene Parameter festgelegt werden müssen. Zusätzlich ist die Anfangskonfiguration des Künstlichen Neuronalen Netzes für eine erfolgreiche Parameteridentifikation im Netz wichtig. Um eine Bewertungsvorschrift zu erstellen, werden unterschiedliche Netze mit verschiedenen Anfangskonfigurationen trainiert. Das ist notwendig, da a priori nicht bekannt ist, welche Anfangskonfiguration am geeignetsten ist und zusätzlich numerische Verfahren von den zufälligen Startwerten abhängen. So stehen verschiedene ANFIS-Modelle als Bewertungsvorschrift zur Verfügung und es muss ein geeignetes Netz ausgewählt werden. In Abschnitt 3.4.3 wird auf die Auswahl der Trainingsmenge zur Parameteridentifikation eines ANFIS-Modells und in Abschnitt 3.4.4 auf die Auswahl einer geeigneten Bewertungsvorschrift eingegangen. Die verschiedenen Parameter des Lernverfahrens und mögliche Anfangskonfigurationen für ein ANFIS-Modell werden dagegen nur im Anhang unter Abschnitt A.2 kurz vorgestellt.

3.4.1 Auswahl eines Abbildungsverfahrens

Ein Abbildungsverfahren wird auf Grundlage der in Abschnitt 2.4 definierten Anforderungen an Bewertungsvorschriften ausgewählt. Da die Trainierenden eine Bewertung in Form eines skalaren Wertes aus dem Intervall $[1\ 5]$ erhalten sollen, wird ein Regressionsansatz gewählt. Im Gegensatz zur Klassifikation, bei der die wertekontinuierlichen Eingangsgrößen verschiedenen Klassen zugeordnet werden und die Ausgangsgrößen deshalb wertediskret sind, findet bei der Regression eine Abbildung von wertekontinuierlichen Eingangsgrößen auf wertekontinuierliche Ausgangsgrößen statt [MIKUT, 2008]. Auf Grund der Komplexität des zu modellierenden Problems soll der Regressionsansatz nichtlineares Verhalten darstellen können. Gleichzeitig sollen Unsicherheiten berücksichtigt werden, d.h. Unsicherheiten bei der Abbildung der Eingangsgrößen in eine Bewertung. Sie sind vorhanden, da nicht eindeutig beschrieben werden kann, was eine gute chirurgische Leistung ausmacht, und Leistungsunterschiede auch bei Medizinern gleicher Erfahrung bestehen.
Fuzzy-Methoden entsprechen den Anforderungen, [BANDEMER und GOTTWALD, 1993] und [KIENDL, 1997]. Durch Fuzzy-Ansätze kann nichtlineares Verhalten dar-

gestellt werden, [ZADEH, 1965], [PFEIFFER et al., 2002], [MIKUT, 2007] und [UNBEHAUEN, 2007]. Unsicherheiten in dem zu modellierenden Problem werden durch das Konzept der Unschärfe berücksichtigt, [ZIMMERMANN, 1993] und [REINBERG und BRÖTHALER, 1997]. Gleichzeitig können Fuzzy-Systeme Zusammenhänge durch linguistische Regeln transparent und nachvollziehbar beschreiben, [KRUSE und NAUCK, 1996] und [MIKUT, 2008]. Für die Akzeptanz ist die Transparenz wesentlich [BAEUMLE-COURTH, 2004].

Es gibt verschiedene Arten von Fuzzy-Systemen. Zwei verbreitete Typen sind Mamdani-Systeme und Takagi-Sugeno-Systeme. Bei einem Mamdani-System stehen unscharfe Mengen auch im Schlussfolgerungs- oder Konklusionsteil der Regel. Das ist ein wesentlicher Unterschied zu einem Takagi-Sugeno-System, da hier der Konklusionsteil einer Funktion der Eingangsgrößen entspricht. Deshalb sind Takagi-Sugeno-Systeme besonders für die Modellierung eines Regressionsproblems geeignet, [MIKUT, 2008] und [AMENT, 2008]. Zudem ist der Berechnungsaufwand für die Entwicklung des Fuzzy-Systems geringer und die Lösungsoberfläche stetig [MOHAGHEGHI et al., 2004]. Ein anderer für die hier betrachtete Anwendung wesentlicher Vorteil der Takagi-Sugeno-Systeme ist, dass sie relativ einfach mit adaptiven Methoden kombiniert werden können. Deshalb soll das ausgewählte Abbildungsverfahren einem Takagi-Sugeno-System entsprechen.

Generell sind Fuzzy-Systeme nicht lernfähig. Zu Beginn müssen Experten mit ihrem umfassenden, problemspezifischen Wissen die Regelbasis manuell erstellen [BAEUMLE-COURTH, 2004]. Ist das Wissen jedoch nicht ausreichend, kann das Fuzzy-System das gewünschte Verhalten nicht wiedergeben. Da die zu bewertende chirurgische Fertigkeit sehr komplex ist, ist es sinnvoll lernfähige Systeme zu verwenden. Bei lernfähigen Systemen werden die Parameter basierend auf Trainingsdaten identifiziert [KRUSE und NAUCK, 1996], was bei Fuzzy-Systemen der Anzahl und Art der Fuzzy-Regeln bzw. der Form der Fuzzy-Mengen entspricht. Fuzzy-Methoden und Künstliche Neuronale Netze können kombiniert werden. Dabei entstehen so genannte „Neuro-Fuzzy-Systeme", die die Interpretierbarkeit von Fuzzy-Systemen und die Lernfähigkeit von Künstlichen Neuronalen Netzen vereinen [BAEUMLE-COURTH, 2004].

Verschiedene Ansätze kombinieren Künstliche Neuronale Netze mit Fuzzy-Systemen, wie z.B. die kooperativen und hybriden Ansätze, [KRUSE und NAUCK, 1996] und [KANNE, 2004]. Bei kooperativen Neuro-Fuzzy-Systemen werden die Parameter des Fuzzy-Systems durch Künstliche Neuronale Netze identifiziert. Anschließend wird ein herkömmliches Fuzzy-System erstellt, das unabhängig vom Künstlichen Neuronalen Netz arbeitet. Bei hybriden Ansätzen bilden Künstliche Neuronale Netze und Fuzzy-Systeme eine Einheit. Dabei entsteht ein System, das sowohl als Künstliches Neuronales Netz als auch als Fuzzy-System interpretiert werden kann. Im Gegensatz zu kooperativen Systemen können bei hybriden Systemen Fuzzy-Regeln und Fuzzy-Mengen gleichzeitig angepasst werden [KRUSE und NAUCK, 1996]. Deshalb wird zur Bewertung der chirurgischen Fertigkeit ein hybrides Neuro-Fuzzy-System gewählt. Hier

fällt die Wahl auf ein so genanntes ANFIS-Modell („Adaptive-Network-based Fuzzy
Inference System"), das einem Takagi-Sugeno-System entspricht.

3.4.2 ANFIS-Modelle

Ein ANFIS-Modell ist ein Künstliches Neuronales Netz, das als ein Takagi-Sugeno-
System, d.h. ein Fuzzy-System, interpretiert werden kann [JANG und SUN, 1995].
Fuzzy-Systeme basieren auf einer Regelbasis. Die einzelnen Regeln stellen den Zusammenhang zwischen den Eingangs- und Ausgangsgrößen dar und können auch als eine
lokale Beschreibung des Systemverhaltens betrachtet werden [JANG, 1993]. Bei einem
Takagi-Sugeno-Systemen erster Ordnung hat eine Regelbasis mit zwei Regeln typischer-
weise folgende Form [TAKAGI und SUGENO, 1983]:

$$
\begin{aligned}
\text{Regel 1}&: \underbrace{\text{Wenn } x = A_1 \text{ und } y = B_1,}_{\text{Prämisse}} \underbrace{\text{dann } f_1 = p_1 x + q_1 y + r_1,}_{\text{Konklusion}} \\
\text{Regel 2}&: \underbrace{\text{Wenn } x = A_2 \text{ und } y = B_2,}_{} \underbrace{\text{dann } f_2 = p_2 x + q_2 y + r_2.}_{}
\end{aligned}
\tag{3.48}
$$

Der erste Teil einer Regel wird als Prämisse bezeichnet, der zweite Teil als Schluss-
folgerungsteil oder Konklusion. Linguistische Variablen, hier x und y, werden durch
verschiedene unscharfe linguistische Terme charakterisiert, die ihrerseits durch Zugehörigkeitsfunktionen beschrieben werden, [LEHMANN et al., 1992] und [KIENDL, 1997].
Dabei gibt die Zugehörigkeitsfunktion an, mit welchem Anteil zwischen 0 und 1 ein
Eingabewert einem unscharfen linguistischen Term angehört [SCHNEIDER, 2008]. Hier
wird die linguistische Variable x durch die linguistischen Terme A_1 und A_2 charak-
terisiert bzw. die linguistische Variable y durch B_1 und B_2. In der hier betrachteten
Anwendung könnte x die linguistische Variable „Zeit" darstellen und y die linguistische
Variable „Strecke". Weiter könnte A_1 „kurze Zeit" bedeuten und B_1 „kurze Strecke".
So lässt sich die Prämisse der ersten Regel als „wenn die Zeit kurz ist und die Stecke
kurz ist" lesen. Die Konklusion ist bei Takagi-Sugeno-Systemen erster Ordnung eine
Linearkombination der Systemeingänge [KANNE, 2004].
Bei Fuzzy-Systemen kann die Abbildung der Eingänge auf die Ausgänge durch vier
Schritte beschrieben werden, vergl. [JANG, 1993], [BANDEMER und GOTTWALD, 1993]
und [MIKUT, 2007]:

1. Fuzzifizierung,

2. Verknüpfung der Eingangsgrößen,

3. Interferenz und

4. Defuzzifizierung.

Die Schritte werden im Folgenden anhand des Beispiels in Abb. 3.39 erläutert. Bei der
Fuzzifizierung werden den „scharfen" numerischen Eingängen x und y über Zugehö-
rigkeitsfunktionen Zugehörigkeitsgrade μ zu den einzelnen unscharfen linguistischen
Termen zugeordnet [LEHMANN et al., 1992], vergl. $\mu_{A_1}(x)$, $\mu_{A_2}(x)$, $\mu_{B_1}(y)$ und $\mu_{B_2}(y)$.

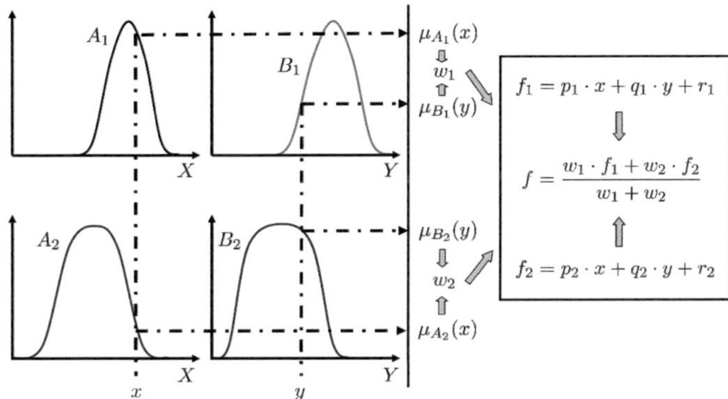

Abb. 3.39: Takagi-Sugeno-System erster Ordnung mit zwei Eingängen nach [JANG, 1993]

So werden die Systemeingänge sprachlich interpretiert. Sind mehrere Eingangsgrößen in einer Prämisse berücksichtigt, werden sie im nächsten Schritt kombiniert. Dazu werden die Zugehörigkeitsgrade der Eingänge zu den linguistischen Termen über Fuzzy-Operatoren entsprechend der Prämisse verknüpft. So entsteht ein einzelner Wahrheitswert für die Prämisse, der auch als Erfüllungsgrad einer Regel bezeichnet wird und in Abb. 3.39 als w_1 bzw. w_2 bezeichnet ist. Bei der Interferenz werden die Ausgänge einer Regel entsprechend der Konklusion bestimmt, vergl. f_1 bzw. f_2. Bei einem Takagi-Sugeno-System ist das Ergebnis bereits ein scharfer Wert [KANNE, 2004]. Während der Defuzzifizierung werden die Konklusionen der verschiedenen Regeln zu einem scharfen Systemausgang f zusammengefasst. Im Fall eines Takagi-Sugeno-Systems wird dazu die entsprechend des Erfüllungsgrades gewichtete Summe der Konklusionen bestimmt. Für die Regeln in Gl. (3.48) mit den Erfüllungsgraden w_1 bzw. w_2 und den Konklusionen f_1 bzw. f_2 gilt für den Systemausgang

$$f = \frac{w_1 \cdot f_1 + w_2 \cdot f_2}{w_1 + w_2}. \tag{3.49}$$

Ein Takagi-Sugeno-System kann durch ein Künstliches Neuronales Netz wie in Abb. 3.40 beschrieben werden, vergl. [JANG, 1993]. Die Darstellungsform wird auch als ANFIS-Modell bezeichnet. ANFIS-Modelle gehören damit zur Klasse der hybriden Neuro-Fuzzy-Systeme. Sie entsprechen einem Feedforward Netz mit fünf Ebenen. Dabei sind die Knoten in der ersten Ebene adaptiv, d.h. dass die Knotenfunktionen durch das Training verändert werden. Die Knotenfunktionen entsprechen den verschiedenen Zugehörigkeitsfunktionen. Deshalb gibt es so viele Knoten wie es unterschiedliche linguistische Terme der verschiedenen linguistischen Variablen gibt. Ist x der Eingang in Knoten i und A_i der entsprechende linguistische Term (z.B. „kurze Strecke"), so gilt für

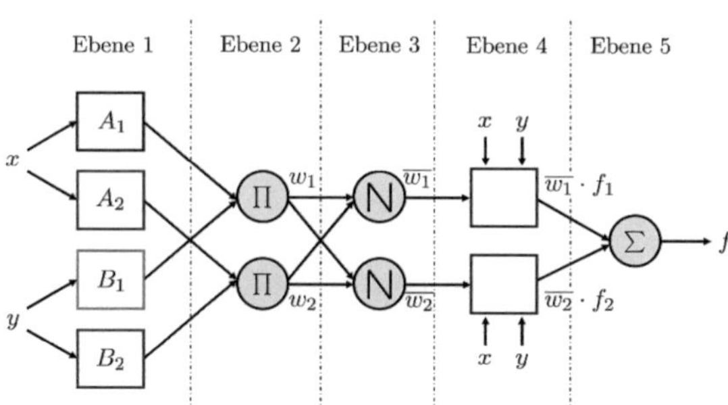

Abb. 3.40: ANFIS-Modell: Künstliches Neuronales Netz nach [JANG, 1993], das dem Takagi-Sugeno-System in Abb. 3.39 entspricht

die Knotenfunktion $O_i^1 = \mu_{A_i}(x)$, wobei der hochgestellte Index die Ebene im ANFIS-Modell bezeichnet. Häufig wird als Knotenfunktion eine Gauß-Funktion der Form

$$\mu_{A_i}(x) = e^{-\frac{1}{2}\left(\frac{x-b_i}{a_i}\right)^2} \tag{3.50}$$

gewählt. Durch das Training des Künstlichen Neuronalen Netzes wird die Parametermenge $\{a_i,\, b_i\}$ und damit die Form der Zugehörigkeitsfunktion verändert. Die Parameter der ersten Ebene werden deshalb auch als Parameter der Prämisse bezeichnet.

In der zweiten Ebene werden die Knoten-Eingänge multipliziert, was die UND-Verknüpfung in der Prämisse einer Regel ausdrückt. Somit entspricht der Ausgang des Knoten i dem Erfüllungsgrad w_i einer Regel. Für Abb. 3.40 gilt

$$w_i = \mu_{A_i}(x) \times \mu_{B_i}(y),\ i = 1,\, 2, \tag{3.51}$$

wobei hier der Operator $\times$ für die Multiplikation der beiden Knoten-Eingänge steht [JANG und SUN, 1995]. Jedoch können auch andere T-Norm Operatoren zur Umsetzung der UND-Verknüpfung verwendet werden.

In der dritten Ebene wird der relative Erfüllungsgrad einer Regel bestimmt, so dass für Abb. 3.40

$$\overline{w_i} = \frac{w_i}{w_1 + w_2},\ i = 1,\, 2 \tag{3.52}$$

gilt. Die Knoten der vierten Ebene sind adaptiv und besitzen eine Knotenfunktion O_i^4 der Form

$$O_i^4 = \overline{w_i} \cdot f_i = \overline{w_i} \cdot (p_i x + q_i y + r_i). \tag{3.53}$$

Die Parametermenge $\{p_i, q_i, r_i\}$, die durch das Training des Künstlichen Neuronalen Netzes identifiziert wird, entspricht den Parametern der Konklusion in Gl. (3.48).

In der fünften und damit letzten Ebene wird die Summe der Ausgänge der vorherigen Ebene gebildet, so dass für die Knotenfunktion O_1^5

$$O_1^5 = \sum_i \overline{w}_i f_i = \frac{\sum_i w_i f_i}{\sum_i w_i} \tag{3.54}$$

gilt. Der Vergleich des Ausgangs des Künstlichen Neuronalen Netzes bzw. des ANFIS-Modells in Gl. (3.54) mit dem Ausgang des Takagi-Sugeno-Systems in Gl. (3.49) zeigt, dass das Takagi-Sugeno-System in Abb. 3.39, d.h mit den Regeln in Gl. (3.48), durch ein Künstliches Neuronales Netz entsprechend Abb. 3.40 beschrieben werden kann. Nur deshalb können adaptive Verfahren aus dem Bereich der Künstlichen Neuronalen Netze zur Identifikation eines Fuzzy-Systems verwendet werden. So werden die Parameter der Prämisse und der Konklusion während einer Trainingsphase optimiert. Dabei wird die Form der Zugehörigkeitsfunktionen und der Funktionen in den Konklusionen entsprechend der Trainingsdaten angepasst. Das ist ein wesentlicher Vorteil der Darstellung eines Fuzzy-Systems durch ein Künstliches Neuronales Netz bzw. ANFIS-Modell. Außerdem können numerische Verfahren [JANG und SUN, 1995] verwendet werden, die sich im Bereich des Trainings Künstlicher Neuronaler Netze als geeignet erwiesen haben.

3.4.3 Auswahl der Trainingsmenge

Die Parameter von ANFIS-Modellen werden wie bei Künstlichen Neuronalen Netzen auf Grundlage einer Trainingsmenge identifiziert. Die Trainingsmenge besteht aus Testdaten, die mit Probanden erhoben wurden. Die Auswahl der Trainingsmenge ist für die Entwicklung einer geeigneten Bewertungsvorschrift wesentlich [KOOTHS, 2004], da ein überwachtes Lernverfahren verwendet wird. Deshalb wird hier eine neue anwendungsspezifische Methodik eingeführt. Für eine realistische Bewertung muss berücksichtigt werden, dass es Leistungsunterschiede innerhalb von Gruppen gleicher bzw. Überschneidungen der Leistungen zwischen Gruppen unterschiedlicher Erfahrungen gibt. Deshalb werden nicht alle zur Verfügung stehenden Testdaten sondern nur eine Auswahl davon der Trainingsmenge zugeordnet. Sonst entstehen widersprüchliche Anforderungen innerhalb der Trainingsmenge, d.h. das bei gleichen Eingängen einer Bewertungsvorschrift unterschiedliche Ausgänge bzw. Bewertungen gefordert werden. Das erschwert die Identifikation eines ANFIS-Modells.

Wie bei der Merkmalsselektion in Abschnitt 3.3 haben für die Aufnahme der Testdaten Probanden mit unterschiedlichem Leistungsniveau jeweils zehn Durchführungen der zu bewertenden Übungen am Simulator gemacht. Insgesamt stehen so n_{Tr} Durchführungen für die Identifikation der ANFIS-Modelle zur Verfügung. Zunächst werden die Eingänge für die verschiedenen ANFIS-Modelle zur Bewertung auf den unterschiedlichen Abstraktionsniveaus bestimmt, d.h. zur Bewertung der Aspekte, der Kriterien, der gesamten Übung und der Historie. Dann werden die Eingänge x_r einer Bewertungsvorschrift in der Menge $\Upsilon = \{[x_1, y_1], \ldots, [x_{n_{Tr}}, y_{n_{Tr}}]\}$ mit den entsprechenden vorgegebenen Gruppenzugehörigkeiten bzw. geforderten Bewertungen y_r zusammengefasst, wobei der Index r für die r-te von n_{Tr} Durchführungen steht. Die Menge Υ_{Beg}, mit $\Upsilon_{\mathrm{Beg}} \subset \Upsilon$, vereint dagegen nur die ersten beiden Durchgänge aller Teilnehmer bzw. Υ_{End}, mit $\Upsilon_{\mathrm{End}} \subset \Upsilon$, die letzten beiden Durchgänge. Da die Eingänge abhängig vom Abstraktionsgrad z.B. Merkmale, bewertete Aspekte oder bewertete Kriterien darstellen können, ist das ein Unterschied zur Definition der Datenmenge Υ im Rahmen der Merkmalsselektion, wo nur Merkmale berücksichtigt wurden. Die Probanden sind wie in Abschnitt 3.3 in Anfänger und Erfahrene eingeteilt. Ebenso wird abhängig von der Übung zwischen talentierten und übrigen Anfängern unterschieden, um die Bewertungsvorschriften noch genauer entsprechend der existierenden Leistungsunterschiede anpassen zu können. Das gilt jedoch nur, wenn auf Grundlage der Datenmenge Υ eine tatsächliche Trennung beider Anfängergruppen bzgl. der Eingänge einer Bewertungsvorschrift möglich ist. Für die Bewertung der Verhaltensebenen und der umfassenden Fertigkeit wird nur zwischen Anfängern und Erfahrenen unterschieden, da hier die Bewertungen verschiedener Übungen zusammengefasst werden. Für die Gruppe der Erfahrenen wird $y_r = 5$ gewählt, d.h. dass den Erfahrenen die bestmögliche Bewertung zugeordnet wird. Somit werden die Erfahrenen als der „Goldstandard" festgelegt. Wie im Folgenden noch genauer beschrieben wird, werden jedoch nicht alle sondern nur die besten Durchführungen der Erfahrenen als Vergleichsmaß für die Trainierenden gewählt. Kann zwischen den talentierten und übrigen Anfängern unterschieden werden, gilt für die Gruppe der talentierten Anfänger $y_r = 3$ und für die übrigen Anfänger $y_r = 1$. Ist eine Trennung der Anfängergruppe nicht möglich, wird allen Anfängern mit $y_r = 1$ die schlechtestmögliche Bewertung zugeordnet.

Die Trainingsmenge Υ_{T}, mit $\Upsilon_{\mathrm{T}} \subset \Upsilon$, stellt die Grundlage für die Identifikation eines ANFIS-Modells dar. Die Auswahl hängt von der Lage der einzelnen Datenpunkte im Parameterraum ab, der durch die normierten Eingänge einer Bewertungsvorschrift aufgespannt wird, vergl. Abb. 3.41. Um die Lage zu charakterisieren, wird der Abstand d_{Ziel} der einzelnen Datenpunkte zum Zielpunkt p_{Ziel} bestimmt, wie in Abb. 3.41 durch den schwarzen Strich dargestellt ist. Der Zielpunkt stellt denjenigen Eingang für eine Bewertungsvorschrift dar, bei dem ein Trainierender die beste Bewertung erhält. Eingang 1 kann z.B. die Anzahl der Fehler beim Zeichnen eines Kreises sein und Eingang 2 die Häufigkeit des Kontaktverlustes mit der Zeichenplatte. Dann entspricht der Zielpunkt dem Punkt $(0,0)$ im Parameterraum, da der Stift möglichst selten abgehoben und Fehler vermieden werden sollen. Die Trainingsmenge Υ_{T} wird abhängig vom Abstand d_{Ziel} eines Datenpunktes zum Zielpunkt und seiner Gruppenzugehörigkeit bestimmt. Gleichzeitig ist für die Anzahl der ausgewählten Trainingsdaten wichtig, ob die Eingänge eine Unterscheidung von zwei oder drei Leistungsniveaus während der ersten beiden Durchgänge erlauben. Das wird durch einen statistischen Test, hier eine MANOVA-Untersuchung, überprüft, vergl. Abschnitt 3.3.1. Die Berücksichtigung der Trennbarkeit ist sehr wichtig, da sonst leicht widersprüchliche Aussagen in der Trainingsmenge Υ_{T} entstehen.

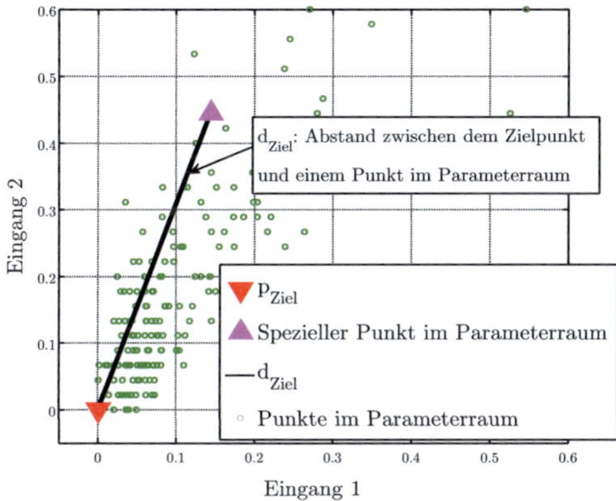

Abb. 3.41: Beschreibung der Lage eines Datenpunktes im Parameterraum

Um die Idee zur Auswahl der Trainingsmenge zu verdeutlichen, werden Darstellungen
wie in Abb. 3.42(a) verwendet. Es wird die Lösungsoberfläche des ANFIS-Modells bzw.
der Bewertungsvorschrift für eine bestimmte Wahl der Trainingsmenge angegeben. Die
Lösungsoberfläche, d.h. die durch eine blaue, durchgehende Linie dargestellte Funktion, beschreibt, welche Bewertung (y-Achse) ein Trainierender bei einem bestimmten
Eingang in das ANFIS-Modell (x-Achse) erhält. Für eine leichtere Nachvollziehbarkeit
werden in den Abbildungen nur Fuzzy-Systeme mit einem einzelnen Eingang dargestellt. Die Daten der Menge Υ_{Beg} sind durch Kreise markiert, d.h. die Daten der ersten
beiden Durchführungen der Probanden. Den erfahrenen Probanden ist die Bewertung 5
zugeordnet, den talentierten Anfängern die Bewertung 3 und den übrigen Anfängern die
Bewertung 1.

Bei der Auswahl der Trainingsmenge soll sichergestellt werden, dass nur geeignete Daten aus Υ für die Identifikation einer Bewertungsvorschrift verwendet werden. Das bedeutet insbesondere, dass keine widersprüchlichen Anforderungen innerhalb der Trainingsmenge vorhanden sind. In Abb. 3.42(a) ist die Wahl der Trainingsmenge dargestellt, wenn nur Anfänger und Erfahrene unterschieden werden können. Die Eingänge
für die talentierten und übrigen Anfänger, d.h. die Eingänge mit den vorgegebenen Bewertungen 1 und 3, sind sehr ähnlich. Deshalb gibt es keinen signifikanten Unterschied
und die beiden Anfängergruppen können nicht voneinander getrennt werden. Die in der
Trainingsmenge Υ_T berücksichtigten Datenpunkte sind durch rote Sterne markiert. Der
Trainingsmenge werden fünf Datenpunkte aus Υ zugeordnet, die zur Gruppe der Erfahrenen gehören (Bewertung = 5 in Abb. 3.42(a)) und den kürzesten Abstand zum Zielpunkt besitzen. So wird sichergestellt, dass nur die besten Erfahrenen als Goldstandard
gelten. In Abb. 3.42(a) ist der Zielpunkt, d.h. der Punkt $(1, 5)$, durch ein blaues Drei-
eck dargestellt. So entspricht der Abstand zum Zielpunkt dem Abstand zur Senkrechten
durch den Eingang = 1. Zusätzlich werden für die Trainingsmenge drei Datenpunkte aus

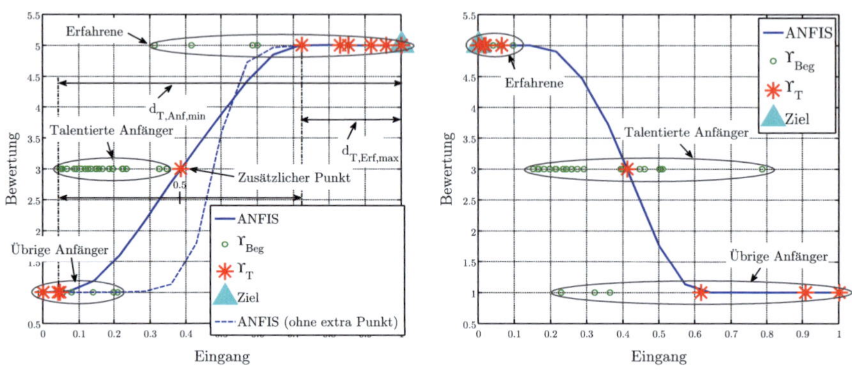

(a) Unterscheidung von zwei Leistungsniveaus   (b) Unterscheidung von drei Leistungsniveaus

Abb. 3.42: Auswahl der Trainingsmenge Υ_T

Υ ausgewählt, die der Anfängergruppe angehören (rote Sterne mit Bewertung = 1) und den größten Abstand zum Zielpunkt aufweisen. Hierbei wird anders als in Abb. 3.42(a) angedeutet, allen Anfängern die Bewertung 1 zugeordnet, da keine Trennung der Anfängergruppen möglich ist. Bei einer Unterscheidung der Anfängergruppen entstehen sonst widersprüchliche Anforderungen innerhalb der Trainingsmenge, da die Eingänge in das ANFIS-Modell gleich sind und nur die geforderten Bewertungen unterschiedlich. Es wird ein zusätzlicher nicht in der Datenmenge enthaltener Punkt für die Identifikation einer Bewertungsvorschrift berücksichtigt. Das ist der Punkt der Trainingsmenge, d.h. ein roter Stern, mit der Bewertung = 3 in Abb. 3.42(a). Zur Bestimmung des zusätzlichen Punktes wird die Trainingsmenge betrachtet. Dabei wird der Punkt der Erfahrenen mit dem maximalen Abstand $d_{T,Erf,max}$ zum Ziel bzw. der Punkt der Anfänger mit dem minimalen Abstand $d_{T,Anf,min}$ identifiziert, vergl. Abb. 3.42(a). Der neu gewählte Punkt mit der Bewertung = 3 besitzt den mittleren Abstand $\frac{1}{2} \cdot (d_{T,Anf,min} + d_{T,Erf,max})$ vom Zielpunkt. Durch den zusätzlichen Punkt wird sichergestellt, dass die Steigung der Lösungsoberfläche nicht zu steil ist und eine geringe Veränderung des Eingangs eine starke Veränderung der Bewertung bewirkt. Deshalb ist es wichtig den neuen Punkt in der Trainingsmenge zu berücksichtigen, wenn nicht zwischen den Anfängergruppen unterschieden werden kann. Um das zu verdeutlichen ist in Abb. 3.42(a) eine typische Lösungsoberfläche durch eine blaue, gestrichelte Linie dargestellt, die sich ohne zusätzlichen Datenpunkt in der Trainingsmenge ergeben würde. Die Steigung ist hier im Intervall [0.4 0.6] auf der x-Achse besonders hoch.

In Abb. 3.42(b) ist die Auswahl der Trainingsmenge Υ_T dargestellt, wenn drei Gruppen unterschieden werden können. Der Vergleich der Eingänge der drei Gruppen macht das deutlich, dass die Mittelwerte für die Gruppen verschieden sind. Es werden aus der Gruppe der Erfahrenen (Bewertung = 5) bzw. der übrigen Anfänger (Bewertung = 1) jeweils drei Datenpunkte für die Trainingsmenge ausgewählt, die einen möglichst kleinen bzw. großen Abstand zum Zielpunkt besitzen. Hier entspricht der Zielpunkt dem Punkt $(0, 5)$, was z.B. für die Bewertung der Anzahl der Fehler gilt, weil Fehler vermieden werden sollen. Da die beiden Anfängergruppen voneinander getrennt werden können, kann der Trainingsmenge ein Punkt der talentierten Anfänger zugeordnet werden ohne widersprüchliche Anforderungen zu verursachen. Es wird das 0.75-Quantil bzgl. des Abstands zum Zielpunkt aus der mittleren Leistungsgruppe (Bewertung $= 3$) gewählt, da sich das für die Anwendung als geeignet erwiesen hat. Dabei wird jedoch nur die Menge Υ_{Beg} berücksichtigt, da sich gerade die Anfänger durch Training stark verbessern.

Durch die Wahl der Trainingsmenge wird nur die grobe Struktur der Lösungsoberfläche einer Bewertungsvorschrift vorgegeben. Dadurch wird verhindert, dass es zu widersprüchlichen Anforderungen in der Trainingsmenge kommt. Gleichzeitig werden so die Leistungsunterschiede innerhalb von Gruppen gleicher bzw. Überschneidungen der Leistungen zwischen Gruppen unterschiedlicher Erfahrungen berücksichtigt. Das ist notwendig, um reales Verhalten zu bewerten. Durch die Einbeziehung der Unterscheidbarkeit von zwei oder drei Gruppen wird sichergestellt, dass eine möglicherweise nicht korrekte Unterteilung der Anfängergruppe keinen Einfluss auf die Auswahl der Trainingsmenge hat. Außerdem werden vorhandene Leistungsunterschiede, d.h. auch in der Anfängergruppe, bei der Identifikation der Bewertungsvorschriften miteinbezogen.

3.4.4 Auswahl einer Bewertungsvorschrift

Im Rahmen der Entwicklung des Bewertungssystems wurden verschiedene Bewertungsvorschriften erstellt, um eine Beurteilung entsprechend des mehrstufigen Bewertungsansatzes geben zu können. Dabei werden für jede Bewertungsvorschrift verschiedene ANFIS-Modelle mit unterschiedlichen Anfangskonfigurationen trainiert. Das ist notwendig, da a priori nicht bekannt ist, welche Anfangskonfiguration für ein ANFIS-Modell am geeignetsten ist. Deshalb muss das beste ANFIS-Modell aus einer Menge möglicher Bewertungsvorschriften ausgewählt werden. Die Grundlage bildet dieselbe Datenmenge Υ wie in Abschnitt 3.4.3. Für die Auswahl werden folgende Bewertungsmaße definiert:

- Güte der Bewertung $Q_{\mathrm{Bew,Beg}} \in [0\ 1]$ und $Q_{\mathrm{Bew,T}} = \{0, 1\}$,

- Wertebereich der Lösungsoberfläche $Q_{\mathrm{Wert}} = \{0, 1\}$ und

- Monotonie der Lösungsoberfläche $Q_{\mathrm{Mon}} = \{0, 1\}$.

Die Bewertungsmaße ordnen den ANFIS-Modellen jeweils einen skalaren Wert zu, der abhängig von der Erfüllung der entsprechenden Anforderungen ist. Dabei ist $Q_{\mathrm{Bew,Beg}}$ umso geringer, je besser die Vorgaben erfüllt werden. Für $Q_{\mathrm{Bew,T}}$, Q_{Wert} und Q_{Mon} wird der Wert bei Erfüllung der Anforderungen 1 gesetzt und sonst 0.

Für die Auswahl einer Bewertungsvorschrift ist die Güte der Bewertung wesentlich, d.h. wie genau das tatsächliche Ergebnis mit dem geforderten übereinstimmt. Die geforderte Bewertung entspricht dabei dem Wert y_r in der Datenmenge Υ und ist deshalb von der

Gruppenzugehörigkeit bzw. der Unterscheidbarkeit der Anfänger abhängig. Die tatsächliche Bewertung ist diejenige Beurteilung, die auf Grundlage der Datenmenge Υ durch das ANFIS-Modell erzeugt wurde. Die Abweichung von der vorgegebenen zur tatsächlichen Bewertung wird sowohl für die Trainingsmenge Υ_T als auch für alle ersten beiden Durchführungen der Probanden Υ_{Beg} bestimmt. Dabei werden die Abweichungen auf die vorgegebenen Bewertungen normiert und für die verschiedenen Durchführungen gemittelt. Die Güte der Bewertung wird durch die Bewertungsmaße $Q_{Bew,T}$ bzw. $Q_{Bew,Beg}$ ausgedrückt. Es wird eine Aussage darüber möglich, wie gut die durch Sterne bzw. Kreise dargestellten Daten in Abb. 3.43 durch die Kurve approximiert werden. Dabei werden nur die ersten beiden Durchführungen der Teilnehmer berücksichtigt, da sich gerade die Anfänger stark verbessern und deshalb keine sinnvolle Bewertung für die späteren Durchführungen vorgegeben werden kann. Ein ANFIS-Modell wird vernachlässigt, wenn die normierte, mittlere Abweichung für die Trainingsmenge Υ_T oberhalb eines sich als geeignet erwiesenen Schwellwertes von 0.1 liegt. Zusätzlich wird es umso besser gewertet, je geringer die Abweichung für die Menge Υ_{Beg} ist.

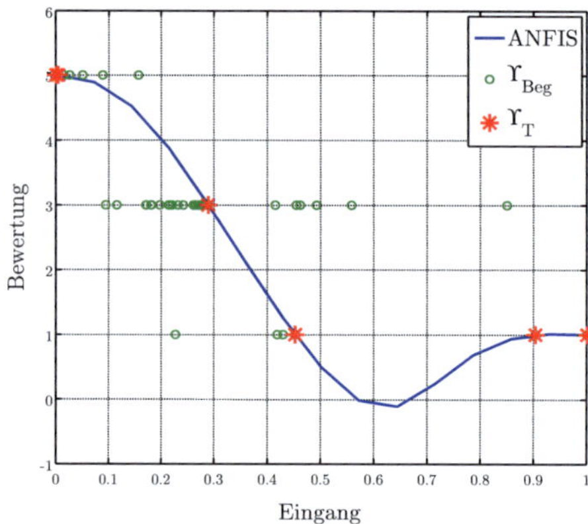

Abb. 3.43: Ungeeignete Bewertungsvorschrift: Keine Monotonie und unzulässiger Wertebereich

Die Benotung soll einem Wert aus dem Intervall $[1\ 5]$ entsprechen. Deshalb wird der Wertebereich der Lösungsoberfläche eines ANFIS-Modells untersucht und es werden diejenigen Modelle ausgeschlossen, deren Wertebereiche außerhalb des vorgegebenen Intervalls liegen. Abbildung 3.43 zeigt eine Bewertungsvorschrift mit einem durch Q_{Wert} ausgedrückten unzulässigen Wertebereich. Eine solche Lösungsoberfläche kann sich ergeben, wenn innerhalb des Trainings eines ANFIS-Modells versucht wird, eine Kurve möglichst „optimal" durch die vorgegebenen Trainingsdaten zu legen bzw. durch die mit Sternen markierten Punkte.

Für die Nachvollziehbarkeit der Bewertung ist wichtig, dass sie monoton ist. So wird z.B. die Anzahl der Fehler bei der Kamera-Übung als Eingang in das ANFIS-Modell zur Bewertung eines Aspekts gewählt. Eine monotone Bewertung bedeutet dann, dass die Beurteilung des Aspekts bei mehr Fehlern nur sinken und nicht steigen darf. Deshalb wird ein Maß Q_{Mon} eingeführt, das auf der Analyse der Lösungsoberfläche der ANFIS-Modelle und der Anzahl der Eingangsvariablen basiert. Das in Abb. 3.43 dargestellte Modell hat keine monoton fallende Lösungsoberfläche und wird deshalb bei der Auswahl einer geeigneten Bewertungsvorschrift vernachlässigt.

Als Bewertungsvorschrift wird das ANFIS-Modell mit einem minimalen Wert $Q_{\mathrm{Bew,Beg}}$ ausgewählt. Das gilt jedoch nur, wenn die Anforderungen an den Wertebereich, die Monotonie und an die Güte der Bewertung bzgl. Υ_{T} erfüllt sind, d.h. $Q_{\mathrm{Wert}} \cdot Q_{\mathrm{Mon}} \cdot Q_{\mathrm{Bew,T}} = 1$.

3.5 Kombination einzelner Bewertungen

Die Trainierenden sollen nach dem in Abschnitt 2.1 vorgestellten mehrstufigen Ansatz bewertet werden, d.h. dass Benotungen für die aktuelle Übung und die Historie gegeben werden. Für die Umsetzung des Ansatzes ist eine Kombination der verschiedenen Bewertungen auf den unterschiedlichen Abstraktionsniveaus notwendig. Dazu wird in Abschnitt 3.5.1 zunächst auf die Bewertung der aktuellen Übung und anschließend in Abschnitt 3.5.2 auf die Beurteilung der Historie eingegangen.

3.5.1 Bewertung der aktuellen Übung

Bei der Bewertung von Merkmalen werden, wie in Abschnitt 2.3 beschrieben, zwei Gruppen unterschieden:

1. Aus medizinischer Sicht notwendige Merkmale (Gruppe 1) und

2. Allgemein geeignete Merkmale (Gruppe 2).

Die aus medizinischer Sicht notwendigen Merkmale werden in jedem Fall für die Bewertung berücksichtigt, da sie das Erfüllen von medizinischen Vorgaben beschreiben. Durch die Merkmalsselektion wurden die für eine Bewertung allgemein geeigneten Merkmale identifiziert. Die medizinisch notwendigen und die allgemein geeigneten Merkmale fließen zu unterschiedlichen Zeitpunkten in die Bewertung ein, siehe Abb. 3.44. Basierend auf den geeigneten Merkmalen werden die aufgabenspezifischen Aspekte und die aufgabenübergreifenden Kriterien bewertet. Zusätzlich wird eine Benotung für die gesamte Übung gegeben, siehe „Bewertung Übung" im oberen Bereich von Abb. 3.44.

Bei medizinisch notwendigen Merkmalen wird unterschieden, ob sie eine unbedingt zu erfüllende Vorgabe charakterisieren oder eine nicht unbedingt zu erfüllende. Die Differenzierung ist wichtig, da in der Praxis Vorgaben verletzt werden, die Operation aber dennoch sinnvoll beendet werden kann. Das trifft z.B. auf Blutungen während einer

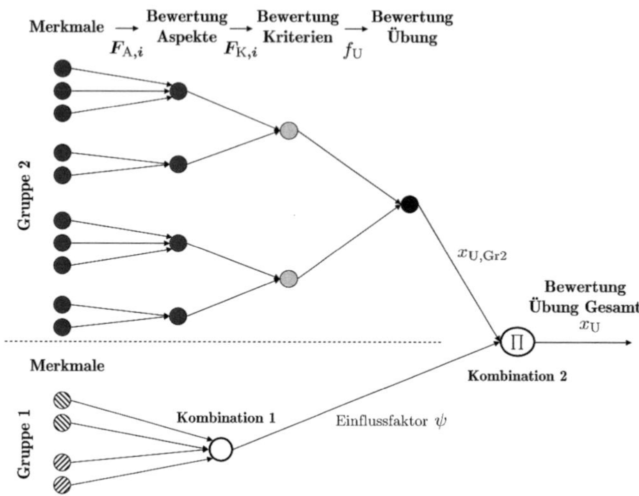

Abb. 3.44: Kombination der Beurteilungen zur Bewertung der aktuellen Übung

Operation zu. Ist eine unbedingt zu erfüllende Vorgabe nicht erfüllt, wird die Bewertung der Übung minimal bzw. 1 gesetzt. Andernfalls wird die Bewertung der Übung reduziert. Bei der Cholezystektomie sollen z.B. drei Clips gesetzt werden. Werden jedoch nur zwei Clips gesetzt, wird die Bewertung reduziert und bei weniger als zwei Clips minimal. Das wird durch zwei unterschiedliche Merkmale ausgedrückt. Die verschiedenen notwendigen Merkmale werden zu einer Gesamtaussage kombiniert, vergl. „Kombination 1" in Abb. 3.44. So entsteht ein Faktor ψ aus dem Intervall $[0\ 1]$, der die Erfüllung der medizinischen Vorgaben eines Trainierenden beschreibt. In Abb. 3.44 ist der Faktor ψ als „Einflussfaktor" bezeichnet. Bei einer optimalen Erfüllung der Vorgaben ist der Einflussfaktor 1 und sinkt je mehr Vorgaben nicht erfüllt sind. Der Einflussfaktor wird mit der Bewertung der Übung basierend auf den geeigneten Merkmalen, d.h. mit einer Note aus dem Intervall $[1\ 5]$, multipliziert, vergl. „Kombination 2" in Abb. 3.44. Das erfolgt nach

$$x_{\mathrm{U}} = (x_{\mathrm{U,Gr2}} - 1) \cdot \psi + 1, \tag{3.55}$$

wobei $x_{\mathrm{U,Gr2}}$ für die Bewertung der aktuellen Übung basierend auf den Merkmalen der Gruppe 2 steht und x_{U} für die Bewertung der aktuellen Übung basierend auf allen Merkmalen. Es wird eine Multiplikation nach Gl. (3.55) gewählt, da die minimale Bewertung der Note 1 entspricht. Hat ein Trainierender die Vorgaben relativ gut erfüllt, jedoch nicht optimal, ergibt sich beispielsweise $\psi = 0.9$. Gilt für die Bewertung der Übung auf Grundlage der allgemein geeigneten Merkmale z.B. $x_{\mathrm{U,Gr2}} = 4.5$, so erhält der Trainierende als Bewertung für die gesamte Übung die Note $x_{\mathrm{U}} = (4.5 - 1) \cdot 0.9 + 1 = 4.15$. Die Bewertung basierend auf den geeigneten Merkmalen wird deshalb bei nicht erfüllten

Vorgaben entsprechend des Einflussfaktors reduziert. Andernfalls bleibt die Bewertung unverändert. Die medizinisch notwendigen Merkmale werden hier berücksichtigt, da so sichergestellt werden kann, dass die Bewertung der gesamten Übung in jedem Fall durch das Nicht-Erfüllen von Vorgaben beeinflusst wird.

Nur für die Cholezystektomie werden aus medizinischer Sicht notwendige Merkmale berücksichtigt. Hier gibt es medizinische Vorgaben, die unbedingt erfüllt werden müssen, und andere Vorgaben, die beim Nicht-Erfüllen eine Reduktion der Gesamtbewertung bewirken. Bei den Grundlagenübungen sind keine medizinischen Vorgaben einzubeziehen.

Im Folgenden wird genauer auf die Bewertungen eingegangen, die auf Grundlage der allgemein geeigneten Merkmale entstehen, vergl. den oberen Bereich in Abb. 3.44. Hier sind verschiedene Abbildungen notwendig, die durch

$$x_{\mathrm{M}} \rightarrow x_{\mathrm{M,n}} \underset{F_{\mathrm{A}}}{\rightarrow} x_{\mathrm{A}} \underset{F_{\mathrm{K}}}{\rightarrow} x_{\mathrm{K}} \underset{f_{\mathrm{U}}}{\rightarrow} x_{\mathrm{U,Gr2}} \tag{3.56}$$

beschrieben werden können. Die Bewertungen basieren auf den extrahierten Merkmalen x_{M}. Da die Wertebereiche der Merkmale sehr unterschiedlich sind, werden die Merkmale im ersten Schritt auf das Intervall $[0\ 1]$ normiert und es ergibt sich $x_{\mathrm{M,n}}$, siehe Abbildungsvorschrift (3.56). Die Normalisierung ist wichtig, da sonst der Einfluss eines Merkmals auf die Bewertung von seinem Wertebereich abhängig sein kann, [SARLE, 1997] und [ORR et al., 1999]. Durch die Abbildung F_{A} wird basierend auf den n_{M} normierten Merkmalen $x_{\mathrm{M,n}}$ die Beurteilung der n_{A} Aspekte x_{A} erzeugt, vergl. Abb. 3.44. Sie stellen die Grundlage für die Bewertung der n_{K} Kriterien dar, die im Vektor x_{K} zusammengefasst sind. Die Abbildung wird durch F_{K} beschrieben. Im letzten Schritt wird die Beurteilung $x_{\mathrm{U,Gr2}}$ der aktuellen Durchführung einer Übung entsprechend f_{U} und unter Berücksichtigung der bewerteten Kriterien generiert. In der Abbildungsvorschrift (3.56) fasst die Menge $F_{\mathrm{A}} = \{f_{\mathrm{A},1}, \ldots, f_{\mathrm{A},n_{\mathrm{A}}}\}$ verschiedene Abbildungen zusammen. Die einzelne Abbildung $f_{\mathrm{A},j}$ hat eine Teilmenge der Merkmale $x_{\mathrm{MA},j}$, d.h. $n_{\mathrm{MA},j}$ normierte Merkmale, als Eingabe und den j-ten Aspekt als Ausgabe, so dass $f_{\mathrm{A},j} : x_{\mathrm{MA},j} \rightarrow x_{\mathrm{A},j}$. Die entsprechende Nomenklatur gilt auch für die Menge der Abbildungen F_{K}.

Die Beschreibung der Kombination von Bewertungen in Abbildungsvorschrift (3.56) macht einerseits den Signalfluss entsprechend des mehrstufigen Bewertungsansatzes deutlich. Da jede Abbildung $f_{\mathrm{A},j}$, $f_{\mathrm{K},j}$ und f_{U} auch einer Bewertungsvorschrift entspricht, wird andererseits anschaulich, an welchen Stellen des Bewertungssystems ANFIS-Modelle zur Umsetzung des Bewertungsansatzes notwendig sind. Im Rahmen der Entwicklung eines Bewertungssystems müssen deshalb für jede Übung $n_{\mathrm{A}} + n_{\mathrm{K}} + 1$ Bewertungsvorschriften erstellt werden.

Abhängig von der Übung führt ein Trainierender nicht alle Aktionen durch, so dass die entsprechenden Merkmale nicht extrahiert werden können. Das trifft auf die Cholezystektomie zu, da hier die auszuführenden Aktionen nicht so strikt wie für die Grundlagenübungen vorgegeben sind. Es hängt z.B. vom Trainierenden selber ab, ob er mit dem Instrument in der zweiten Hand die Arterie aufspannt, um das Gewebe beim Präparieren besser zu erreichen. Deshalb können nicht in jeder Durchführung die Merkmale zur Bewertung einer unterstützenden Tätigkeit bestimmt werden und es muss der Umgang mit nicht vorhandenen Merkmalen festgelegt werden. Hier wird einem nicht vorhandenen Merkmal ein Wert zugewiesen, abhängig davon ob die Experten die Aktion häufig durchführen. Das wird auf Grundlage von Testdaten ermittelt. Führen Experten eine Aktion häufig durch und existiert deshalb ein Merkmal für Experten, wird das normierte Ziel des Merkmals vorgegeben, d.h 0 oder 1. Ansonsten wird der entsprechende andere Wert gewählt. Dabei kann das normierte Ziel eines Merkmals z.B. 0 sein, wenn die Anzahl der Fehler betrachtet wird, oder 1 für die gelöschten Knoten beim Ausschälen der Gallenblase.

Werden bei Übungen dieselben Aktionen sowohl mit dem linken als auch mit dem rechten Instrument ausgeführt, erhält der Trainierende verschiedene Beurteilungen:

- Bewertungen für die Ausführung mit der rechten Hand,

- Bewertungen für die Ausführung mit der linken Hand und

- Bewertungen für die Ausführung unabhängig von der Hand.

Deshalb werden jeweils drei Beurteilungen für jeden Aspekt, jedes Kriterium und die gesamte Übung gegeben. Das trifft auf die Klötzchen-Übung und die Cholezystektomie zu. Da zuvor nur kurz auf die Bewertung der linken und rechten Hand eingegangen wurde, werden hier einige Besonderheiten hervorgehoben. Die Auswahl der Merkmale und Merkmalskombinationen, wie sie in Abschnitt 3.3 beschrieben wurde, basiert auf Merkmalen, die unabhängig von der ausführenden Hand sind. Soll jedoch auch eine Bewertung für die einzelnen Hände gegeben werden, müssen u.U. einige Merkmale vernachlässigt werden und es ergibt sich eine neue Zuordnung der Merkmale zu den Aspekten. Es sind dann zusätzliche ANFIS-Modelle für die Beurteilung der Aspekte, der Kriterien und der gesamten Übung notwendig. Die Bewertungsvorschriften werden dabei immer für die linke und rechte Hand gemeinsam entwickelt, da nur dann die Bewertungen der beiden Hände vergleichbar sind. Es wird deutlich, dass durch eine zusätzliche Benotung der Ausführung von linker und rechter Hand die Anzahl der notwendigen Bewertungsvorschriften steigt.

3.5.2 Bewertung der Historie

Die Bewertung der Historie soll eine Aussage über die tatsächliche Fertigkeit eines Trainierenden innerhalb verschiedener Anforderungsbereiche ermöglichen. Deshalb werden die Historie der aktuellen Übung, die Verhaltensebenen und die umfassende (minimal invasive) Fertigkeit, die der letzten Auswertestufe innerhalb des mehrstufigen Ansatzes in Abschnitt 2.1 entspricht, bewertet. Dazu werden alle vorherigen Durchführungen eines Trainierenden, d.h. nicht nur einer Übung sondern aller Übungen, betrachtet. Der Einfluss weit zurückliegender Beurteilungen darf jedoch nicht zu groß sein, da eine Verbesserung stattgefunden hat. Bei der Realisierung muss auch berücksichtigt werden, dass unterschiedlich viele Durchgänge eines Trainierenden zur Auswertung zur Verfügung stehen und der Umgang damit festgelegt werden muss.

Für die Bewertung der Historie der aktuellen Übung werden die letzten fünf Durchführungen betrachtet. Durch die Anzahl der berücksichtigten Durchführungen wird festgelegt, wie häufig hintereinander ein Trainierender eine konstant gute Leistung erbringen muss, um auch unter Berücksichtigung der Historie als „gut" zu gelten. Gleichzeitig darf die Anzahl der betrachteten Durchführungen auf Grund der Verbesserung beim Training nicht zu hoch sein. Auch müssten die Trainierenden sonst erst sehr viele Durchgänge machen, um eine Bewertung der Historie zu erhalten. So hat sich gezeigt, dass eine Betrachtung der letzten fünf Durchführungen sinnvoll ist. Hat ein Trainierender mehr Durchgänge einer Übung absolviert, wird zusätzlich ein gewichteter Mittelwert aller weiter zurückliegenden Durchführungen berücksichtigt, vergl. Abb. 3.45. Innerhalb des Mittelwerts werden die zeitnahen Durchgänge stärker gewichtet als sehr weit zurückliegende, so dass der Einfluss aktueller Durchführungen größer ist. Durch die sich ergebenden fünf oder sechs Werte wird eine robuste logarithmische Lernkurve interpoliert, vergl. Abb. 3.45. Die robuste Interpolation wird weniger von Ausreißern

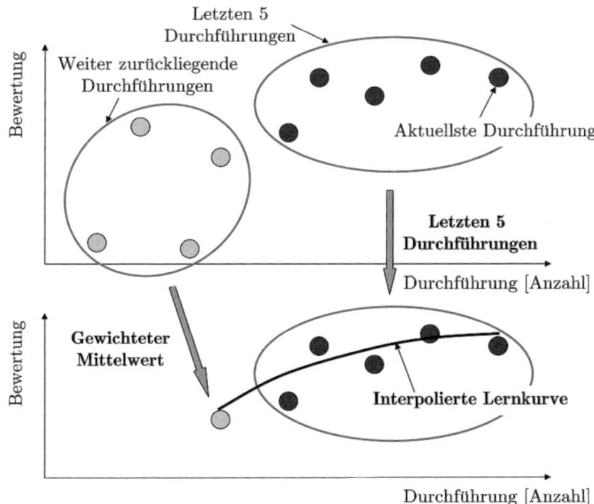

Abb. 3.45: Vorverarbeitung der zur Verfügung stehenden Beurteilungen für die Bewertung der Historie der aktuellen Übung

beeinflusst, da sie nach einem Algorithmus von [HOLLAND und WELSCH, 1977] und [DUMOUCHEL und O'BRIEN, 1989] identifiziert und relativiert werden. Die interpolierte Lernkurve stellt die Grundlage für die Bewertung der Historie der aktuellen Übung dar. So wird, wie im Laufe des Kapitels noch genauer erläutert wird, der Mittelwert der interpolierten Lernkurve für die Bewertung der Historie einer Übung verwendet. Durch die Einführung der Lernkurve werden anstelle einer variablen Anzahl an Durchführungen nur fünf bzw. sechs Datenpunkte für die Beurteilung betrachtet. Dabei wird sichergestellt, dass der Einfluss der aktuellsten Bewertungen am größten ist. Dennoch werden auch frühere Beurteilungen zu einem bestimmten Maße berücksichtigt. Das wird durch den zusätzlichen gewichteten Mittelwert gewährleistet. Die robuste Interpolation ermöglicht darüber hinaus eine Relativierung des Einflusses von Ausreißern, da die interpolierte Kurve und nicht die ursprünglichen Bewertungen betrachtet werden.

Es soll der Einfluss des zusätzlichen gewichteten Mittelwerts auf die Form der interpolierten Lernkurve anhand eines Beispiels mit tatsächlich ermittelten Werten gezeigt werden. Es werden zehn Durchführungen eines Trainierenden betrachtet. In Abb. 3.46(a) und Abb. 3.46(b) sind die zehn Durchgänge durch die rote Kurve mit Stern gekennzeichnet. Bei der fünften Durchführung kann das erste Mal die Historie bewertet werden, da fünf Durchgänge zur Auswertung zur Verfügung stehen. Es wird die Lernkurve „Lernkurve ab 5" zur Bewertung der Historie interpoliert. Nach der sechsten Durchführung ergibt sich die interpolierte Lernkurve „Lernkurve ab 6". Während der zehn Durchführungen kann die Historie einer Übung deshalb sechs Mal bewertet werden. Die dafür betrachteten interpolierten Lernkurven sind in Abb. 3.46(a) und Abb. 3.46(b) angegeben, wobei in Abb. 3.46(a) die Lernkurven mit und in Abb. 3.46(b) die Lernkurven ohne Berücksichtigung des zusätzlichen Mittelwerts dargestellt sind. Bei beiden Abbildungen ist die konvexe Hülle der interpolierten Lernkurven durch eine schwarze, gestrichelte Linie markiert. Der Vergleich zeigt, dass die konvexe Hülle im Fall der Berücksichtigung des zusätzlichen Mittelwerts wesentlich kleiner ist. Deshalb verlaufen aufeinanderfolgende interpolierte Lernkurven unter Berücksichtigung des zusätzlichen Mittelwerts einheitlicher, vergl. „Lernkurve ab 7" bis „Lernkurve ab 9" in Abb. 3.46(a) und Abb. 3.46(b). Die Sprünge zwischen nachfolgenden interpolierten Lernkurven sind mit zusätzlichem Mittelwert weniger stark, da auch weiter zurückliegende Durchführungen einfließen. Es wird der tatsächliche Trend bei der Bewertung deutlicher.

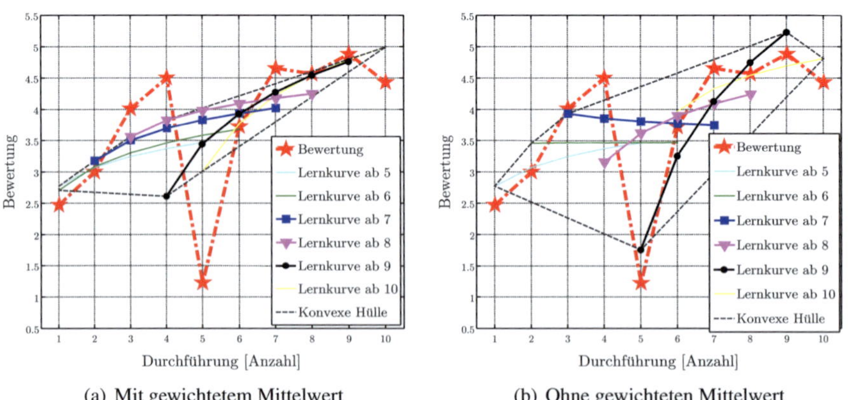

(a) Mit gewichtetem Mittelwert　　　　　　　(b) Ohne gewichteten Mittelwert

Abb. 3.46: Interpolierte Lernkurven mit und ohne gewichteten Mittelwert zur Bewertung der Historie der aktuellen Übung

Die verschiedenen Beurteilungen eines Trainierenden müssen kombiniert werden, um die Historie der aktuellen Übung, die Verhaltensebenen und die umfassende Fertigkeit zu bewerten. Die Kombination der Bewertungen kann durch

$$x_{\mathrm{U},i} \to x_{\mathrm{UL},i}, \ \overline{x_{\mathrm{UL},i}} \underset{f_{\mathrm{UH},i}}{\to} x_{\mathrm{UH},i}, \ \overline{x_{\mathrm{UH}}} \underset{f_{\mathrm{V},j}}{\to} x_{\mathrm{V},j}, \ \overline{x_{\mathrm{V}}} \underset{f_{\mathrm{F}}}{\to} x_{\mathrm{F}} \tag{3.57}$$

beschrieben werden. Die Beurteilungen aller Durchführungen der Übung i eines Trainierenden sind in $x_{\mathrm{U},i}$ zusammengefasst, mit $i = 1, \ldots, n_{\mathrm{U}}$ und $n_{\mathrm{U}} = 4$ der Anzahl der möglichen Übungen. Im ersten Schritt werden die Bewertungen der gerade durchgeführten Übung $x_{\mathrm{U},i}$ in den Vektor $x_{\mathrm{UL},i}$ transformiert, der die Bedeutung der einzelnen Durchgänge für die Bewertung berücksichtigt. Dazu wird, wie zuvor beschrieben und in Abb. 3.45 dargestellt, eine Lernkurve durch die letzten fünf Durchführungen und einen zusätzlichen gewichteten Mittelwert interpoliert. Der gewichtete Mittelwert entsteht auf Grundlage der weiter zurückliegenden Durchgänge. Der Mittelwert $\overline{x_{\mathrm{UL},i}}$ der interpolierten Lernkurve wird durch $f_{\mathrm{UH},i}$ in die Beurteilung $x_{\mathrm{UH},i}$ der Historie der aktuellen Übung abgebildet. Der Vektor x_{UH} enthält die aktuellen Bewertungen der Historie der einzelnen Übungen, die derselben Verhaltensebene wie die gerade durchgeführte Übung zugeordnet sind. Im nächsten Schritt wird basierend auf dem Mittelwert des Vektors, d.h. $\overline{x_{\mathrm{UH}}}$, die aktuelle Verhaltensebene entsprechend $f_{\mathrm{V},j}$ bewertet, so dass die Benotung $x_{\mathrm{V},j}$ entsteht. Der Index j steht dabei für die Verhaltensebene der gerade durchgeführten Übung, mit $j = 1, \ldots, n_{\mathrm{V}}$ und $n_{\mathrm{V}} = 2$ der Anzahl der Verhaltensebenen. Zum Schluss wird der Mittelwert $\overline{x_{\mathrm{V}}}$ der Bewertungen der Verhaltensebenen durch f_{F} in die Beurteilung x_{F} der umfassenden minimal invasiven Fertigkeit abgebildet, die die letzte Auswertestufe innerhalb des mehrstufigen Bewertungsansatzes in Abschnitt 2.1 darstellt.

Die Abbildungen $f_{\mathrm{UH},i}$, $f_{\mathrm{V},j}$ und f_{F} entsprechen den Bewertungsvorschriften, die für die Beurteilungen der Historie entwickelt werden müssen. Jede Bewertungsvorschrift hat nur einen Eingang, da jeweils Mittelwerte betrachtet werden. Insgesamt müssen sechs ANFIS-Modelle erstellt werden. Es sind vier Bewertungsvorschriften $f_{\mathrm{UH},i}$ für die Benotungen der Historie der einzelnen Übungen notwendig. Zusätzlich muss ein ANFIS-Modell $f_{\mathrm{V},j}$ für die Bewertung der verhaltensbasierten Ebene entwickelt werden und ein weiteres zur Beurteilung der umfassenden Fertigkeit entsprechend f_{F}. Für die Bewertungen der Verhaltensebenen ist nur ein ANFIS-Modell nötig, da ausschließlich die Cholezystektomie der wissensbasierten Verhaltensebene zugeordnet ist und deshalb die Beurteilung der Historie der Übung mit der Bewertung der Verhaltensebene übereinstimmt.

In Abb. 3.47 sind die verschiedenen Schritte bzw. der Signalfluss bei der Bewertung der Historie dargestellt. Hierbei wird angenommen, dass eine Kamera-Übung durchgeführt wurde. Basierend auf allen Durchführungen der Kamera-Übung wird die Historie der Übung bewertet. Da der Einfluss der letzten fünf Durchgänge am größten ist, sind sie durch eine geschweifte Klammer hervorgehoben. Anschließend werden die aktuellen Bewertungen der Kamera-, Kreis- und Klötzchen-Übung zur Beurteilung der verhal-

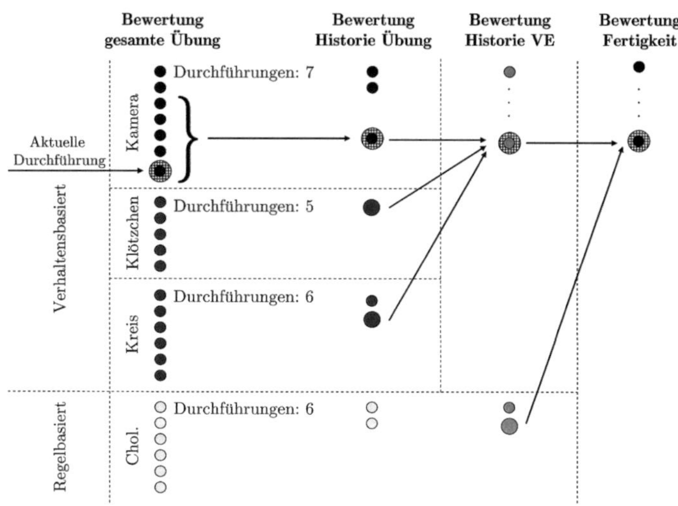

Abb. 3.47: Kombination der Beurteilungen zur Bewertung der Historie

tensbasierten Ebene verwendet. Diese Übungen werden ausgewählt, da sie in derselben Verhaltensebene (kurz: VE) wie die Kamera-Übung sind. Im letzten Schritt werden die aktuellen Bewertungen der zwei Verhaltensebenen für die Beurteilung der umfassenden minimal invasiven Fertigkeit berücksichtigt.

4 Ergebnisse und Validierung des Bewertungssystems

Entsprechend der in den vorhergehenden Kapiteln vorgestellten Ansätze und Methoden wurde ein Bewertungssystem aufgebaut und in den VR-Simulator des Instituts für Angewandte Informatik implementiert. Dabei wurden vier unterschiedliche Übungen für die Beurteilung berücksichtigt. Zur Validierung wird das Bewertungssystem auf Grundlage zweier Studien analysiert, siehe Abschnitt 4.1. Zusätzlich wird das Bewertungssystem mit den von Medizinern formulierten Anforderungen, ausgedrückt durch einen Fragebogen, verglichen, siehe Abschnitt 4.2. In Abschnitt 4.3 werden dann die erhaltenen Ergebnisse diskutiert.

4.1 Studien zur Entwicklung, Analyse und Validierung des Bewertungssystems

Zwei Arten von Studien wurden realisiert, um das Bewertungssystem einerseits zu entwickeln und um es andererseits zu analysieren bzw. validieren. Innerhalb der ersten Studie, auf die in Abschnitt 4.1.1 eingegangen wird, haben Probanden die verschiedenen Übungen zehn Mal durchgeführt. So können Bewertungen gegeben werden, die die Historie berücksichtigen, d.h. die früheren Durchführungen eines Trainierenden. Auf Grundlage der Studie wurde das Bewertungssystem aufgebaut. Gleichzeitig kann die Verbesserung der Trainierenden anhand der Lernkurven analysiert werden. Die Untersuchung der Lernkurven, die auch Aussagen über die Unterscheidbarkeit von verschiedenen Leistungsgruppen ermöglicht, ist für die Validierung des Bewertungssystems wesentlich. An der Studie haben ausschließlich Probanden aus dem Institut für Angewandte Informatik teilgenommen, d.h. so genannte Nicht-Mediziner. An der zweiten Studie waren dagegen hauptsächlich Mediziner bzw. angehende Mediziner beteiligt. Die Probanden haben eine Übung maximal drei Mal durchgeführt. Die Studie, die in Abschnitt 4.1.2 vorgestellt wird, erlaubt eine Aussage darüber, in wieweit das Bewertungssystem Mediziner mit unterschiedlicher Erfahrung unterscheiden kann.

4.1.1 Studie mit Berücksichtigung der Lernkurven

Die 26 Probanden der Studie haben zwei Durchführungen einer Übung an jeweils fünf aufeinanderfolgenden Tagen gemacht. So stehen pro Teilnehmer, die alle einen technischen Hintergrund besitzen, zehn Durchgänge zur Auswertung einer Übung zur Verfügung. Wenn die Probanden die Studie jedoch nicht beenden konnten oder auf Grund eines Fehlers bei der Signalaufnahme eine Durchführung im Nachhinein vernachlässigt werden musste, werden weniger als zehn Durchgänge pro Proband berücksichtigt. Nicht jeder Teilnehmer hat alle vier Übungen gemacht. Die Anzahl der Probanden und Durchführungen ist in Tab. 4.1 für die einzelnen Übungen angegeben.

Übung	Anzahl der Teilnehmer				Anzahl der Durchführungen			
	Gesamt	Erf.	Tal. Anf.	(Übr.) Anf.	Gesamt	Erf.	Tal. Anf.	(Übr.) Anf.
Kamera	25	4	17	4	244	40	169	40
Klötzchen	24	4	15	5	237	40	148	49
Kreis	25	4	17	4	244	40	170	40
Chol.	16	4	-	12	151	32	-	119

Tab. 4.1: Anzahl der Teilnehmer und Durchführungen abhängig von der Erfahrung und der Übung für die Studie mit Berücksichtigung der Lernkurven

Bei den Grundlagenübungen werden die Probanden in drei Leistungsniveaus eingeteilt, siehe Tab. 4.1. Die Gruppe der Erfahrenen (Erf.) war in die Entwicklung des Simulators involviert und ist deshalb mit den verschiedenen Übungen vertraut. Die Gruppe der Anfänger, die alle noch keine Übungen am Simulator durchgeführt haben, ist sehr inhomogen. Es gibt Anfänger, denen die Übungen leicht gelingen, oder andere Anfänger, denen es wesentlich schwerer fällt. Deshalb werden die Anfänger in zwei Gruppen unterteilt. Es wird zwischen talentierten Anfängern (Tal. Anf.) und übrigen Anfängern ((Übr.) Anf.) unterschieden. Das ermöglicht eine spezifischere Entwicklung des Bewertungssystems und eine genauere Beurteilung der Ergebnisse. Die Einteilung der Anfänger basiert auf dem subjektiven Eindruck von den Teilnehmern während der Studie und einer Analyse der Merkmale. Die beiden Anfängergruppen werden nur betrachtet, wenn innerhalb der Datenmenge die Trennbarkeit von talentierten und übrigen Anfängern gezeigt werden kann. Anderenfalls wird ausschließlich zwischen Erfahrenen und Anfängern unterschieden. Deshalb hat eine nicht korrekte Einteilung der Anfängergruppe, die auch bei der Analyse der Ergebnisse deutlich würde, keinen Einfluss auf die Entwicklung des Bewertungssystems. Bei der Cholezystektomie werden die Probanden nur in Erfahrene (Erf.) und Anfänger (Anf.) eingeteilt, da es hier schwer fiel, innerhalb der Anfängergruppe unterschiedliche Leistungsniveaus zu identifizieren. Für die Beurteilung der Verhaltensebene und der umfassenden chirurgischen Fertigkeit, die die Bewertungen der unterschiedlichen Verhaltensebenen kombiniert, wird auch nicht zwischen verschiedenen Anfängern unterschieden, da hier die Beurteilungen verschiedener Übungen zusammengefasst werden. Im Folgenden wird nur auf die Bewertung der Verhaltensebene eingegangen, die die verschiedenen Grundlagenübungen zusammenfasst. Die Bewertung der wissensbasierten Verhaltensebene wird nicht explizit erwähnt, da sie mit der Beurteilung der Historie der Cholezystektomie übereinstimmt.

Ein Großteil der zur Verfügung stehenden Daten, abhängig von der Übung ca. 70%, wird zur Merkmalsselektion bzw. zur Entwicklung der Bewertungsvorschriften verwendet, vergl. Abschnitt 3.3 und Abschnitt 3.4. Zur Analyse der Ergebnisse des Bewertungssystems werden die Beurteilungen der Trainierenden auf Grundlage aller Durchführungen betrachtet, da so die Datenmenge maximal ist und die Aussagefähigkeit der Auswertung steigt. Eigentlich sollen die Datenmengen zum Training und zur Auswertung eines ANFIS-Modells jedoch verschieden sein, [FERBER, 2003]. Für die Ermittlung der einzelnen Bewertungsvorschriften werden jedoch weniger als zehn Datenpunkte berücksichtigt. Bei den Grundlagenübungen entsprechen zehn Durchführungen ca. 5% aller Durchgänge. Dabei stammen die Daten zur Ermittlung der einzelnen ANFIS-Modelle meist aus verschiedenen Durchführungen bzw. von unterschiedlichen Probanden. Deshalb ist die Evaluation des Bewertungssystems basierend auf allen Beurteilungen von Trainierenden gerechtfertigt.

Bei der Entwicklung des Bewertungssystems werden die geeigneten Merkmale bzw. Merkmalskombinationen ausgewählt und die verschiedenen Bewertungsvorschriften erstellt. Im Rahmen der Analyse der Ergebnisse wird deshalb zunächst auf die Merkmale eingegangen. Die Untersuchung der Auswahl der Merkmale erlaubt eine Beurteilung der Methoden zur Merkmalsextraktion bzw. -selektion. Anschließend wird der Einfluss der Bewertung von medizinischen Vorgaben auf die Gesamtbewertung einer Übung abgeschätzt. So kann ausgesagt werden, ob die Vorgehensweise zur Berücksichtigung der aus Mediziner-Sicht notwendigen Merkmale sinnvoll ist.
Neben den Merkmalen werden die Bewertungen auf den verschiedenen Abstraktionsniveaus untersucht. Die Studie erlaubt die Verbesserung der Probanden im Laufe des Trainings zu analysieren. Das Ziel ist, das Bewertungssystem zu validieren, d.h. sowohl den mehrstufigen Bewertungsansatz als auch die entwickelten Methoden. Dazu werden plausible Eigenschaften von Lernkurven postuliert. Wenn die Lernkurven das erwartete Verhalten bestätigen, ist das Bewertungssystem geeignet, da es nachvollziehbare und realistische Ergebnisse liefert. Gleichzeitig können durch die Analyse der Eigenschaften von Lernkurven Anforderungen an die Trainierenden identifiziert werden, die schneller erlernt werden oder die auch auf längere Sicht eine Unterscheidung verschiedener Leistungsgruppen erlauben. Zur Auswertung der Ergebnisse werden statistische Tests durchgeführt.
Es werden verschiedene Eigenschaften der Lernkurven untersucht, vergl. Abb. 4.1. Zunächst werden zwei wesentliche Voraussetzungen für ein valides und belastbares Bewertungssystem betrachtet. Das sind die Plausibilität des Verlaufs der Lernkurven und die Unterscheidbarkeit von Erfahrungsniveaus zu Beginn des Trainings. Andere Eigenschaften lassen ebenso auf die Güte des Bewertungssystems schließen und ermöglichen generelle Aussagen über das Lernverhalten. So wird die Steilheit der Lernkurven untersucht, d.h. wie schnell Anfänger das Niveau der Erfahrenen erreichen. Darüber hinaus wird die Streuung innerhalb der verschiedenen Gruppen analysiert, um Aussagen über die Homogenität der Gruppen zu treffen. Um zu beurteilen, wie deutlich die Verbesserung eines Trainierenden einer idealen Lernkurve folgt, wird die Abweichung von einer interpolierten Lernkurve betrachtet. Zuletzt wird analysiert, inwieweit die Verbesserung der Probanden monoton ist.

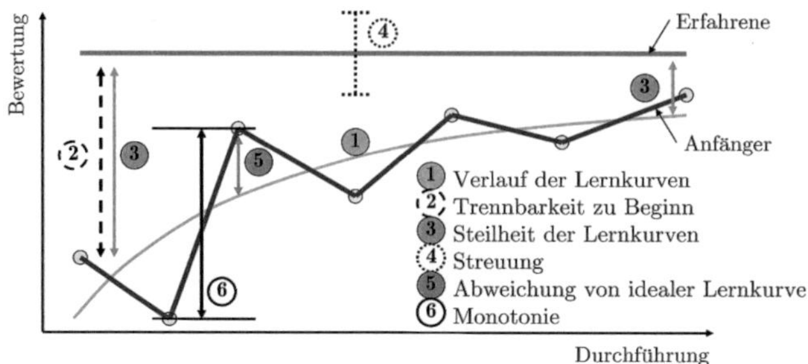

Abb. 4.1: Übersicht über untersuchte Eigenschaften von Lernkurven

Ergebnisse der Merkmalsselektion

Die Merkmale und Merkmalskombinationen werden entsprechend der Methodik in Abschnitt 3.3 ausgewählt. Die einzelnen Merkmale sind im Anhang in Tab. A.2 angegeben. Hier soll nur auf grundsätzliche Ergebnisse bei der Merkmalsselektion eingegangen werden.

Tabelle 4.2 gibt eine Übersicht über die Anzahl der ausgewählten Merkmale und Aspekte bzw. die sich daraus ergebenden Kriterien. Bei der Cholezystektomie werden die meisten Merkmale und Aspekte ausgewählt. Es sind mit 49 Merkmalen fast dreifach so viele wie für die Grundlagenübungen. Das ist plausibel, da bei der Cholezystektomie unterschiedliche Aktionen durchgeführt und jeweils durch Merkmale charakterisiert werden.

Anzahl	Übungen			
	Kamera	Klötzchen	Kreis	Cholezystektomie
Merkmale	17	12	14	49
Aspekte	13	11	11	24
Kriterien	3	4	4	5
Diskrete I Kontinuierliche Merkmale	1 I 16	1 I 11	0 I 14	29 I 20
Merkmale in Signalabschnitten	-	-	-	17

Tab. 4.2: Anzahl der Merkmale, Aspekte und Kriterien für jede Übung

Wird die Anzahl der Merkmale und Aspekte bei den verschiedenen Übungen verglichen, so wird deutlich, dass bei den Grundlagenübungen häufig nur ein Merkmal einen Aspekt beschreibt. Das gilt z.B. für die Klötzchen-Übung, da hier 12 Merkmale und 11 Aspekte ausgewählt werden, siehe Tab. 4.2. Deshalb wird durch die Kombination ähnlicher Merkmale kein Neuwert geschaffen bzw. keine bessere Unterscheidung der Gruppen möglich. Dann wird ausschließlich das geeignetste Merkmal, das einem Aspekt zugeordnet wurde, zur Beschreibung eines Aspekts verwendet. Bei der Cholezystektomie gibt es ca. doppelt so viele Merkmale wie Aspekte. Hier beschreiben mehrere Merkmale einen Aspekt. Die Cholezystektomie ist die einzige Übung, bei der zwischen Phasenmerkmalen und Merkmalen innerhalb bzw. außerhalb von Aktionen unterschieden wird. Deshalb werden Merkmale generiert, die sich nur durch ihre Zuordnung zu einer Aktion unterscheiden und zu Aspekten kombiniert werden, wie z.B. das Volumen der konvexen Hülle beim Präparieren des Bindegewebes oder beim Setzen von Clips. Das trifft auf 17 Merkmale zu, in Tab. 4.2 angegeben durch „Merkmale in Signalabschnitten". Damit werden Merkmale für die Bewertung von Aspekten berücksichtigt, die aus Signalabschnitten innerhalb und außerhalb von Aktionen und nicht für die gesamten Phasen extrahiert wurden. Nur weil die Unterscheidbarkeit in den realistischen Lernkurven steigt, werden die Merkmale zu Aspekten kombiniert. Deshalb stehen durch die Merkmalsextraktion auf Aktionsniveau zusätzliche Informationen für eine detailliertere und nachvollziehbare Bewertung zur Verfügung. Damit ist der hier vorgestellte Ansatz zur Merkmalsextraktion sinnvoll, vergl. [BOLL et al., 2010]. Insgesamt werden dennoch mehr Phasenmerkmale ausgewählt als Merkmale innerhalb und außerhalb von Aktionen. Das wurde jedoch durch das Bewertungsmaß $Q_{\text{Kombi},2}$ bei der Merkmalsselektion provoziert, siehe Abschnitt 3.3.2, da nicht ganze Signalabschnitte bzw. Teile einer Simulation aus der Bewertung ausgeschlossen werden sollen.

Die Analyse der einzelnen Merkmale zeigt, dass es Merkmale gibt, die sich für die Bewertung einer Übung eignen, sich bei einer anderen Übung jedoch nicht als zweckmäßig erwiesen haben. Deshalb ist es wichtig, die geeigneten Merkmale für jede Übung einzeln auszuwählen. Gleichzeitig wird deutlich, dass sowohl einfache Merkmale für die Beurteilung relevant sind wie Zeit und Strecke als auch komplexere Merkmale wie die konvexe Hülle der Trajektorie oder die Richtung beim Präparieren des Bindegewebes. Außerdem werden Merkmale basierend auf Extraktionsvorschriften ausgewählt, die für die Bewertung auf Simulatoren im Bereich der MIC neu sind, wie z.B. der Abstand von einer geglätteten Trajektorie oder die Visualisierung des Ziels mit der Kamera.

Bei der Kamera-Übung werden nur drei Kriterien betrachtet, d.h. Bewegung der Instrumente, Tiefenwahrnehmung und Fehler & Technik. Innerhalb der Klötzchen- und der Kreis-Übung wird zusätzlich die Beidhändigkeit bewertet. Die Kraft wird nur bei der Cholezystektomie als Kriterium berücksichtigt.

Die Untersuchung der ausgewählten Merkmale macht deutlich, dass die entwickelte Methodik zur Merkmalsextraktion und -selektion geeignet ist. Die Merkmale sind leicht interpretierbar, da sie z.T. aus Signalabschnitten innerhalb und außerhalb von Aktionen extrahiert werden. Gleichzeitig stehen so zusätzliche Informationen für eine nachvollziehbare Bewertung zur Verfügung. Weiterhin werden neue Extraktionsvorschriften zur Bestimmung komplexer und detaillierter Merkmale definiert. Dazu gehören das Zurückziehen der Instrumente, die Streuung von Merkmalen oder die Richtung beim Ausschälen der Gallenblase. Zusätzlich wird durch die Analyse der ausgewählten Merkmale deutlich, dass die für jede Übung eigens durchgeführte Merkmalsselektion wichtig ist. Im Rahmen der Diskussion in Abschnitt 4.3.1 werden einige Gesichtspunkte der Merkmalsextraktion bzw. -selektion nochmals aufgegriffen.

Untersuchung des Einflusses der medizinischen Vorgaben auf die Bewertung

Bei der Cholezystektomie charakterisieren aus medizinischer Sicht notwendige Merkmale, wie gut ein Trainierender die Vorgaben der Mediziner während einer Simulation erfüllt hat, vergl. Abschnitt 3.5.1. Der sich ergebende „Einflussfaktor", der zwischen 0 und 1 liegt, fasst die verschiedenen medizinisch notwendigen Merkmale zusammen. Sind alle Vorgaben erfüllt, beträgt der Einflussfaktor 1. Andernfalls ist der Faktor reduziert. Der Einflussfaktor wird mit der Bewertung der Übung basierend auf den allgemein geeigneten Merkmalen multipliziert, siehe Abb. 3.44. Deshalb wird die Bewertung eines Trainierenden entsprechend der Erfüllung der medizinischen Vorgaben verändert. Anhand der Studie wird untersucht, ob und wenn ja welchen Beitrag der Einflussfaktor auf die Bewertung hat. Dabei wird bestimmt bei welcher Gruppe, d.h. Anfängern oder Erfahrenen, der Beitrag am größten ist.

Die Auswertung der Studie hat gezeigt, dass die Einflussfaktoren für die Erfahrenen signifikant höher sind als für die Anfänger (α-Fehler bei ANOVA-Untersuchung: 3.45E–4), wobei für das Signifikanzniveau $\alpha = 0.05$ gilt. Deshalb erfüllen die Erfahrenen die medizinischen Vorgaben wesentlich besser. Zusätzlich wird die Veränderung der Bewertung der gesamten Übung durch nicht erfüllte Mediziner-Vorgaben für Anfänger und Erfahrene untersucht. Dazu wird durch einen ANOVA-Test überprüft, ob ein signifikanter Unterschied zwischen den Bewertungen mit und ohne Berücksichtigung der Einflussfaktoren besteht. Bei den Erfahrenen gibt es keinen signifikanten Einfluss (α-Fehler: 0.53). Demgegenüber wird die Bewertung der Anfänger signifikant durch den Einflussfaktor verringert (α-Fehler: 2.35E–2). Das Ergebnis ist plausibel, da der Einflussfaktor für die Anfänger geringer ist als für die Erfahrenen und die Anfänger die Vorgaben der Mediziner damit weniger gut erfüllen. Aus medizinischer Sicht notwendige Merkmale zeichnet aus, dass sie in jedem Fall für die Bewertung verwendet werden, auch wenn verschiedene Leistungsgruppen nicht voneinander unterschieden werden können. Somit zeigt die Studie, dass die Beurteilung einer Übung von nicht erfüllten medizinischen Vorgaben signifikant beeinflusst wird, auch wenn die einzelnen aus Sicht der Mediziner notwendigen Merkmale bei der Merkmalsselektion u.U. nicht ausgewählt werden. Deshalb ist es sinnvoll, das Erfüllen der medizinischen Vorgaben über einen Einflussfaktor zu berücksichtigen.

Untersuchung des Verlaufs der Lernkurven

Eine grundsätzliche Voraussetzung für ein valides Bewertungssystem ist die Nachvollziehbarkeit und Plausibilität des Verlaufs der Lernkurven. Das gilt sowohl für die Eingänge des Bewertungssystems, d.h. die Merkmale, als auch für die Beurteilungen auf den verschiedenen Abstraktionsniveaus, d.h. für die Bewertungen der aktuellen Übung und der Historie.

In der vorliegenden Arbeit wird eine Systematik eingeführt, um die Form der Lernkurven zu beschreiben und um somit die Plausibilität der Lernkurven zu beurteilen. Dazu wurden drei wesentliche Verläufe von Lernkurven identifiziert, die im Folgenden als „Verlaufsmuster" bezeichnet werden und typische bzw. nachvollziehbare Formen darstellen. Ein Verlaufsmuster wird auf Grundlage des Unterschiedes zwischen zwei Lernkurven bestimmt. So wird z.B. berücksichtigt, ob der Unterschied zwischen Anfängern und Erfahrenen mit dem Training sinkt. Damit wird jeweils zwei Lernkurven ein Verlaufsmuster zugeordnet. Die Definition der Verlaufsmuster basiert auf den in Abschnitt 3.3.2 eingeführten und in Abb. 3.38(a) bzw. Abb. 3.38(b) dargestellten Unterschieden zwischen und innerhalb von Gruppen. Die Unterschiede werden basierend auf ANOVA-Untersuchungen durch α-Fehler charakterisiert bzw. auf Signifikanz überprüft. Es wird die Unterscheidbarkeit der Gruppen während der ersten beiden Durchführungen bestimmt, d.h. $p_{\text{EA,Beg}}$ zur Unterscheidung von Erfahrenen und Anfängern bzw. $p_{\text{A,Beg}}$ zur Trennung der talentierten und übrigen Anfänger. Die Trennbarkeit der Gruppen während der letzten beiden Durchgänge wird durch $p_{\text{EA,End}}$ bzw. $p_{\text{A,End}}$ beschrieben. Um die Verbesserung der einzelnen Gruppen zu charakterisieren, wird der Unterschied zwischen den ersten beiden und letzten beiden Durchführungen auf Signifikanz überprüft. Das wird für die Erfahrenen durch $p_{\text{Erf,Lern}}$ ausgedrückt bzw. für die Anfänger durch $p_{\text{Anf,Lern}}$. Die genauen Ergebnisse der Signifikanz-Untersuchung, d.h. unter Berücksichtigung der verschiedenen Abstraktionsniveaus, sind im Anhang unter Abschnitt A.4 dargestellt.

Es wird ein Verlaufsmuster für die Unterscheidung von Anfängern und Erfahrenen angegeben und bei den Grundlagenübungen ein weiteres Verlaufsmuster für die Trennung von talentierten und übrigen Anfängern. Im Folgenden wird zwischen einer signifikanten Trennung und einem „Hinweis" auf zwei Gruppen unterschieden. Zwischen zwei Gruppen besteht dann ein signifikanter Unterschied, wenn $p_{\text{EA,Beg}} < \alpha$ oder $p_{\text{A,Beg}} < \alpha$ mit dem Signifikanzniveau $\alpha = 0.05$. Als ein Hinweis auf zwei Gruppen während der ersten beiden Durchführungen wird gewertet, wenn $\alpha \leq p_{\text{EA,Beg}} < 0.1$ oder $\alpha \leq p_{\text{A,Beg}} < 0.1$. Ein Verlaufsmuster wird nur dann zugeordnet, wenn zu Beginn des Trainings zumindest ein Hinweis auf zwei Gruppen besteht. Ist der Unterschied nicht signifikant, ist aber dennoch ein Hinweis auf verschiedene Gruppen möglich, wird das durch ein Anhängen von „+ Hinweis" an die Bezeichnung des Verlaufsmusters signalisiert. So gibt es z.B. Lernkurven nach Verlaufsmuster 1 und nach Verlaufsmuster 1 (+ Hinweis), wenn der Unterschied zwischen zwei Gruppen signifikant ist bzw. nur ein Hinweis auf den Unterschied gegeben wird.

Verlaufsmuster 1: Unterschied zwischen Gruppen sinkt mit dem Training

Bei einem typischen Verlauf nähern sich die Lernkurven der Gruppen mit dem Training an. Ist die Verbesserung dabei nur für die Anfänger signifikant, d.h.

$$p_{\text{EA,Beg}} < p_{\text{EA,End}} \wedge p_{\text{Anf,Lern}} < \alpha \wedge p_{\text{Erf,Lern}} \geq \alpha, \tag{4.1}$$

werden die Lernkurven dem Verlaufsmuster 1 zugeordnet. Verbessern sich dagegen auch
die Erfahrenen signifikant, jedoch weniger stark als die Anfänger, gilt

$$p_{\text{EA,Beg}} < p_{\text{EA,End}} \wedge p_{\text{Anf,Lern}} < \alpha \wedge p_{\text{Erf,Lern}} < \alpha \wedge p_{\text{Anf,Lern}} < p_{\text{Erf,Lern}}. \tag{4.2}$$

Der Bezeichnung des Verlaufsmusters wird dann der Zusatz „+ Verbesserung Erf." angehängt. Ist $p_{\text{EA,Beg}} < $ 1E–3, werden die Lernkurven auch dem Verlaufsmuster 1 zugeordnet, wenn die Unterscheidbarkeit mit dem Training steigt und die Differenz dabei
sehr klein ist (d.h. kleiner 1E–4). Die entsprechenden Definitionen des Verlaufsmusters
1 gelten auch für die Unterscheidung von talentierten und übrigen Anfängern.
In Abb. 4.2(a) kann während der ersten beiden Durchführungen sowohl zwischen Anfängern und Erfahrenen als auch zwischen talentierten und übrigen Anfängern signifikant unterschieden werden ($p_{\text{EA,Beg}} = $ 3.10E–3 und $p_{\text{A,Beg}} = $ 3.31E–5). Deshalb werden
Verlaufsmuster für die Lernkurven der Anfänger und Erfahrenen angegeben bzw. für
die Lernkurven der talentierten und übrigen Anfänger. Der Unterschied sinkt in beiden Fällen mit dem Training ($p_{\text{EA,End}} = $ 3.45E–2 und $p_{\text{A,End}} = $ 4.74E–2). Da sich
gleichzeitig nur die Anfänger signifikant verbessern ($p_{\text{Anf,Lern}} = $ 2.55E–8 $< \alpha$ und
$p_{\text{Erf,Lern}} = 0.56 \geq \alpha$), entsprechen die Lernkurven jeweils dem Verlaufsmuster 1.

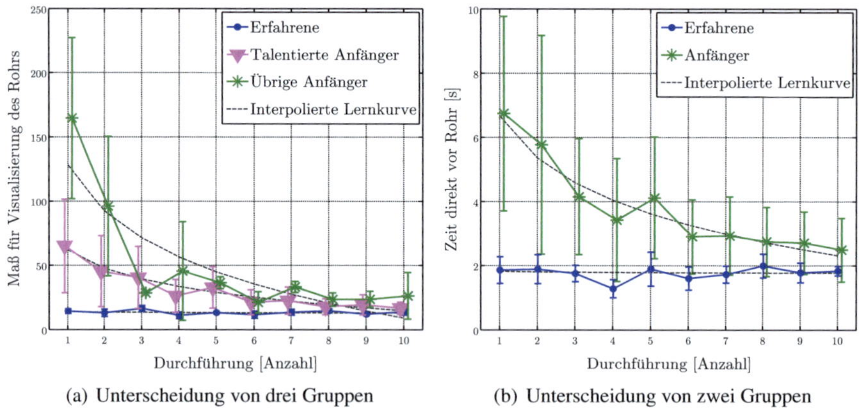

(a) Unterscheidung von drei Gruppen   (b) Unterscheidung von zwei Gruppen

Abb. 4.2: Lernkurven nach Verlaufsmuster 1

Das Merkmal in Abb. 4.2(b) lässt nur eine Unterscheidung von Anfängern und Erfahrenen zu. Der Unterschied zwischen talentierten und übrigen Anfängern ist mit
$p_{\text{A,Beg}} = 0.93$ nicht signifikant. Deshalb wird nur das Verlaufsmuster zur Unterscheidung von Erfahrenen und Anfängern bestimmt. Den Lernkurven wird das Verlaufsmuster 1 zugeordnet, da sich nur die Anfänger signifikant verbessern ($p_{\text{Anf,Lern}} = $ 1.80E–9
und $p_{\text{Erf,Lern}} = 0.67$) und die Unterscheidbarkeit der beiden Gruppen mit dem Training

sinkt ($p_{\text{EA,Beg}} = 3.98\text{E–}4 < p_{\text{EA,End}} = 2.80\text{E–}2$).

Verlaufsmuster 2: Unterschied zwischen talentierten und übrigen Anfängern steigt

Wenn sich die Anfänger signifikant verbessern, kann der Unterschied zwischen talentierten und übrigen Anfängern steigen. Dann verbessern sich die talentierten Anfänger deutlicher als die übrigen Anfänger. Verbessern sich die Erfahrenen dabei nicht, d.h.

$$p_{\text{A,Beg}} \geq p_{\text{A,End}} \wedge p_{\text{Anf,Lern}} < \alpha \wedge p_{\text{Erf,Lern}} \geq \alpha, \tag{4.3}$$

wird dieses als Verlaufsmuster 2 bezeichnet. Ist die Verbesserung dagegen auch bei den Erfahrenen signifikant, jedoch bei den Anfängern deutlicher, d.h.

$$p_{\text{A,Beg}} \geq p_{\text{A,End}} \wedge p_{\text{Anf,Lern}} < \alpha \wedge p_{\text{Erf,Lern}} < \alpha \wedge p_{\text{Anf,Lern}} < p_{\text{Erf,Lern}}, \tag{4.4}$$

wird der Verlaufsmuster-Bezeichnung der Zusatz „+ Verbesserung Erf." angehängt. Für die Lernkurven in Abb. 4.3(a) ist während der ersten beiden Durchführungen nur ein Hinweis auf die Unterscheidbarkeit von talentierten und übrigen Anfängern gegeben ($\alpha \leq p_{\text{A,Beg}} = 6.06\text{E–}2 < 0.1$). Im Verlauf des Trainings vergrößert sich der Unterschied jedoch, so dass die beiden Gruppen während der letzten beiden Durchgänge signifikant voneinander getrennt werden können ($p_{\text{A,End}} = 4.83\text{E–}4$). Es steigt die Inhomogenität in der Gruppe der Anfänger, da sich die talentierten Anfänger schneller verbessern als die übrigen Anfänger. Da zu Beginn nur ein Hinweis auf den Unterschied zwischen talentierten und übrigen Anfängern existiert, entsprechen die Lernkurven der beiden Anfängergruppen dem Verlaufsmuster 2 (+ Hinweis).

Verlaufsmuster 3: Keine signifikante Verbesserung während der Trainingsphase

Es gibt Lernkurven bei denen während des betrachteten Zeitraums von zehn Durchführungen keine signifikante Verbesserung für Anfänger und Erfahrene stattfindet, auch wenn der Unterschied zwischen den Gruppen sinkt. Das trifft meist auf so genannte flache Lernkurven zu, d.h. dass sich die Trainierenden über einen sehr langen Zeitraum verbessern und das Plateau in der Kurve erst spät erreicht wird. Ohne Verbesserung der Gruppen besteht die Gefahr, dass die Unterschiede zwischen den Gruppen nur während der ersten und letzten beiden Durchführungen, ausgedrückt durch $p_{\text{EA,Beg}}$ bzw. $p_{\text{EA,End}}$, bestehen. Für einen nachvollziehbaren Verlauf der Lernkurven muss der Unterschied jedoch für alle zehn Durchgänge gelten. Deshalb wird gefordert, dass sich die Lernkurven nicht überkreuzen, ausgerückt durch $b_{\text{Kreuz}} = 0$. Dann gilt für Lernkurven nach Verlaufsmuster 3

$$p_{\text{EA,Beg}} < p_{\text{EA,End}} \wedge p_{\text{Anf,Lern}} \geq \alpha \wedge p_{\text{Erf,Lern}} \geq \alpha \wedge b_{\text{Kreuz}} = 0. \tag{4.5}$$

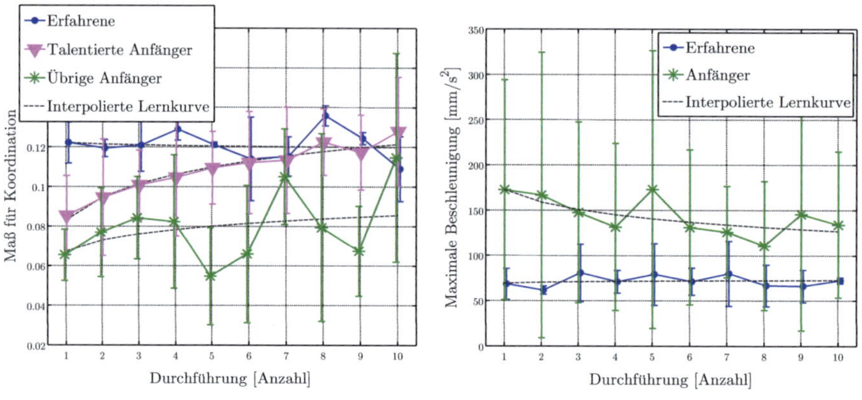

(a) Verlaufsmuster 2 (+ Hinweis) für Anfänger   (b) Verlaufsmuster 3 für Erfahrene und Anfänger

Abb. 4.3: Lernkurven nach Verlaufsmuster 2 und nach Verlaufsmuster 3

Entsprechendes gilt für die Unterscheidung von talentierten und übrigen Anfängern. Für die in Abb. 4.3(b) dargestellten Lernkurven findet weder bei den Anfängern noch bei den Erfahrenen eine signifikante Verbesserung im Laufe des Trainings statt ($p_{\text{Anf,Lern}} = 0.39 \geq \alpha$ und $p_{\text{Erf,Lern}} = 0.90 \geq \alpha$). Zu Beginn ist ein signifikanter Unterschied zwischen Anfängern und Erfahrenen vorhanden, der jedoch im Laufe des Trainings geringer wird ($p_{\text{EA,Beg}} = 3.32\text{E–}2 < p_{\text{EA,End}} = 6.44\text{E–}2$). Da sich die Mittelwerte der Lernkurven, wie in Abb. 4.3(b) erkennbar, nicht überkreuzen, ist die Trennung der Gruppen für jede Durchführung möglich. Das erlaubt den Schluss, dass die Lernkurve der Anfänger sehr flach ist und die zehn Durchführungen nicht ausreichen, um das Niveau der Erfahrenen zu erreichen. Deshalb werden die Lernkurven dem Verlaufsmuster 3 zugeordnet.

Verlaufsmuster 0: Keine nachvollziehbare Lernkurve

Kann eine Lernkurve nicht den zuvor definierten Verlaufsmustern zugeordnet werden, obwohl während der ersten beiden Durchführungen eine signifikante Unterscheidung von Gruppen möglich ist, entsprechen die Lernkurven dem Verlaufsmuster 0. Der Verlauf der Lernkurven ist nicht direkt nachvollziehbar und muss genauer analysiert werden. Die Lernkurven in Abb. 4.4 entsprechen nicht den zuvor als nachvollziehbar eingeführten Verlaufsmustern. Die Unterscheidbarkeit steigt mit dem Training ($p_{\text{EA,Beg}} = 3.74\text{E–}2 > p_{\text{EA,End}} = 3.50\text{E–}3$). Das ist konsistent damit, dass die Verbesserung bei den Erfahrenen deutlicher ist ($p_{\text{Anf,Lern}} = 0.40$ und $p_{\text{Erf,Lern}} = 4.58\text{E–}2$). Jedoch ist ungewöhnlich, dass sich nur die Erfahrenen signifikant verbessern. Bei einer komplexen Aufgabe wie der Cholezystektomie kann solch ein Verlauf jedoch für sehr flache Lernkurven der Anfänger auftreten.

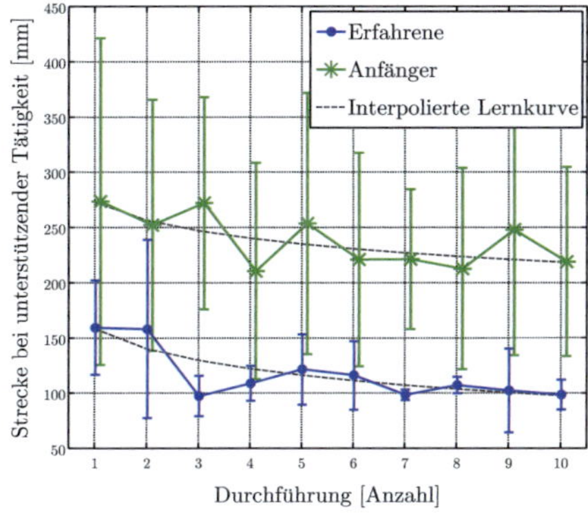

Abb. 4.4: Lernkurven nach Verlaufsmuster 0

Für die Zuordnung der Verlaufsmuster zu den Lernkurven der Merkmale ergeben sich die Anteile in Abb. 4.5. Mehr als die Hälfte alle Lernkurven auf Merkmalsniveau entsprechen dem Verlaufsmuster 1. Werden die Verlaufsmuster 1 mit den Zusätzen „+ Hinweis" bzw. „+ Verbesserung Erf." zusammengefasst, so sind 72% der Lernkurven dem Verlaufsmuster zugeordnet. In nur 3% der Fälle ist der Verlauf nicht direkt nachvollziehbar, d.h. dass die Lernkurven dem Verlaufsmuster 0 entsprechen. Der Anteil der Lernkurven ohne signifikante Verbesserung beträgt 10%. Für 13% der Lernkurven ist keine Zuordnung zu einem Verlaufsmuster möglich, da kein Hinweis auf die Trennbarkeit zweier Gruppen gegeben wird.

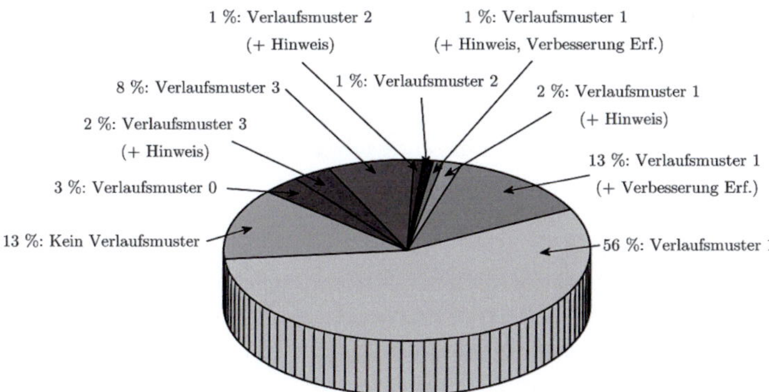

Abb. 4.5: Zuordnung der Verlaufsmuster für alle Übungen (Merkmalsniveau)

In Tab. 4.3 ist eine Aufschlüsselung der Verlaufsmuster für die einzelnen Übungen angegeben. Bei der Kamera-Übung entsprechen fast alle Lernkurven dem Verlaufsmuster

1, wenn dabei die Zusätze eingeschlossen werden. Innerhalb der Klötzchen-Übung gilt das für alle Lernkurven, bei denen eine Zuordnung möglich ist. Eine Zuordnung findet nicht statt, wenn der Unterschied zwischen zwei Gruppen weder signifikant ist noch ein Hinweis auf die Gruppen gegeben wird (Kein Verlaufsmuster). Das trifft auf 37% der Merkmale bei der Klötzchen-Übung zu. Tabelle 4.3 macht auch deutlich, dass bei der Kreis-Übung und der Cholezystektomie der Anteil der Lernkurven ohne signifikante Verbesserung mit 14% bzw. 25% relativ hoch ist (Verlaufsmuster 3 und 3 (+ Hinweis)). Das deutet darauf hin, dass die hier trainierten Eigenschaften nicht so schnell zu erlernen sind. Die Cholezystektomie ist die komplexeste Übung. Deshalb ist es leicht nachvollziehbar, dass hier der Anteil der Lernkurven nach Verlaufsmuster 3 und 3 (+ Hinweis) am höchsten ist.

Verlaufsmuster	Übungen			
	Kamera	Klötzchen	Kreis	Cholezystektomie
Verlaufsmuster 1 (+ Zusätze)	91%	63%	57%	68%
Verlaufsmuster 2 (+ Zusätze)	0%	0%	7%	0%
Verlaufsmuster 3 und 3 (+ Hinweis)	3%	0%	14%	25%
Verlaufsmuster 0	3%	0%	4%	7%
Zusatz „Verbesserung Erf."	6%	25%	7%	19%
Kein Verlaufsmuster	3%	37%	18%	0%

Tab. 4.3: Verlaufsmuster für jede Übung (Merkmalsniveau)

Der Anteil der Lernkurven, bei denen sich auch die Erfahrenen verbessern, ist auf Merkmalsniveau für die Klötzchen-Übung und die Cholezystektomie mit 25% bzw. 19% relativ hoch (Zusatz „Verbesserung Erf."). Deshalb lässt sich folgern, dass hier sehr spezielle Eigenschaften trainiert werden, die auch Erfahrene nach einer mehrmonatigen Pause wieder erlernen müssen. Häufig lässt sich das vor allem durch die Gewöhnung an den Simulator bzw. an die spezifischen Anforderungen einer Übung erklären. So kommt es vor, dass ein Trainierender die Position der Klötzchen verinnerlicht hat und deshalb die Klötzchen-Übung schneller durchführt, ohne dass sich die Tiefenwahrnehmung verbessert hätte. Das Phänomen wird durch das konzentrierte Training während fünf aufeinanderfolgender Tage verstärkt.

Bei der Kamera-Übung wird das Merkmal „Anzahl der Fehler bei der Ausführung" dem Verlaufsmuster 0 zugeordnet. Es machen nur sehr wenige Probanden bei der Kamera-Übung Fehler, was häufig eher mit einer Unaufmerksamkeit des Trainierenden verbunden ist als mit einem Unvermögen. Deshalb ist der Verlauf der Lernkurven nicht ideal. Durch Gewichtungen bei der Merkmalsselektion wurde jedoch sichergestellt, dass die Anzahl der Fehler dennoch berücksichtigt wird. Es wird deutlich, dass sehr einfache Merkmale wie die Fehlerzahl nicht uneingeschränkt für eine Bewertung geeignet sind und nur als Teil einer Gesamtbewertung verwendet werden sollten. Auf Simulatoren im Bereich der MIC werden häufig jedoch nur solch naheliegende Merkmale betrachtet. Bei der Kreis-Übung wird ein Merkmal dem Verlaufsmuster 0 zugeordnet. Dabei handelt es sich ebenfalls um ein sehr „einfaches" Merkmal, hier das Abheben von der Zeichenplatte. Innerhalb der Cholezystektomie entspricht neben dem in Abb. 4.4 dargestellten Merkmal noch ein weiteres Merkmal dem Verlaufsmuster 0. Das lässt sich auch durch die hohen Anforderungen in der Cholezystektomie und den damit verbundenen flachen Lernkurven begründen.

Werden die Lernkurven für die Bewertungen auf den höheren Abstraktionsniveaus betrachtet, so steigt der Anteil der Lernkurven nach Verlaufsmuster 1. Bei der Beurteilung der gesamten Übung, der Verhaltensebene und der umfassenden Fertigkeit entsprechen alle Lernkurven dem Verlaufsmuster 1. Nur bei der Bewertung der Historie der Kamera-Übung wird den Lernkurven zur Unterscheidung von talentierten und übrigen Anfängern das Verlaufsmuster 2 zugeordnet. Hier steigt die Trennbarkeit im Laufe der zehn Durchführungen, da sich die talentierten Anfänger den Erfahrenen besonders stark annähern, vergl. Abb. 4.6. Die Zuordnung der Lernkurven zu Verlaufsmuster 2 ist auch ein Hinweis darauf, dass die Anfänger bei der Kamera-Übung korrekt in talentierte und übrige Anfänger eingeteilt wurden.

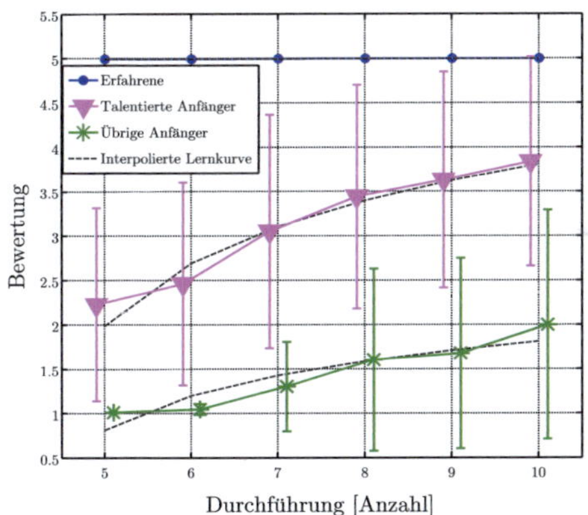

Abb. 4.6: Lernkurven für die Bewertung der Historie der Kamera-Übung

Bis jetzt wurde auf die Bewertung unabhängig von der ausführenden Hand eingegangen. Bei der Klötzchen-Übung und der Cholezystektomie werden zusätzliche Beurteilungen einzeln für die Ausführung mit dem linken bzw. rechten Instrument gegeben. Innerhalb der Klötzchen-Übung entsprechen die Lernkurven zur Bewertung der gesamten Übung jeweils dem Verlaufsmuster 1, d.h. sowohl für das linke als auch für das rechte Instrument. Bei der Cholezystektomie trifft das nur auf die rechte Hand zu. Die Lernkurven für das linke Instrument werden dagegen dem Verlaufsmuster 0 zugeordnet. Da nicht vorgegeben ist, mit welcher Hand die Aktionen durchgeführt werden sollen, haben die Trainierenden die rechte Hand als die operierende Hand genutzt und es ist keine sinnvolle Bewertung des linken Instruments möglich.

Die Analyse der Form der Lernkurven anhand der Zuordnung zu den Verlaufsmustern macht deutlich, dass der Verlauf der Lernkurven auf den verschiedenen Abstraktionsniveaus nachvollziehbar ist. Die Ausnahmen, bei denen Lernkurven durch das Verlaufsmuster 0 beschrieben werden, können erklärt werden. Somit ist eine wesentliche Anforderung an das Bewertungssystem erfüllt. Auf den höheren Abstraktionsniveaus, d.h. bei der Bewertung der einzelnen Übungen und der Historie, sind alle Lernkurven direkt plausibel, da sie jeweils dem Verlaufsmuster 1 bzw. dem Verlaufsmuster 2 entsprechen. Da das nicht für alle Lernkurven auf Merkmalsniveau gilt, ist es sinnvoll, Einzelaussagen in Form von Merkmalen zu Gesamtaussagen zu kombinieren.

Untersuchung der Unterscheidbarkeit von Gruppen zu Beginn des Trainings

Für ein valides Bewertungssystem ist wesentlich, dass die verschiedenen Leistungsgruppen zu Beginn des Trainings voneinander getrennt werden können. Andernfalls ist eine der zwei Voraussetzungen für ein Bewertungssystem nicht erfüllt und das Bewertungssystem somit ungeeignet. Im Verlauf des Trainings sinkt der Unterschied zwischen den Gruppen auf Grund der Verbesserung der Anfänger. Deshalb werden zur Untersuchung der Trennbarkeit von Gruppen nur die ersten beiden Durchführungen betrachtet.

Um die Unterscheidbarkeit der Erfahrungsgruppen zu Beginn des Trainings zu charakterisieren, werden die α-Fehler $p_{\text{EA,Beg}}$ und $p_{\text{A,Beg}}$ herangezogen. Sie lassen eine Aussage darüber zu, ob während der ersten beiden Durchführungen ein signifikanter Unterschied zwischen Erfahrenen und Anfängern bzw. talentierten und übrigen Anfängern besteht. Als Signifikanzniveau wird $\alpha = 0.05$ gewählt. Es wird unterschieden, ob anhand eines Merkmals bzw. einer Bewertung eine Unterscheidung von zwei oder drei Gruppen möglich ist. Zusätzlich wird berücksichtigt, ob während der ersten beiden Durchführungen nur ein Hinweis auf zwei Gruppen gegeben wird, d.h. $\alpha \leq p_{\text{EA,Beg}} < 0.1$ oder $\alpha \leq p_{\text{A,Beg}} < 0.1$.

Abbildung 4.7 gibt eine Übersicht über die Unterscheidbarkeit von Gruppen auf Merkmalsniveau. Bei 72% der Merkmale sind zwei signifikante Unterscheidungen während der ersten beiden Durchführungen möglich, d.h. zwischen Erfahrenen und Anfängern bzw. zwischen talentierten und übrigen Anfängern. Nur 3% aller Merkmale erlauben keine signifikante Trennung wenigstens von zwei Gruppen. Ausschließlich ein Merkmal gibt dabei auch keinen Hinweis auf die verschiedenen Erfahrungsgruppen. Das zeigt, dass geeignete Merkmale im Rahmen der Merkmalsselektion ausgewählt wurden.

Tabelle 4.4 gibt die Trennbarkeit der Gruppen auf Grundlage der Merkmale für die verschiedenen Übungen an. Bei der Kamera-Übung ist die Unterscheidung von allen drei Gruppen mit einem Anteil von 82% besonders gut möglich. Es gibt nur ein Merkmal, die Fehlerzahl bei der Ausführung, das nicht wenigstens eine signifikante Trennung zulässt. Innerhalb der Klötzchen-Übung ist der Unterschied zwischen talentierten und übrigen Anfängern weniger deutlich. Hier erlauben nur 17% der Merkmale zwei signifikante

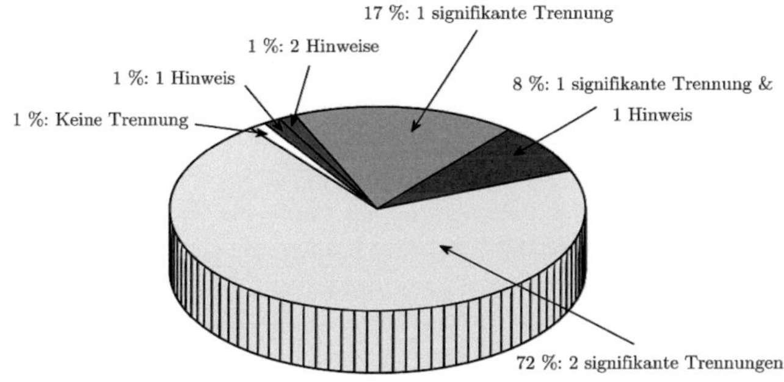

Abb. 4.7: Unterscheidbarkeit von Gruppen zu Beginn des Trainings für alle Übungen (Merkmalsniveau)

Unterscheidungen. Alle Merkmale der Klötzchen-Übung ermöglichen jedoch eine signifikante Trennung zumindest von zwei Gruppen. Bei der Kreis-Übung erlauben über 40% der Merkmale zwei signifikante Unterscheidungen. Somit lassen sich auch hier die drei Gruppen gut voneinander trennen. Das einzige Merkmal, dass nicht wenigstens einen Hinweis auf die verschiedenen Gruppen gibt, gehört dieser Übung an. Die mittlere Drehung der Stift-Achse erlaubt keine Trennung der Gruppen, wie es in der Datenmenge zur Merkmalsselektion noch möglich war. Bei der Cholezystektomie wird nur zwischen Anfängern und Erfahrenen unterschieden, so dass die nicht relevanten Einträge in Tab. 4.4 gestrichen sind. Es können 97% der Merkmale signifikant zwischen den beiden Gruppen trennen. Nur ein Merkmal gibt ausschließlich einen Hinweis auf den Unterschied zwischen Anfängern und Erfahrenen.

Anzahl der Trennungen		Übungen			
Signifikant	Hinweis	Kamera	Klötzchen	Kreis	Cholezystektomie
2	0	82%	17%	43%	-
1	1	6%	8%	29%	-
1	0	6%	75%	21%	97%
0	2	0%	0%	0%	-
0	1	6%	0%	0%	3%
0	0	0%	0%	7%	0%

Tab. 4.4: Unterscheidbarkeit von Gruppen zu Beginn des Trainings für jede Übung (Merkmalsniveau)

Werden die höheren Abstraktionsniveaus betrachtet, wächst der Anteil der Bewertungen, die eine signifikante Unterscheidung aller drei Gruppen erlauben. Bei der Beurteilung der Kriterien können außer für die Bewegung der Instrumente innerhalb der Klötzchen-Übung immer drei Gruppen unterschieden werden. Auf den anschließenden Abstraktionsniveaus erlauben alle Beurteilungen eine signifikante Trennung der berücksichtigten Gruppen, d.h. die Bewertungen der Übungen bzw. der Historie der Übungen, der Verhaltensebene und der umfassenden minimal invasiven Fertigkeit.

Die Bewertungen der Kriterien und aller höheren Abstraktionsniveaus ermöglichen eine signifikante Unterscheidung von mindestens zwei Gruppen. Deshalb ist die Voraussetzung der Trennbarkeit von Leistungsgruppen durch das Bewertungssystems sehr gut erfüllt. Nur wenige Merkmale bzw. Aspekte können die Gruppen nicht signifikant voneinander trennen. Der mehrstufige Bewertungsansatz ist geeignet, da mit steigendem Abstraktionsniveau die berücksichtigten Gruppen immer besser unterschieden werden. So sind auf den höheren Abstraktionsniveaus differenziertere Beurteilungen möglich. Da die Gruppen zuverlässig voneinander getrennt werden, sind die Anfänger auch korrekt in talentierte und übrige Anfänger eingeteilt worden.

Untersuchung der Steilheit der Lernkurven

Es gibt Eigenschaften bzw. Anforderungen in einer Übung, die von den verschiedenen Leistungsgruppen schnell oder weniger schnell erlernt werden. So hat sich gezeigt, dass es Merkmale und Bewertungen gibt, die schon nach zehn Durchführungen keine Unterscheidung von Gruppen mehr zulassen, obwohl zu Beginn ein signifikanter Unterschied zwischen den Gruppen bestand. In anderen Fällen ist die Signifikanz der Trennbarkeit dagegen kaum gesunken. Die Unterschiede werden durch die Steilheit der Lernkurven charakterisiert. Eine „steile" Lernkurve bedeutet, dass die Anfänger sehr schnell das Niveau der Erfahrenen erreichen und eine „flache" Lernkurve, dass der Unterschied auch noch nach mehreren Durchführungen besteht. Die Untersuchung der Steilheit der Lernkurven ist wichtig, um die Anforderungen in einer Übung abzuschätzen.

Im Folgenden wird eine Systematik eingeführt, um die Steilheit der Lernkurven zu beurteilen. Dazu wird untersucht, wie sich die Trennbarkeit von Gruppen mit dem Training verändert. So werden die α-Fehler $p_{\mathrm{EA,Beg}}$ bzw. $p_{\mathrm{A,Beg}}$ zur Analyse der Unterscheidbarkeit während der ersten beiden Durchführungen betrachtet und $p_{\mathrm{EA,End}}$ bzw. $p_{\mathrm{A,End}}$ für die Trennbarkeit während der letzten beiden Durchgänge. Dabei wird differenziert, ob der Unterschied zu $\alpha = 0.05$ signifikant ist oder ob ein Hinweis auf die Gruppen gegeben wird. Bei einem Hinweis gilt $\alpha \leq p_\alpha < 0.1$, wobei p_α für einen der berücksichtigten α-Fehler steht. Die Steilheit von Lernkurven wird sowohl zur Trennung von Anfängern und Erfahrenen als auch zur Unterscheidung von talentierten und übrigen Anfängern angegeben. Ist während der ersten beiden Durchgänge jedoch nicht zumindest ein Hinweis auf zwei Gruppen möglich, wird keine Steilheit bestimmt. Wenn am Anfang nur ein Hinweis auf zwei Gruppen gegeben ist, wird das durch den Zusatz (+ Hinweis) bei der Bezeichnung der Steilheit signalisiert.

Steile Lernkurven: Signifikante Unterscheidung nur am Anfang

Ist die Unterscheidbarkeit von Anfängern und Erfahrenen während der ersten beiden Durchführungen signifikant und während der letzten beiden Durchgänge nicht signifikant, gilt

$$p_{EA,Beg} < \alpha \wedge p_{EA,End} \geq 0.1. \tag{4.6}$$

Die Lernkurven sind dann steil, da sich die Gruppen nach zehn Durchgängen auf gleichem Niveau befinden. Wird $p_{EA,Beg}$ bzw. $p_{EA,End}$ durch $p_{A,Beg}$ bzw. $p_{A,End}$ ersetzt, gilt derselbe Zusammenhang zur Trennung von talentierten und übrigen Anfängern.

Mittlere Lernkurven: Signifikante Unterscheidung am Anfang und Hinweis am Ende

Die Lernkurven von Anfängern und Erfahrenen werden der Steilheit „mittel" zugeordnet, wenn während der ersten beiden Durchführungen eine signifikante Trennung der Gruppen möglich ist und am Ende ein Hinweis auf Anfänger bzw. Erfahrene gegeben wird. Dann gilt

$$p_{EA,Beg} < \alpha \wedge \alpha \leq p_{EA,End} < 0.1. \tag{4.7}$$

Entsprechendes gilt für die Unterscheidung von talentierten und übrigen Anfängern.

Flache Lernkurven: Signifikante Unterscheidung am Anfang und am Ende

Es gibt Lernkurven, bei denen sowohl am Anfang als auch am Ende eine signifikante Trennung von Anfängern und Erfahrenen möglich ist. Dann ist die Lernkurve sehr flach und es gilt

$$p_{EA,Beg} < \alpha \wedge p_{EA,End} < \alpha. \tag{4.8}$$

Die Lernkurven in Abb. 4.4 entsprechen flachen Lernkurven, da $p_{EA,Beg} = 3.74\mathrm{E}{-}2$ und $p_{EA,End} = 3.50\mathrm{E}{-}3$. Derselbe Zusammenhang wie in Gl. (4.8) kann auch für die Unterscheidung von talentierten und übrigen Anfänger angegeben werden.

Abbildung 4.8 gibt eine Übersicht über die zuvor eingeführte Definition der Steilheit von Lernkurven. Auf der x-Achse sind die α-Fehler für die letzten beiden Durchführungen des Trainings aufgetragen, d.h. $p_{EA,End}$ zur Unterscheidung von Anfängern und Erfahrenen bzw. $p_{A,End}$ zur Trennung der talentierten und übrigen Anfänger. Auf der y-Achse sind die entsprechenden α-Fehler während der ersten beiden Durchgänge dargestellt. Ist z.B. der α-Fehler zu Beginn des Trainings kleiner als das Signifikanzniveau α und am Ende des Trainings größer als 0.1, werden die Lernkurven als „steil" bezeichnet. Wenn jedoch für die ersten beiden Durchgänge nur ein Hinweis auf zwei Gruppen möglich ist, wird der Bezeichnung der Zusatz „(+ Hinweis)" angefügt. Es ergibt sich die Zuordnung „steil (+ Hinweis)".

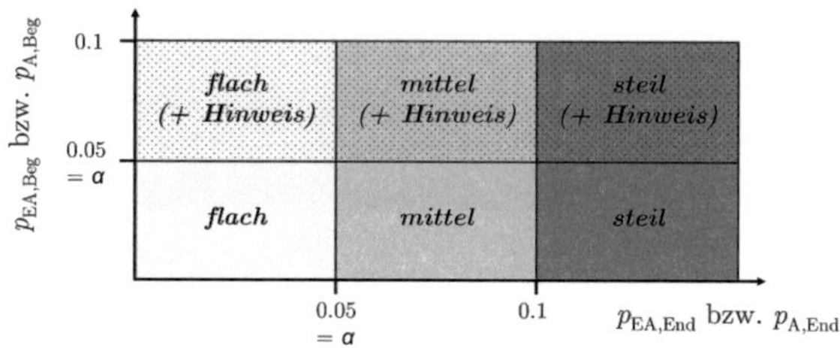

Abb. 4.8: Definition der Steilheit von Lernkurven

Wird die Steilheit der Lernkurven aller Merkmale und Übungen bestimmt, ergeben sich die Anteile in Abb. 4.9. Die meisten Lernkurven lassen auch nach zehn Durchführungen noch eine signifikante Unterscheidung zweier Gruppen zu, da insgesamt 51% der Lernkurven als „flach" bzw. „flach (+ Hinweis)" bezeichnet werden. Die Anteile der steilen Lernkurven und der Lernkurven mit einer mittleren Steilheit liegen in einem ähnlichen Bereich (17% für „mittel" und „mittel (+ Hinweis)" bzw. 19% für „steil" und „steil (+ Hinweis)"). In 13% der Fälle ist keine Unterscheidung von zwei Gruppen möglich, so dass die Steilheit der Lernkurven nicht bestimmt wird (Abb. 4.9: Keine Zuordnung).

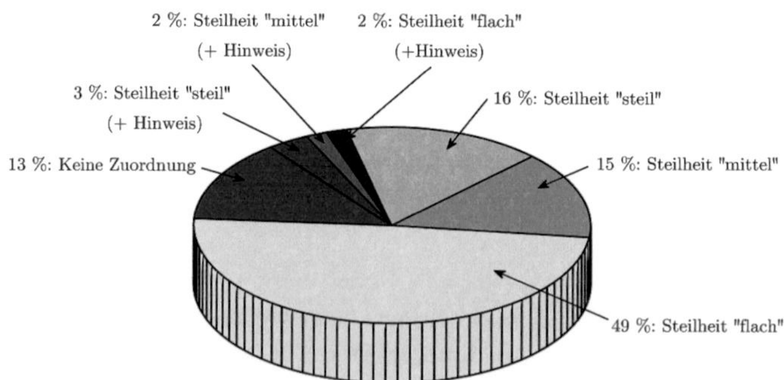

Abb. 4.9: Steilheit der Lernkurven für alle Übungen (Merkmalsniveau)

Wird die Steilheit der Lernkurven auf Merkmalsniveau einzeln für die verschiedenen Übungen betrachtet, siehe Tab. 4.5, so ist der größte Anteil der Lernkurven jeweils flach. Es ist dennoch eine gute Mischung von unterschiedlich steilen Lernkurven für jede Übung erkennbar. Das ist für eine feine Aufschlüsselung der Leistung bzw. eine

Steilheit Lernkurve	Übungen			
	Kamera	Klötzchen	Kreis	Cholezystektomie
Steil, inkl. (+ Hinweis)	13%	21%	29%	19%
Mittel, inkl. (+ Hinweis)	25%	4%	7%	25%
Flach, inkl. (+ Hinweis)	59%	38%	46%	56%
Keine Zuordnung	3%	37%	18%	0%

Tab. 4.5: Steilheit der Lernkurven für jede Übung (Merkmalsniveau)

differenzierte Bewertung wichtig.

Die Analyse der Lernkurven für die Kriterien zeigt, dass die Lernkurven unterschiedlich steil sind und damit einige Eigenschaften schneller erlernt werden als andere. Werden die Bewertungen der Übungen bzw. der Historie der Übungen, der Verhaltensebene und der umfassenden Fertigkeit betrachtet, so sind alle Lernkurven flach. Es ist auch nach zehn Durchführungen noch eine signifikante Trennung aller Gruppen möglich. Alleine bei der Kamera-Übung ist während der letzten beiden Durchgänge nur noch ein Hinweis auf die Unterscheidbarkeit von Anfängern und Erfahrenen gegeben. Abbildung 4.10(a) macht das deutlich, da der Unterschied zwischen Erfahrenen und talentierten Anfängern während der letzten beiden Durchführungen sehr gering ist. Somit werden die Anforderungen in der Kamera-Übung relativ schnell erlernt.

Der Vergleich der α-Fehler zur Beurteilung der Trennbarkeit von Anfängern und Erfahrenen zeigt, dass die Cholezystektomie die komplexeste Übung ist. Hier ist der Unterschied zwischen Erfahrenen und Anfängern sowohl während der ersten beiden als auch vor allem während der letzten beiden Durchgänge am deutlichsten. So gilt für die Grundlagenübungen $p_{\mathrm{EA,End}} > 0.02$ und für die Cholezystektomie $p_{\mathrm{EA,End}} = 5.00\mathrm{E}{-}4$, vergl. Abb. 4.10(b).

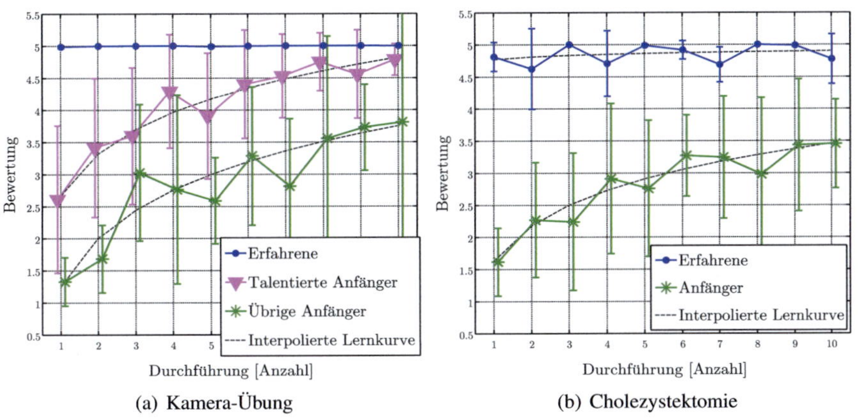

(a) Kamera-Übung

(b) Cholezystektomie

Abb. 4.10: Lernkurven für die Bewertung der Kamera-Übung und der Cholezystektomie

In Abb. 4.11(a) und Abb. 4.11(b) sind die Lernkurven für die Bewertung der Verhaltensebene, in die alle Grundlagenübungen einfließen, und der umfassenden minimal invasiven Fertigkeit dargestellt. Die umfassende Fertigkeit berücksichtigt dabei die Bewertungen der Cholezystektomie und der Verhaltensebene für die Grundlagenübungen. Sowohl
für die Verhaltensebene als auch für die umfassende Fertigkeit ist zu Beginn bzw. nach
zehn Durchführungen eine signifikante Unterscheidung von Anfängern und Erfahrenen
möglich. Jedoch ist der Unterschied für die umfassende Fertigkeit größer. Der Vergleich
der α-Fehler bestätigt das: $p_{\text{EA,Beg,Fertig}} = 0.00\text{E}{-}16 < 1.28\text{E}{-}11 = p_{\text{EA,Beg,VE}}$ und
$p_{\text{EA,End,Fertig}} = 6.14\text{E}{-}6 < 5.27\text{E}{-}5 = p_{\text{EA,End,VE}}$, wobei der Index „VE“ für Verhaltensebene steht und der Index „Fertig“ für die umfassende Fertigkeit. Zusätzlich deutet die
stärkere Verbesserung der Anfänger bei der Verhaltensebene auf eine steilere Lernkurve
hin ($p_{\text{A,Lern,VE}} = 9.91\text{E}{-}10 < 1.22\text{E}{-}6 = p_{\text{A,Lern,Fertig}}$). Deshalb erreichen die Anfänger das Niveau der Erfahrenen für die Verhaltensebene schneller als für die umfassende
Fertigkeit. Die Aussagen sind plausibel und konsistent, da innerhalb der umfassenden
Fertigkeit zusätzlich die komplexe Cholezystektomie berücksichtigt wird, die im Vergleich zu den anderen Übungen die höchsten Anforderungen an die Trainierenden stellt.
So wird es möglich, reale chirurgische Fertigkeiten in der MIC zu bewerten.

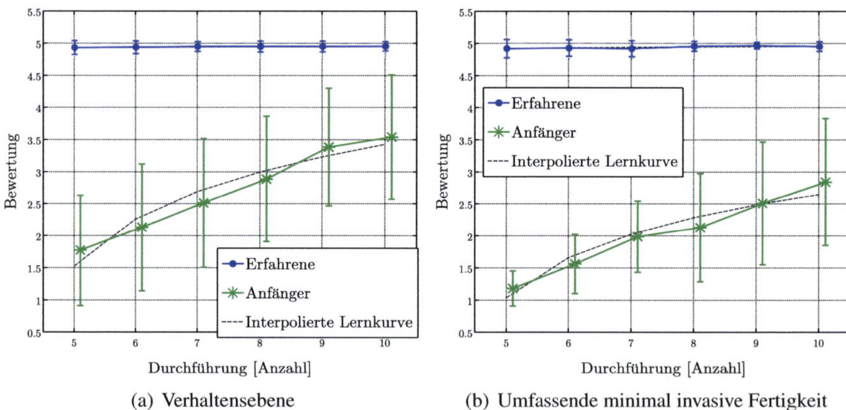

(a) Verhaltensebene   (b) Umfassende minimal invasive Fertigkeit

Abb. 4.11: Lernkurven für die Bewertung der Verhaltensebene (Grundlagenübungen)
und der umfassenden minimal invasiven Fertigkeit

Durch die Untersuchung der Steilheit von Lernkurven können Eigenschaften beim Training identifiziert werden, die schneller oder langsamer erlernt werden. Die Analyse
zeigt, dass nachvollziehbare Bewertungen gegeben werden. So ist der Unterschied zwischen Anfängern und Erfahrenen bei den Grundlagenübungen nach zehn Durchführungen geringer als bei der Cholezystektomie. Ebenso ist die Trennbarkeit während der letzten beiden Durchgänge für die umfassende Fertigkeit im Vergleich zur Verhaltensebene

besser. Es ist sinnvoll, Merkmale mit unterschiedlich steilen Lernkurven als Grundlage für die Bewertung zu verwenden, da dann die Leistungsniveaus sehr gut aufgeschlüsselt werden. So können mit einer Ausnahme ab Übungsniveau alle berücksichtigten Gruppen auch noch nach zehn Durchführungen unterschieden werden, obwohl die Lernkurven auf Merkmalsniveau verschieden steil sind. Deshalb ist das Zusammenfassen von Einzelaussagen zu einer Gesamtaussage für eine genaue Beurteilung der Leistung wichtig und der mehrstufige Bewertungsansatz geeignet.

Untersuchung der Streuung innerhalb der Gruppen

In den Lernkurven ist neben dem Mittelwert jeweils auch die Streuung der Bewertungen innerhalb der einzelnen Gruppen dargestellt, vergl. Abb. 4.12. Die Streuung, die für jede

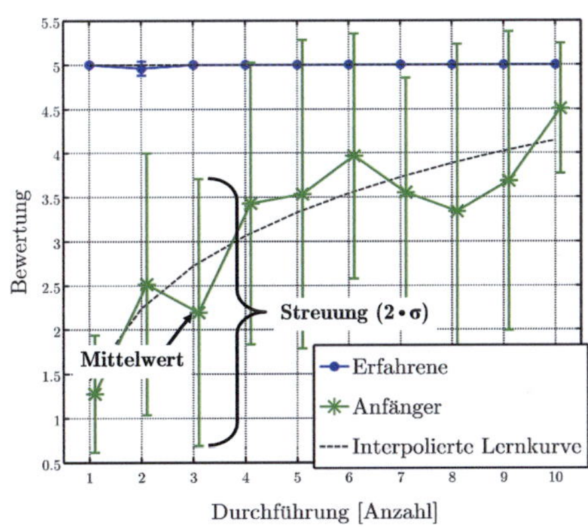

Abb. 4.12: Lernkurve mit starker Streuung innerhalb der Anfängergruppe

Durchführung angegeben wird, ist ein Maß für die Homogenität der einzelnen Gruppen. Je geringer die Streuung, desto ähnlicher ist das Verhalten innerhalb der Gruppen. Für die Beurteilung der Streuung muss berücksichtigt werden, dass die Bewertungsvorschriften nicht explizit auf alle Probanden der verschiedenen Erfahrungsgruppen hin trainiert werden. Es ist nicht das Ziel, dass alle Anfänger dieselbe Bewertung erhalten. Das entspricht nicht der Realität, da es deutliche Leistungsunterschiede zwischen verschiedenen Anfängern gibt. Deshalb ist die Streuung relativ hoch. Dennoch sollte die Streuung nicht zu stark sein, da die Bewertung dann u.U. zu sensitiv sein kann und die Ergebnisse nicht mehr nachvollziehbar sind. Die Streuung wird nicht für die Lernkurven der Merkmale betrachtet, da die Merkmale unterschiedliche Wertebereiche besitzen und somit nicht vergleichbar sind. Es werden nur die eigentlichen Bewertungen untersucht, da sie im Intervall [1 5] liegen.

Zunächst wird die Höhe der Streuung innerhalb der Gruppen analysiert, d.h. auch auf den verschiedenen Abstraktionsniveaus. Dabei wird nur zwischen talentierten und übrigen Anfängern unterschieden, wenn während der ersten beiden Durchführungen eine signifikante Trennung möglich ist. Es wird angenommen, dass die Streuung bei den Anfängern stärker ist als bei den Erfahrenen, da die Erfahrenen ein konstant hohes Leistungsniveau aufweisen sollten. Dagegen gibt es in den Anfängergruppen stärkere Leistungsunterschiede. Gleichzeitig ist die Verbesserung bei jedem Anfänger innerhalb der Gruppe unterschiedlich, so dass auf Grund der Inhomogenität der Anfänger und der individuellen Verbesserung eine höhere Streuung für beide Anfängergruppen zu erwarten ist. Nur wenn diese Verhältnisse für das Bewertungssystem bestätigt werden können, sind die Ergebnisse plausibel. Deshalb wird zunächst überprüft, ob die mittlere Streuung für die Erfahrenen geringer ist als für die beiden Anfängergruppen. Dazu wird die Streuung innerhalb der Gruppen über die zehn Durchführungen gemittelt. Ist die Streuung für die Erfahrenen geringer, wird das im Folgenden als die richtige Tendenz der Streuung bezeichnet. Zusätzlich wird durch einen ANOVA-Test überprüft, ob die Streuung für Anfänger und Erfahrene zu $\alpha = 0.05$ signifikant verschieden ist.

In Tab. 4.6 ist die mittlere Streuung innerhalb der Gruppen für die Bewertung der Aspekte abhängig von der Übung dargestellt. Besteht kein Unterschied zwischen talentierten und übrigen Anfängern, wird die mittlere Streuung in der Tabelle unter „(Übrige) Anfänger" angegeben. Für jede Übung ist die Streuung bei den Erfahrenen am geringsten. Das gilt sowohl für die Beurteilung der Aspekte als auch für die Bewertungen auf den höheren Abstraktionsniveaus. Bei 94% der Aspekte ist die Streuung für die Erfahrenen signifikant geringer als für die Anfänger, nur bei drei Aspekten ist der Unterschied nicht signifikant bzw. die Tendenz falsch, siehe Abb. 4.13.

Gruppe	Übungen			
	Kamera	Klötzchen	Kreis	Cholezystektomie
Erfahrene	0.12	0.34	0.45	0.23
Talentierte Anfänger	0.83	0.97	1.16	-
(Übrige) Anfänger	1.11	1.06	1.05	1.19

Tab. 4.6: Mittlere Streuung innerhalb der Gruppen für jede Übung (Aspektniveau)

Die Höhe der Streuung ist für beide Anfängergruppen ähnlich. Da beide Gruppen inhomogen sind und sich jeder Anfänger individuell verbessert, sind die vergleichbaren Wertebereiche plausibel. Bei der Kamera-Übung ist die Streuung innerhalb der Gruppe der Erfahrenen niedriger als bei den anderen Übungen, d.h. sowohl bei der Beurteilung der Aspekte als auch auf den übrigen Abstraktionsniveaus. Die Erfahrenen erhalten hier konstant (hohe) Bewertungen. Das deutet darauf hin, dass die Anforderungen bei der Kamera-Übung geringer sind als bei den anderen Übungen. Werden die Bewertungen der aktuellen Übung betrachtet, so sinkt die Streuung für die Erfahrenen. Bei den Aspekten ist die Streuung höher als bei den Kriterien und bei der gesamten Übung. Zusätzlich ist

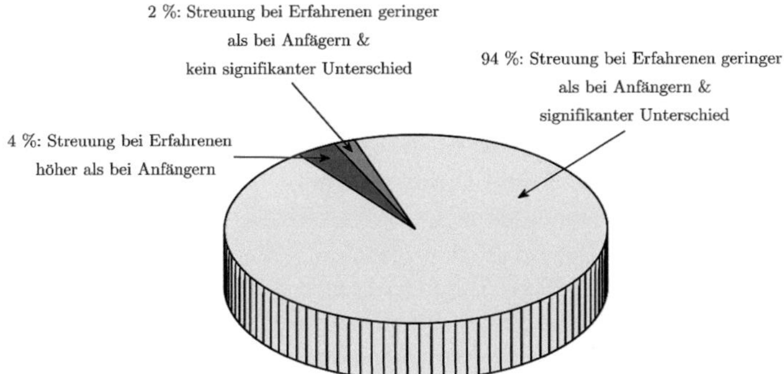

Abb. 4.13: Unterschied zwischen Anfängern und Erfahrenen bzgl. der Streuung für alle Übungen (Aspektniveau)

die Streuung auf Kriteriums- und Übungsniveau jeweils für die Erfahrenen signifikant geringer als für die Anfänger. Das zeigt, dass die Erfahrenen zuverlässig identifiziert werden können und somit der mehrstufige Bewertungsansatz sinnvoll ist.

Es werden diejenigen Kriterien identifiziert, die eine recht hohe Streuung innerhalb einzelner Gruppen besitzen. Hier wird eine Streuung von über 1.4 als „hoch" eingestuft, da das dem visuellen Eindruck bei einer Lernkurve entspricht. Um zu verdeutlichen, was eine starke Streuung bedeutet, ist in Abb. 4.12 eine Lernkurve mit einer mittleren Streuung größer als 1.4 dargestellt. Bei der Kamera-Übung hat ein Kriterium, die Tiefenwahrnehmung, eine hohe Streuung. Innerhalb der Kreis-Übung sind es zwei Kriterien, Tiefenwahrnehmung und Technik & Fehler. Die Cholezystektomie hat mit drei Kriterien relativ viele Kriterien mit starker Streuung. Der Grund dafür ist, dass hier nicht zwischen talentierten und übrigen Anfängern unterschieden wird. Deshalb ist die Höhe der Streuung bei der Kreis-Übung als am kritischsten einzustufen. Die starke Streuung kann auf eine zu sensitive und damit unzuverlässige Bewertung hinweisen. Es ist jedoch zu berücksichtigen, dass die hohe Streuung in jeweils einer der beiden Anfängergruppen auftritt und damit auch durch die Leistungsunterschiede in der Gruppe begründet werden kann. Werden die Bewertungen der gesamten Übungen oder die mit Berücksichtigung der Historie betrachtet, so hat keine Lernkurve eine Streuung über 1.4.

Die Analyse der Streuung macht deutlich, dass das Bewertungssystem die zu erwartenden Unterschiede zwischen den Erfahrungsgruppen wiedergeben kann. Die Höhe der Streuung ist für die Erfahrenen geringer als für die Anfänger, da die Erfahrenen ein konstant hohes Leistungsniveau halten können und innerhalb der Anfängergruppe deutliche Leistungsunterschiede existieren. Allein bei der Kreis-Übung ist die Streuung für einige Kriterien relativ hoch, jedoch kann das durch die Inhomogenität der Anfängergruppe begründet werden.

Untersuchung der Abweichung von einer idealen Lernkurve

Im Folgenden wird untersucht, wie deutlich die Bewertungen eines Trainierenden einer optimalen Lernkurve folgen. Eine optimale bzw. ideale Lernkurve kann durch einen funktionalen Zusammenhang beschrieben werden. Ein Erfahrener verbessert sich kaum, so dass die optimale Lernkurve einer konstanten Funktion gleicht. Da sich die Anfänger jedoch im Laufe der zehn Durchführungen verbessern, folgt die ideale Lernkurve einem logarithmischen Verlauf. Die Erfahrenen sollten eine konstant gute Bewertung erreichen können. Bei einem Anfänger kann es dagegen durchaus vorkommen, dass während einer Durchführung auch eine gute Beurteilung erzielt wird, das jedoch eher als ein „Glücksgriff" zu werten ist. Deshalb wird angenommen, dass die Abweichung von der idealen Lernkurve für die Anfänger höher ist als für die Erfahrenen. Das Bewertungssystem sollte diese Verhältnisse wiedergeben, da die Ergebnisse nur dann nachvollziehbar sind. Wieder wird zwischen talentierten und übrigen Anfängern unterschieden, wenn ein signifikanter Unterschied zwischen den beiden Gruppen während der ersten beiden Durchgänge besteht. Dabei wird angenommen, dass die Abweichung von der idealen Lernkurve bei den talentierten Anfängern geringer ist als bei den übrigen Anfängern, da die talentierten Anfänger auf ihrem höheren Leistungsniveau auch konstantere Ergebnisse erzielen können.

Um eine Aussage über die Abweichung von einer idealen Lernkurve zu ermöglichen, wird für jeden Probanden eine logarithmische Kurve durch die einzelnen Bewertungen bzw. Werte der Merkmale interpoliert, vergl. Abb. 4.14 für einen Erfahrenen und einen Anfänger. Die Bewertungen oder Merkmale sind dabei über der Anzahl der Durchführung aufgetragen. Als Maß wird der mittlere Abstand von der interpolierten Kurve gewählt.

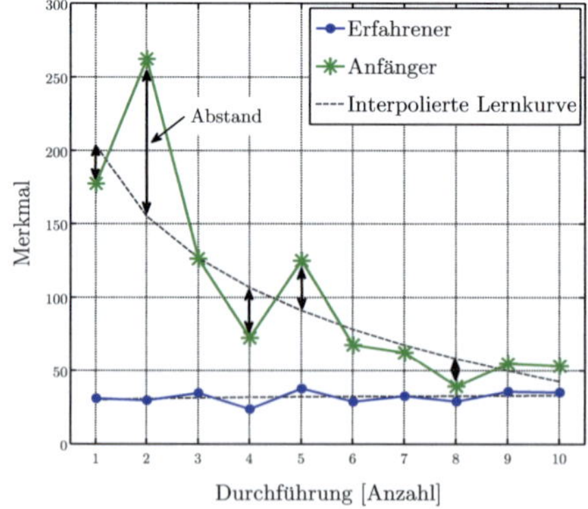

Abb. 4.14: Untersuchung der Abweichung von einer idealen Lernkurve

Es wird zunächst die Höhe der Abweichung von der idealen Lernkurve untersucht. Dabei werden die Merkmale auf Grund ihrer unterschiedlichen Wertebereiche vernachlässigt. Tabelle 4.7 gibt eine Übersicht über die mittlere Abweichung von der idealen Lernkurve bei den Aspekten abhängig von Gruppe und Übung. Besteht kein Unterschied zwischen talentierten und übrigen Anfängern, wird die mittlere Abweichung unter „(Übrige) Anfänger" angegeben. Im Durchschnitt besitzen die Erfahrenen bei allen Übungen eine geringere Abweichung von der idealen Lernkurve als die Anfänger. Das gilt sowohl für die Bewertung der Aspekte als auch für die Beurteilung auf den anderen Abstraktionsniveaus. Bei den Erfahrenen ist die Abweichung für die Kamera-Übung am geringsten, so dass die Anforderungen hier relativ gering sind. Der Wertebereich der talentierten Anfänger liegt für die Klötzchen- und die Kreis-Übung näher an dem der übrigen Anfänger als an dem der Erfahrenen. Das ist plausibel, da sich beide Anfängergruppen verbessern.

Gruppe	Übungen			
	Kamera	Klötzchen	Kreis	Cholezystektomie
Erfahrene	0.06	0.14	0.18	0.14
Talentierte Anfänger	0.34	0.47	0.55	-
(Übrige) Anfänger	0.61	0.50	0.65	0.59

Tab. 4.7: Mittlere Abweichung von einer idealen Lernkurve für jede Gruppe und Übung (Aspektniveau)

Die Untersuchung der Abweichung auf den höheren Abstraktionsniveaus macht deutlich, dass die Höhe der Abweichung bei der Bewertung der einzelnen Übungen mit Berücksichtigung der Historie im Vergleich zur Bewertung der Übungen ohne Berücksichtigung der Historie deutlich geringer ist. Bei der Kreis-Übung fällt die Abweichung von 0.76 (Übung ohne Historie) auf 0.17 (Übung mit Historie) für die übrigen Anfänger und bei der Cholezystektomie von 0.51 (Übung ohne Historie) auf 0.10 (Übung mit Historie) für alle Anfänger. Das zeigt, dass durch die Betrachtung der Historie die Schwankungen in den Lernkurven gerade bei den Anfängern relativiert werden können. Deshalb sind die Bewertungen unter Berücksichtigung der Historie von den Leistungsschwankungen der Anfänger unabhängiger, was für die Beurteilung der tatsächlichen Fertigkeit eines Trainierenden wesentlich ist.

Nun wird der Unterschied der Abweichung innerhalb der verschiedenen Gruppen genauer untersucht. Wie zuvor beschrieben wird angenommen, dass die Abweichung von der idealen Lernkurve für die Erfahrenen am geringsten und für die übrigen Anfänger am höchsten ist. Ist das der Fall, so wird es im Folgenden als die richtige Tendenz der Abweichung bezeichnet. Zusätzlich wird basierend auf einer ANOVA-Untersuchung überprüft, ob die Abweichungen in den Gruppen signifikant unterschiedlich sind. Als Signifikanzniveau wird $\alpha = 0.05$ gewählt. Dabei werden alle Anfänger gemeinsam betrachtet, wenn während der ersten beiden Durchführungen keine Trennung der beiden

Gruppen möglich ist.

In Abb. 4.15 sind die Anteile für den Unterschied der Abweichung zwischen den Gruppen auf Merkmalsniveau angegeben. Insgesamt 59% der Merkmale zeigen die richtige Tendenz der Abweichung und einen signifikanten Unterschied zwischen den Gruppen. Dagegen haben 39% der Merkmale eine richtige Tendenz ohne signifikanten Unterschied und nur 2% eine falsche Tendenz. Auf dem Niveau der Kriterien ist die Tendenz der Abweichung für zwei Fälle falsch. Das ist die Beidhändigkeit bei der Klötzchen-Übung und die Technik bei der Kreis-Übung. Zusätzlich gibt es ein weiteres Kriterium innerhalb der Kreis-Übung mit einer richtigen Tendenz ohne signifikanten Unterschied. Die drei Ausnahmen lassen sich erklären. In allen Fällen ist jeweils der Unterschied zwischen talentierten und übrigen Anfängern nicht signifikant bzw. hat die falsche Tendenz. Auf Grund der flachen Lernkurven für die drei Kriterien ist die Verbesserung bei den übrigen Anfängern nicht so ausgeprägt. Da Abweichungen von der idealen Lernkurve jedoch gerade in Verbindung mit einer Verbesserung des Trainierenden auftreten, ist die Abweichung für die übrigen Anfänger geringer. Werden die Bewertungen der gesamten Übungen betrachtet bzw. die Beurteilungen unter Berücksichtigung der Historie, so gibt es keinen Fall mit falscher Tendenz der Abweichung. Somit zeigen gerade die Bewertungen auf den höheren Abstraktionsniveaus das erwartete Verhalten, das auf den niedrigeren Abstraktionsniveaus nicht immer so ausgeprägt ist.

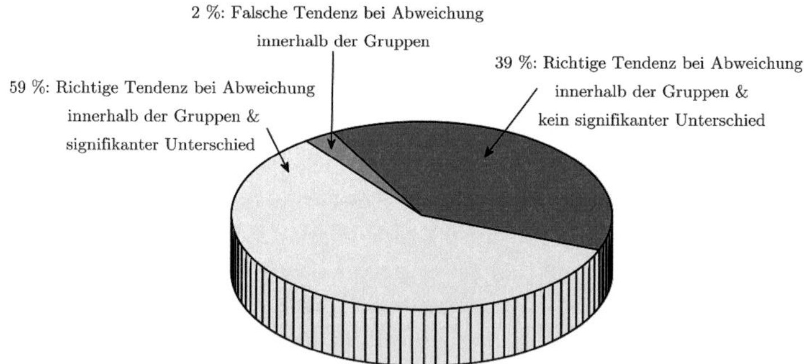

Abb. 4.15: Unterschied zwischen den Gruppen bzgl. der Abweichung von einer idealen Lernkurve für alle Übungen (Merkmalsniveau)

Die Analyse zeigt, dass die Abweichung von der idealen Lernkurve für die Erfahrenen geringer ist als für die Anfänger. Das entspricht der Vorstellung, dass die Erfahrenen eine konstant gute Leistung erzielen und die Anfänger stärker in ihrer Leistung schwanken. Deshalb erlaubt das Bewertungssystem eine realistische Beurteilung, die die realen Leistungsschwankungen wiedergibt. Gerade die Ergebnisse auf den höheren Abstraktionsniveaus zeigen das erwartete Verhalten ohne Ausnahme. Daher erlauben die zusammenfassenden Beurteilungen eine zuverlässige Bewertung und es ist sinnvoll, verschiedene Einzelaussagen zu einer Gesamtaussage zu kombinieren. Ein weiteres wichtiges Ergebnis der Untersuchung ist, dass durch die Berücksichtigung der Historie die Bewertung unabhängiger von den Leistungsschwankungen eines Trainierenden wird. So ist die Abweichung von der idealen Lernkurve unter Berücksichtigung der Historie gerade für die Anfänger geringer als ohne Berücksichtigung der Historie. Deshalb ist das Ziel erfüllt, durch die Historie Aussagen über umfassendere chirurgische Fertigkeiten zu ermöglichen, die unabhängiger von einer einzelnen Durchführung sind.

Untersuchung der Monotonie von Lernkurven

Als weitere Eigenschaft der Lernkurven wird ihre Monotonie untersucht. Es wird angenommen, dass sich die Trainierenden kontinuierlich verbessern. Das wird durch die Monotonie der Lernkurven beurteilt. Jedoch ist eine monotone Lernkurve nur bei einer Verbesserung während der zehn Durchführungen zu erwarten. Deshalb wird für ein nachvollziehbares Bewertungssystem gefordert, dass die Lernkurven der Anfänger monoton steigen und die der Erfahrenen dagegen nicht.
Die Monotonie einer Lernkurve wird für die Mittelwerte der Gruppen bestimmt, um den Einfluss der Leistungsschwankungen eines einzelnen Trainierenden zu relativieren und um die Tendenz für die gesamte Gruppe zu analysieren. Es wird untersucht, ob die Diffe-

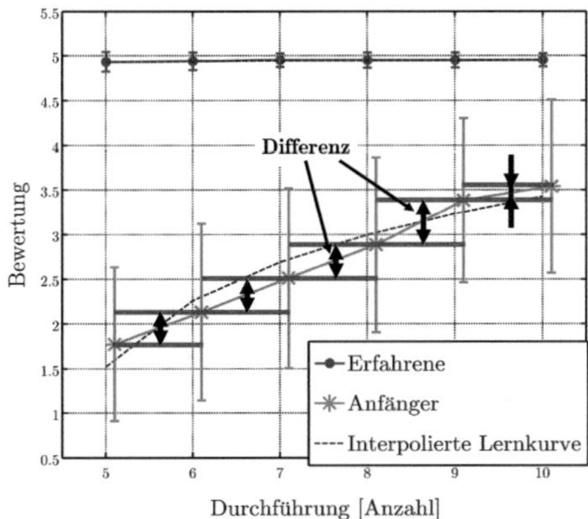

Abb. 4.16: Untersuchung der Monotonie von Lernkurven

renz der Gruppenmittelwerte zwischen zwei aufeinanderfolgenden Bewertungen in der Lernkurve signifikant positiv ist, vergl. Abb. 4.16 für die Anfänger. Um das zu beurteilen, wird ein einseitiger T-Test mit einem Signifikanzniveau von $\alpha = 0.05$ durchgeführt. Ist die Differenz signifikant positiv, wird im Folgenden von einer „signifikanten Monotonie" gesprochen. Die Monotonie wird einzeln für alle drei Gruppen analysiert. Ist keine signifikante Trennung von talentierten und übrigen Anfängern während der ersten beiden Durchführungen möglich, werden die beiden Anfängergruppen gemeinsam betrachtet.

Die Monotonie wird zunächst für die Bewertungen mit Berücksichtigung der Historie untersucht. In Tab. 4.8 sind die Ergebnisse für die einzelnen Gruppen angegeben. Die Lernkurven der Erfahrenen sind in keinem Fall signifikant monoton im Gegensatz zu den Lernkurven der talentierten Anfänger, die immer signifikant monoton steigen. Nur für die Gruppe der übrigen Anfänger gibt es eine Ausnahme. Bei der Beurteilung der Historie der Kreis-Übung ist die Monotonie nicht signifikant. Es wird nur ein Hinweis auf die Monotonie gegeben, d.h. $0.05 \leq p_\alpha < 0.1$, mit p_α als ermittelten α-Fehler. Werden die Bewertungen ohne Berücksichtigung der Historie betrachtet, weisen die Lernkurven der Erfahrenen ebenfalls keine Monotonie auf. Die Lernkurven der beiden Anfängergruppen sind jedoch nicht immer monoton. Das lässt sich durch die flachen Lernkurven begründen. Denn nur bei einer Verbesserung nach zehn Durchführungen ist eine Monotonie der Lernkurven zu erwarten. Jedoch verbessern sich die Trainierenden gerade bei flachen Lernkurven häufig nicht so deutlich. Auch die hohe Abweichung von der idealen Lernkurve für einzelne Anfänger wirkt sich auf die Monotonie aus. Es ist jedoch zu erwarten, dass die Monotonie bei einer größeren Anzahl an Probanden in der Anfängergruppe zunimmt, d.h. auch für die Beurteilungen ohne Berücksichtigung der Historie.

Gruppe	Hist. Kamera	Hist. Klotz	Hist. Kreis	Hist. Chol.	VE	Fertig.
Erfahrene	nicht sign.	nicht sign.	nicht sign.	nicht sign.	nicht sign.	nicht sign.
Tal. Anfänger	signifikant	signifikant	signifikant	-	-	-
(Übr.) Anfänger	signifikant	signifikant	nicht sign.	signifikant	signifikant	signifikant

Tab. 4.8: Signifikanz der Monotonie von Lernkurven für jede Gruppe

Die erwartete Monotonie konnte für die Bewertungen unter Berücksichtigung der Historie gezeigt werden, da nur die Lernkurven der Anfängergruppen monoton steigen. Folglich ist das Bewertungssystem in der Lage, realistische und nachvollziehbare Beurteilungen zu geben. Die einzige Ausnahme stellt die Kreis-Übung dar, weil hier die Leistungen der einzelnen Anfänger relativ stark schwanken. Die Verhältnisse sind für die Bewertungen ohne Berücksichtigung der Historie nicht so deutlich, da der Einfluss von Leistungsschwankungen bei Einzelpersonen größer ist. Deshalb macht auch die Untersuchung der Monotonie deutlich, dass dieser Einfluss durch die Berücksichtigung der Historie verringert wird.

4.1.2 Studie mit Medizinern

In der zweiten Studie wird untersucht, inwieweit das zuvor entwickelte Bewertungssystem Mediziner mit unterschiedlicher Erfahrung in der MIC identifizieren kann. So ist eine Aussage darüber möglich, ob die auf dem Simulator trainierten und bewerteten Fertigkeiten auch im OP relevant sind bzw. ob das Bewertungssystem geeignet ist. Deshalb haben hauptsächlich Mediziner bzw. angehende Mediziner an der Studie teilgenommen. Die Probanden haben eine Übung maximal drei Mal durchgeführt. Daher werden Beurteilungen nur auf den verschiedenen Abstraktionsniveaus der aktuellen Übung gegeben. In der Studie ist auf Grund der wenigen Durchgänge pro Teilnehmer keine Aussage über die Historie möglich.

An der Studie haben insgesamt 46 Probanden aus dem Städtischen Klinikum Karlsruhe und aus dem Universitätsklinikum Heidelberg teilgenommen. Bei den Teilnehmern werden drei Leistungsniveaus unterschieden. Es gibt 23 Anfänger (Anf.), 19 Probanden mit mittlerer Erfahrung (Mittl. Erf.) und vier Experten (Exp.). Die Probanden in der Anfängergruppe sind hauptsächlich medizinische Studenten, die weder an einem Simulator noch im OP eigene Erfahrungen im Bereich der MIC sammeln konnten. Sie kennen die Eingriffe jedoch meist durch das Zuschauen im OP. Die Gruppe der Teilnehmer mit mittlerer Erfahrung setzt sich aus Assistenzärzten und medizinischen Studenten zusammen, die bei minimal invasiven Eingriffen schon assistieren durften oder wenige Eingriffe mit mehr Eigenverantwortung durchgeführt haben. Es werden auch solche Probanden der Gruppe mit mittlerer Erfahrung zugeordnet, die einen MIC-Kurs belegt oder an Simulatoren trainiert haben. Die als Experten eingestuften Probanden sind Fachärzte für die allgemeine Chirurgie bzw. Oberärzte und Chefärzte, die regelmäßig minimal invasive Eingriffe eigenverantwortlich durchführen. Die genaue Anzahl der Teilnehmer und der zur Auswertung zur Verfügung stehenden Durchführungen, zugeordnet zu den einzelnen Übungen und Erfahrungsniveaus, sind in Tab. 4.9 angegeben.

Übung	Anzahl der Teilnehmer				Anzahl der Durchführungen			
	Gesamt	Exp.	Mittl. Erf.	Anf.	Gesamt	Exp.	Mittl. Erf.	Anf.
Kamera	45	4	19	22	51	4	24	23
Klötzchen	30	2	15	13	35	3	19	13
Kreis	30	3	13	14	41	4	17	20
Cholezystektomie	23	2	12	9	24	2	13	9

Tab. 4.9: Anzahl der Teilnehmer und Durchführungen abhängig von der Übung und der Erfahrung in der MIC für die Studie mit Medizinern

Um die Unterscheidbarkeit der Leistungsniveaus zu beurteilen, werden ANOVA-Untersuchungen für die Ergebnisse auf den verschiedenen Abstraktionsniveaus einer Übung durchgeführt. Dabei werden die Merkmale und die Bewertungen der Aspekte bzw. Kriterien berücksichtigt, ebenso wie die Beurteilung der gesamten Übung. Es wird überprüft, ob eine signifikante Trennung von Anfängern und Probanden mit Erfahrung in der MIC, d.h. den Experten und den Teilnehmern mit mittlerer Erfahrung, möglich ist. Somit kann eine Aussage darüber getroffen werden, ob das Bewertungssystem den Unterschied zwischen Probanden mit und ohne Erfahrung in der MIC erkennt. Nur dann werden OP-relevante Eigenschaften trainiert und bewertet. Zusätzlich wird die Signifikanz des Unterschiedes zwischen Experten und Teilnehmern mit mittlerer Erfahrung bestimmt. So lässt sich beurteilen, wie genau die Übungen bzw. das Bewertungssystem das Leistungsspektrum auflösen. Bei der Auswertung wird unterschieden, ob die Gruppen signifikant getrennt werden, ein Hinweis auf die Gruppen gegeben wird oder keine Trennung möglich ist. Als Signifikanzniveau wird $\alpha = 0.05$ gewählt. Es wird als ein Hinweis auf die Trennbarkeit von zwei Gruppen gewertet, wenn $0.05 \leq p_\alpha < 0.1$ gilt, wobei p_α für einen identifizierten α-Fehler steht. Die genauen Ergebnisse der Signifikanz-Tests für die Bewertungen auf den unterschiedlichen Abstraktionsniveaus, d.h. die entsprechenden α-Fehler, sind im Anhang unter Abschnitt A.4 angegeben.

Die Ergebnisse der Untersuchung zur Trennbarkeit von Anfängern und Probanden mit Erfahrung in der MIC sind in Tab. 4.10 dargestellt. Es wird angegeben, welcher Anteil der Merkmale eine signifikante Unterscheidung zulässt bzw. einen Hinweis auf die Gruppen gibt. Bei der Klötzchen- und Kreis-Übung erlauben alle Merkmale eine signifikante Trennung der Gruppen. Innerhalb der Kamera-Übung ist die Anzahl der Fehler bei der Ausführung das einzige Merkmal, das nur einen Hinweis auf den Unterschied zwischen den beiden Gruppen gibt. Demgegenüber können Anfänger und Erfahrene anhand der Cholezystektomie nicht getrennt werden, da kein Merkmal (0%) eine signifikante Unterscheidung zulässt und über 90% der Merkmale nicht einmal einen Hinweis auf die Gruppen erlauben. Bei dieser Übung ist die Trennbarkeit auch auf den höheren Abstraktionsniveaus nicht wesentlich besser. Die Unterschiede zwischen der virtuellen Umgebung auf dem Simulator und der Realität im OP bieten einen Erklärungsansatz, auf den im Rahmen der Diskussion in Abschnitt 4.3.2 eingegangen wird.

Unterscheidbarkeit	Übungen			
	Kamera	Klötzchen	Kreis	Cholezystektomie
Signifikanz: $p_\alpha < 0.05$	94.1%	100%	100%	0%
Hinweis: $0.05 \leq p_\alpha < 0.1$	5.9%	0%	0%	6.25%
Keine: $p_\alpha \geq 0.1$	0%	0%	0%	93.75%

Tab. 4.10: Unterscheidbarkeit von Anfängern und Medizinern mit Erfahrung in der MIC für jede Übung (Merkmalsniveau)

Die Grundlagenübungen ermöglichen für alle Kriterien und Gesamtbewertungen der Übungen eine signifikante Trennung von Anfängern und Probanden mit Erfahrung in der MIC. Das zeigt, dass die Grundlagenübungen Mediziner mit und ohne Erfahrung im OP unterscheiden können. Die auf dem Simulator trainierten und bewerteten Fertigkeiten sind im Umkehrschluss auch im OP relevant und das Bewertungssystem ist in der Lage, sie zu charakterisieren. Die Anzahl der Fehler bei der Ausführung der Kamera-Übung wurde auch in der Studie mit Nicht-Medizinern als ein für die Bewertung nur eingeschränkt geeignetes Merkmal identifiziert, vergl. Abschnitt 4.1.1.

Die Untersuchung der Unterscheidbarkeit von Experten und Probanden mit mittlerer Erfahrung ermöglicht eine Aussage darüber, wie deutlich die Bewertung differenzieren kann. Es ist jedoch keine Notwendigkeit, dass das Bewertungssystem beide Gruppen zuverlässig voneinander trennt. Vielmehr wird auf die Anforderungen in den Übungen geschlossen, die mit den Ergebnissen aus der Studie mit Nicht-Medizinern verglichen werden können. Die Ergebnisse zur Unterscheidbarkeit der beiden Gruppen sind in Tab. 4.11 für das Merkmals- und Aspektniveau angegeben. Auf Merkmalsniveau ist keine signifikante Trennung bei der Kamera-Übung, der Klötzchen-Übung und der Cholezystektomie möglich. Nur innerhalb der Kreis-Übung können 14% der Merkmale signifikant zwischen Experten und Teilnehmern mit mittlerer Erfahrung unterscheiden. Bei der Klötzchen-Übung geben 8% der Merkmale einen Hinweis auf beide Gruppen. Auf Aspektniveau sind die Verhältnisse sehr ähnlich. Jedoch steigt bei der Kreis-Übung die signifikante Unterscheidbarkeit auf 27% und bei der Cholezystektomie auf 4%. Für beide Übungen lassen auch die Beurteilungen der gesamten Übungen eine signifikante Trennung zu. Es ist zunächst überraschend, dass anhand der Cholezystektomie beide Gruppen auf Übungsniveau unterschieden werden können, da die Trennung auf den niedrigeren Abstraktionsniveaus nicht so deutlich möglich ist. Durch die Kombination von Merkmalen und Aspekten bzw. Kriterien werden jedoch verschiedene Informationen zusammengefasst, die in ihrem Zusammenschluss einen Neuwert darstellen und damit eine Unterscheidung zulassen können.

Unterscheidbarkeit	Übungen			
	Kamera	Klötzchen	Kreis	Cholezystektomie
Signifikanz: $p_\alpha < 0.05$	0.0 | 0.0%	0.0 | 9.1%	14.3 | 27.3%	0.0 | 4.2%
Hinweis: $0.05 \leq p_\alpha < 0.1$	0.0 | 0.0%	8.3 | 0.0%	7.1 | 9.1%	0.0 | 0.0%
Keine: $p_\alpha \geq 0.1$	100 | 100%	91.7 | 90.9%	78.6 | 63.6%	100 | 95.8%

Tab. 4.11: Unterscheidbarkeit von Probanden mit mittlerer Erfahrung in der MIC und Experten für jede Übung (Merkmalsniveau | Aspektniveau)

Der Vergleich der α-Fehler für die Unterscheidung von Experten und Probanden mit mittlerer Erfahrung macht deutlich, dass bei den Grundlagenübungen die Kreis-Übung die beiden Gruppen am besten trennt. An zweiter Stelle folgt die Klötzchen-Übung und an dritter Stelle die Kamera-Übung. Deshalb erlaubt die Kreis-Übung die genaueste Auflösung der Leistungsniveaus. Hier sind die Anforderungen auch an erfahrene Probanden noch hoch, so dass Leistungsunterschiede zwischen Experten und Teilnehmern mit mittlerer Erfahrung bestehen. Bei der Kamera-Übung besitzen dagegen alle Probanden mit Erfahrung in der MIC einen vergleichbaren Leistungsstand. Die Ergebnisse decken sich mit denen aus der Studie mit Nicht-Medizinern, vergl. Abschnitt 4.1.1. Zum einen sind die Leistungsunterschiede zwischen den erfahrenen Nicht-Medizinern für die Kreis-Übung relativ hoch. Zum anderen wurde die Kamera-Übung als diejenige Übung identifiziert, die nach zehn Durchführungen als einzige Übung keine signifikante Trennung von Anfängern und Erfahrenen erlaubt. Deshalb legen beide Studien nahe, dass die Anforderungen bei der Kreis-Übung im Gegensatz zur Kamera-Übung relativ hoch sind. Somit ist das Bewertungssystem in der Lage konsistente Beurteilungen zu geben, auch im Vergleich von Medizinern und Nicht-Medizinern.

Die erfahrenen Nicht-Mediziner werden bei der Kamera- und Klötzchen-Übung bzw. der Cholezystektomie im Durchschnitt besser bewertet als die medizinischen Experten. Der Unterschied stellt den Gewöhnungseffekt beim Training am Simulator dar, weil die Mediziner die Übungen in der Regel nur einmal durchgeführt haben. Dagegen haben die erfahrenen Nicht-Mediziner die Übungen bereits sehr häufig gemacht und sind deshalb an den Simulator bzw. die Übungen gewöhnt. Das Bewertungssystem zeigt den zu erwartenden Gewöhnungseffekt und ist daher in der Lage realistische Bewertungen zu geben. In der Diskussion wird der Gesichtspunkt noch vertieft, vergl. Abschnitt 4.3.2. Durch die Studie mit Medizinern konnte gezeigt werden, dass das Bewertungssystem anhand der Grundlagenübungen Anfänger signifikant von erfahrenen Medizinern trennt. Die Unterschiede zwischen Probanden mit mittlerer Erfahrung und Experten bestätigen die Ergebnisse aus der Studie mit Nicht-Medizinern. Damit werden innerhalb der Grundlagenübungen medizinisch relevante Fertigkeiten richtig bewertet.

4.2 Vergleich des Bewertungssystems mit von Medizinern formulierten Anforderungen

Ein aussagekräftiges Bewertungssystem kann nur entwickelt werden, wenn ein Austausch mit Ärzten stattfindet. Um dabei die Erfahrungen und Erwartungen der Mediziner zu bündeln bzw. vergleichbar zu machen, konnten 20 Ärzte aus ganz Deutschland mit unterschiedlicher Erfahrung in der MIC dazu gewonnen werden, einen online-basierten Fragebogen auszufüllen. Die meisten Mediziner kommen aus dem Bereich der Chirurgie. Die Teilnehmer setzen sich aus 11 Experten, vier Ärzten mit mittlerer Erfahrung und fünf Anfängern zusammen. Dabei haben die Experten mehr als 100 minimal invasive Eingriffe eigenverantwortlich durchgeführt. Bei den Ärzten mit mittlerer Erfahrung sind dieses zwischen 26 und 100 OPs bzw. bei den Anfängern weniger als 26 Eingriffe. An einem Simulator für die MIC haben bereits 55% der Teilnehmer trainiert.

Der Fragebogen wurde zu Beginn der Arbeit von Medizinern ausgefüllt und war für verschiedene Entwicklungsschritte des Bewertungssystems wichtig. Im Folgenden soll durch den Fragebogen eingeschätzt werden, wie geeignet das entwickelte Bewertungssystem aus Sicht der Chirurgen bzw. der potentiellen Anwendergruppe ist. Der Fragebogen umfasst drei Bereiche. Zum einen beurteilen die Mediziner anhand des Fragebogens die Eignung des mehrstufigen Bewertungsansatzes. Dadurch soll die Struktur des entwickelten Bewertungssystems bestätigt werden. Zum anderen schätzen die Mediziner den Nutzen einzelner Merkmale für die Bewertung der Kriterien ein. So können die Merkmale, die tatsächlich im Bewertungssystem berücksichtigt werden, mit denen von Medizinern als geeignet eingestuften Merkmalen verglichen werden. Nur bei einer Übereinstimmung entsprechen die Merkmale im Bewertungssystem den Anforderungen aus der Praxis und das Bewertungssystem ist in der Lage, reales Verhalten darzustellen. Die Frage nach Schwierigkeiten und notwendigen Fertigkeiten in der MIC erlaubt darüber hinaus, die Ergebnisse des Bewertungssystems direkt mit den Erfahrungen von Medizinern zu vergleichen. Für ein belastbares Bewertungssystem müssen auch hier Übereinstimmungen vorhanden sein.

4.2.1 Mehrstufiger Bewertungsansatz

Der entwickelte mehrstufige Bewertungsansatz wurde den Medizinern innerhalb des Fragebogens vorgestellt. So konnten die Ärzte die Eignung des Ansatzes einschätzen. Nun wird untersucht, ob der gewählte Bewertungsansatz aus Sicht der Mediziner sinnvoll erscheint. Die Ergebnisse sind in Tab. 4.12 zusammengefasst.

Frage	Zustimmung bzw. Punkte
Ist Zuordnung der Übungen zu Verhaltensebenen sinnvoll?	85% Zustimmung
Ist schnellerer Lernerfolg durch Abstraktionsniveaus möglich?	80% Zustimmung
Sind die einzelnen Kriterien für die Bewertung wichtig?	83% bis 94% der Punkte
Ist eine begrenzte Skala (Ausgabe) sinnvoll?	70% Zustimmung
Ist eine unbegrenzte Skala (Ausgabe) sinnvoll?	50% Zustimmung

Tab. 4.12: Auswertung des Fragebogens: Mehrstufiger Bewertungsansatz

Für die Struktur des Bewertungssystems ist wichtig, die verschiedenen Übungen entsprechend ihrer Anforderungen zusammenzufassen. Deshalb wird zwischen den abstrakten Grundlagenübungen und der Cholezystektomie als einer komplexen Operation unterschieden. Das ermöglicht einzelne Noten für die „Verhaltensebenen" zu geben. Die Ärzte wurden gefragt, ob sie die Vorgehensweise als geeignet einschätzen. Insgesamt 85% der Mediziner finden die Einteilung der Übungen und das geschlossene Bewerten der Verhaltensebenen sinnvoll.

Entsprechend des Bewertungsansatzes werden Benotungen auf unterschiedlichen Abstraktionsniveaus gegeben, wie z.B. auf dem Niveau der Kriterien. Die Kriterien sind für alle Übungen identisch. Dadurch wird ein Vergleich der Beurteilungen verschiedener Übungen möglich. Die Mediziner wurden gefragt, ob ein schnellerer Lernerfolg durch die Bewertung aufgabenübergreifender Kriterien möglich erscheint. Insgesamt 80% der Ärzte bestätigen das.

Den Medizinern wurde eine Liste der so genannten GOALS-Kriterien vorgelegt. Die Teilnehmer vergeben zwischen -2 und 2 Punkte, um die Wichtigkeit der einzelnen Kriterien für die Bewertung einzustufen. Alle im Bewertungssystem berücksichtigten Kriterien, d.h. Kraft bzw. Gewebehandhabung, Tiefenwahrnehmung, Bewegung der Instrumente, Beidhändigkeit und Technik & Fehler, erhalten jeweils zwischen 83% und 94% der möglichen Punkte.

Die Ärzte wurden gefragt, ob sie als Ausgabe des Bewertungssystems eine begrenzte bzw. unbegrenzte Skala als sinnvoll einschätzen. Dabei wurde die Eignung der beiden Möglichkeiten anhand zweier unterschiedlicher Fragen beurteilt, siehe Tab. 4.12. Insgesamt 70% der Teilnehmer sprechen sich für die begrenzte Skala aus im Unterschied zu 50% für die andere Option.

Es wird deutlich, dass die Mediziner den mehrstufigen Bewertungsansatz als geeignet einschätzen und damit die Struktur des Bewertungssystems bestätigen. Zum einen wird das geschlossene Bewerten der Verhaltensebenen als sinnvoll eingestuft ebenso wie die Beurteilung aufgabenübergreifender Kriterien. Zum anderen befürworten die Ärzte die gewählten Kriterien. Die Mediziner favorisieren als Ausgabe des Bewertungssystems eine begrenzte Skala im Gegensatz zu einer unbegrenzten Skala. Im entwickelten Bewertungssystem ist das durch eine Note aus dem Intervall zwischen 1 und 5 umgesetzt.

4.2.2 Wahl der Merkmale

Die Mediziner wurden gefragt, welche Merkmale für die Bewertung der Kriterien geeignet erscheinen. Es stehen verschiedene Merkmale zur Charakterisierung eines Kriteriums zur Auswahl, wobei die Merkmale jeweils unabhängig voneinander durch die Vergabe von Punkten (-2 bis 2) in ihrer Wichtigkeit beurteilt werden. Daraus wird eine Reihenfolge abgeleitet, die die Merkmale entsprechend ihrer Bedeutung für die Bewertung der Kriterien ordnet. Es wird verglichen, ob die von Medizinern als wichtig eingestuften Merkmale im bereits entwickelten Bewertungssystem berücksichtigt sind. Die Ergebnisse sind in Tab. 4.13 kurz zusammengefasst. Im Folgenden wird nacheinander auf die einzelnen Kriterien mit den zugeordneten Merkmalen eingegangen.

Merkmal	Kriterium	Anteil Punkte	Bewertungs- system
Anzahl der Greif-/ Schneidversuche	Tiefenwahrnehmung	88%	✓
Bewegung über das Ziel hinaus	Tiefenwahrnehmung	84%	✓
Überflüssige Wege	Tiefenwahrnehmung	74%	✓
Gleichmäßigkeit der Bewegung	Bewegung Instrumente	76%	✓
Glattheit der Trajektorie	Bewegung Instrumente	76%	✓
Überflüssige Instrumentenrotationen	Bewegung Instrumente	69%	✓
Gesamtstrecke	Bewegung Instrumente	68%	✓
Zeit (auch im Stillstand)	Bewegung Instrumente	64%	✓
Geschwindigkeit	Bewegung Instrumente	63%	-
Koordination	Beidhändigkeit	91%	✓
Unterstützung der zweiten Hand	Beidhändigkeit	89%	✓
Verhalten beider Hände	Beidhändigkeit	55%	✓
Verletzungen an Organen	Kraft	96%	✓
Kraft auf Organe	Kraft	91%	✓
Wissen über Arbeitsschritte/Anatomie	Technik und Fehler	95%	✓
Sicherheitsbewusstsein	Technik und Fehler	93%	✓

Tab. 4.13: Auswertung des Fragebogens: Wahl der Merkmale

Für die Beurteilung der Tiefenwahrnehmung schätzen die Mediziner die Anzahl der Greif- und Schneidversuche als wichtigstes Merkmal ein (88% der möglichen Punkte). Das Merkmal wird bei der Cholezystektomie berücksichtigt. Innerhalb der Grundlagenübungen kommt das Merkmal nicht vor. An zweiter Stelle wird von den Ärzten die Bewegung über das Ziel hinaus genannt (84%). Es gibt verschiedene Möglichkeiten das auszudrücken. Abhängig von der Übung wird die Anzahl der Eintritte in den Zielbereich als Merkmal gewählt, die Zeit in der Umgebung des Ziels oder ein Maß für die Strecke im Zielbereich. Die geringste Punktzahl vergeben die Mediziner für das Merkmal überflüssige Wege (74%). Jedoch haben auch hier die meisten Teilnehmer für „sehr wichtig" gestimmt. Im Bewertungssystem wird die Eigenschaft durch das Verhältnis von tatsächlicher zu kürzester Strecke ausgedrückt.

Die Mediziner schätzen für die Beurteilung der Bewegung der Instrumente sowohl die Gleichmäßigkeit der Bewegung als auch die Glattheit der Trajektorie als wichtigste Merkmale ein (je 76%). Im Bewertungssystem wird das durch verschiedene Merkmale beschrieben. Dic Gleichmäßigkeit der Bewegung wird z.B. durch das Integral über die Beschleunigung oder die Anzahl der Peaks im Geschwindigkeitssignal berücksichtigt. Die Glattheit der Trajektorie wird durch den Abstand von einer geglätteten Kurve charakterisiert bzw. durch die Anzahl der Peaks im Abstandssignal oder die Anzahl der Wendepunkte. Als dritt wichtigstes Merkmal zur Beurteilung der Instrumentenbewegung nennen die Mediziner überflüssige Instrumentenrotationen (69%). Das Merkmal wird auch im Bewertungssystem betrachtet. Die Gesamtstrecke und die Zeit bzw. die Zeit im Stillstand werden erst dann von Medizinern als wichtig beurteilt (68% und 64%). Das Ergebnis ist überraschend, da gerade Zeit und Strecke die am häufigsten verwendeten Merkmale auf Simulatoren in der MIC sind. Für die Geschwindigkeit vergeben die Mediziner am wenigsten Punkte (63%). Bei den Untersuchungen wurde das bestätigt, da die mittlere Geschwindigkeit keine Trennung von Leistungsniveaus zulässt.

Zur Bewertung der Beidhändigkeit werden von den Medizinern die Koordination und die Unterstützung der einen Hand durch die andere Hand als die beiden wichtigsten Merkmale beurteilt (91% und 89%). Bei der Cholezystektomie wird das durch Eigenschaften der unterstützenden Tätigkeit ausgedrückt. Gleiches Verhalten beider Hände wird von den Medizinern an dritter Stelle genannt (55%). Innerhalb der Klötzchen-Übung müssen linkes und rechtes Instrument nacheinander dieselben Aktionen ausführen. Deshalb kann hier das Verhalten der beiden Hände direkt verglichen werden.

Die Mediziner schätzen auftretende Verletzungen an Organen als das wichtigste Merkmal für die Beurteilung der Kraft bzw. der Gewebehandhabung ein (96%). Verletzungen werden jedoch als Fehler gewertet und deshalb dem Kriterium Technik und Fehler zugeordnet. An zweiter Stelle nennen die Mediziner Kraft auf Organe und Gewebe (91%). Bei der Cholezystektomie hat sich das Kraftniveau als geeignetes Merkmal innerhalb des Bewertungssystems herausgestellt, da so Leistungsgruppen unterschieden werden können.

Für die Bewertung von Technik und Fehlern beurteilen die Mediziner das Wissen z.B. über Arbeitsschritte oder die Anatomie als wichtigstes Merkmal (95%). Das ist jedoch nur für die Cholezystektomie relevant, da für die Grundlagenübungen keine medizinischen Kenntnisse erforderlich sind. In der vorliegenden Arbeit steht das Abfragen von Wissen zur Beurteilung eines Trainierenden nicht im Vordergrund. Es gibt dennoch Merkmale, die das Erfüllen von medizinischen Vorgaben und damit auch das Ausführen der richtigen Schritte charakterisieren, z.B. durch die Anzahl der gesetzten Clips oder die Richtung beim Präparieren des Bindegewebes. Als zweit wichtigsten Punkt zur Bewertung von Technik und Fehlern nennen die Mediziner das Sicherheitsbewusstsein (93%). Auch das ist nur für die Cholezystektomie relevant. Als sicherheitsrelevante Merkmale werden hier im Bewertungssystem z.B. die Strecke direkt in der Umgebung des präparierten Gewebes gewählt oder ein Maß zur Beurteilung, ob die Instrumente im Sichtfeld sind.

Es konnte gezeigt werden, dass die für die Bewertung betrachteten Merkmale den Anforderungen der Mediziner und damit den Anforderungen aus der Praxis entsprechen. Merkmale werden nur dann während der Merkmalsselektion, d.h. bei der Entwicklung des Bewertungssystems, als geeignet ausgewählt, wenn sie eine Unterscheidung von Leistungsniveaus erlauben. Deshalb kann im Umkehrschluss gefolgert werden, dass das Bewertungssystem die Erfahrungen der Mediziner wiedergeben kann. Damit ist das Bewertungssystem in der Lage realistische Beurteilungen zu geben.

4.2.3 Analyse der Bewertungen

Der dritter Teil des Fragebogens befasst sich mit Fertigkeitsbereichen, die eine Unterscheidung von Leistungsniveaus erlauben. Die Teilnehmer geben durch Punkte (-2 bis 2) an, ob ihrer Meinung nach einzelne Fertigkeitsbereiche eine Herausforderung für Experten oder Anfänger darstellen. Die Fragen sind unabhängig vom entwickelten Bewertungssystem gestellt worden und zielen darauf ab, die Erfahrungen aus dem OP zu bündeln. Die verschiedenen Fertigkeitsbereiche werden entsprechend ihrer Schwierigkeit für die beiden Gruppen sortiert. Nach der Entwicklung des Bewertungssystems soll nun überprüft werden, ob die Ergebnisse der ersten Studie aus Abschnitt 4.1.1 die Erfahrungen der Mediziner wiedergeben können. Die Untersuchung ist in Tab. 4.14 zusammengefasst.

Zu bestätigende Erfahrung der Mediziner	Übereinstimmung
Verhältnis: Senso. Feedback - Tiefenwahrnehmung - Motorik (Chol.)	✓
Verhältnis: Tiefenwahrnehmung - Motorik (Grundlagenübungen)	- (Grund: Merkmale)
Umgang mit abgewinkelter Kameraoptik	✓
Umgang mit Komplexität des Eingriffs (Anfänger)	✓
Umgang mit Komplexität des Eingriffs (Experten)	nicht direkt bestimmbar

Tab. 4.14: Auswertung des Fragebogens: Analyse der Bewertungen

Zunächst wird untersucht, welche Fertigkeitsbereiche die Mediziner auch für die Experten als eine Herausforderung einschätzen. Die Ärzte vergeben die höchste Punktzahl für den Umgang mit dem eingeschränkten sensorischen Feedback (69% der möglichen Punkte, kurz: senso. Feedback). Die Tiefenwahrnehmung erhält dagegen 54% der Punkte und die motorischen Fertigkeiten 43%. Daraus lässt sich ableiten, dass die Mediziner den Umgang mit dem eingeschränkten sensorischen Feedback schwieriger einschätzen als die Tiefenwahrnehmung und die motorischen Fertigkeiten. Es soll überprüft werden, ob das Bewertungssystem die Verhältnisse wiedergeben kann. Dazu muss gezeigt werden, dass die Anforderungen für die Erfahrenen beim Kriterium Kraft höher sind als bei der Tiefenwahrnehmung und der Bewegung der Instrumente. Deshalb werden die Mittelwerte der Bewertungen für die drei Kriterien verglichen ebenso wie die Abweichung von der idealen Lernkurve und die Streuung innerhalb der Gruppe. Dabei ist durch die Streuung eine Aussage über die Inhomogenität der Gruppe möglich. Schlechtere Beurteilungen, größere Abweichungen und stärkere Inhomogenitäten weisen auf höhere Anforderungen hin.

Zunächst wird die Cholezystektomie (kurz: Chol.) untersucht, da nur hier die Kraft als Kriterium berücksichtigt wird. Hier ist die Streuung innerhalb der Gruppe der Erfahrenen für die Kraft am größten, dann folgt die Tiefenwahrnehmung und die Instrumentenbewegung ($0.51 > 0.22 > 8.07E{-}3$). Dieselben Verhältnisse gelten für die Abweichung von der idealen Lernkurve ($0.29 > 9.80E{-}2 > 1.60E{-}15$). Werden die Mittelwerte der Bewertungen für die drei Kriterien verglichen, so ist der Mittelwert bei den Erfahrenen für die Kraft geringer als für die Tiefenwahrnehmung und die Instrumentenbewegung ($4.71 < 4.82 < 5.00$). Damit sind die Anforderungen für die Erfahrenen bei der Kraft am höchsten bzw. bei der Instrumentenbewegung am geringsten und es werden die Ergebnisse aus dem Fragebogen wiedergegeben. Innerhalb der Grundlagenübungen sind Streuung und Abweichung für die Instrumentenbewegung größer als für die Tiefenwahrnehmung. Das zeigt, dass die Differenzierbarkeit für die Tiefenwahrnehmung nicht so hoch ist wie für die Instrumentenbewegung. Deshalb werden alle Erfahrenen im Kriterium Tiefenwahrnehmung sehr gut bewertet, so dass das Bewertungssystem die hohen Anforderungen nicht ausreichend wiederspiegeln kann. Eine Begründung dafür ist, dass mehr Merkmale zur Beurteilung der Instrumentenbewegung als zur Charakterisierung der Tiefenwahrnehmung verwendet werden. So ist es gerade für die Grundlagenübungen schwierig, sinnvolle Merkmale zur Bewertung der Tiefenwahrnehmung zu definieren. Daher stehen bei der Tiefenwahrnehmung weniger Informationen zur Auswertung zur Verfügung und die Differenzierbarkeit ist geringer. Außerdem werden Fehler bei der Ausführung, z.B. innerhalb der Klötzchen-Übung, die auch auf eine geringere Tiefenwahrnehmung schließen lassen, dem Kriterium Fehler und Technik zugeordnet. Das hat zwei Gründe. Zum einen soll jedes Merkmal nur einmal berücksichtigt werden, um redundante Informationen zu vermeiden. Zum anderen entsprechen Vorgaben, wie möglichst keine Fehler zu machen, inhaltlich am ehesten dem Kriterium Fehler und Technik. Die Mediziner vergeben für den Umgang mit der abgewinkelten Kameraoptik sowohl bei den Erfahrenen als auch bei den Anfängern jeweils die geringste Punktzahl (35%

bzw. 71%). Daraus lässt sich folgern, dass der Umgang mit der Kameraoptik für beide Erfahrungsgruppen die geringste Schwierigkeit darstellt und relativ schnell erlernt werden kann. Das Bewertungssystem kann das wiedergeben, weil nur bei der Kamera-Übung schon nach zehn Durchführungen kein signifikanter Unterschied mehr zwischen Anfängern und Erfahrenen besteht.

Die Mediziner vergeben bei der Einschätzung der Schwierigkeit für Anfänger eine hohe Punktzahl für den Umgang mit einem komplexen Eingriff (85%). Somit scheinen komplexe Eingriffe eine besondere Herausforderung für die Anfänger darzustellen. Um das für das Bewertungssystem zu zeigen, muss die Cholezystektomie für die Anfänger im Vergleich zu den anderen Übungen am schwierigsten sein. Die Studie mit Nicht-Medizinern hat das bestätigt, da der Unterschied zwischen Erfahrenen und Anfängern für die Cholezystektomie am größten ist.

Für den Umgang mit einem komplexen Eingriff vergeben die Mediziner auch bei den Experten mit 68% eine hohe Punktzahl. Das entspricht der zweit höchsten Punktzahl bei den Erfahrenen. Deshalb schätzen Ärzte den Umgang mit komplexen Eingriffen auch als eine Herausforderung für Experten ein. Auf Grundlage des Bewertungssystems kann jedoch nicht eindeutig gezeigt werden, dass die Cholezystektomie für die Erfahrenen am schwierigsten ist. Werden die Mittelwerte der Bewertungen bei den Erfahrenen für die verschiedenen Übungen verglichen, so sind die Beurteilungen bei der Klötzchen- und Kreis-Übung schlechter als bei der Cholezystektomie. Der Vergleich der Streuung innerhalb der Gruppe der Erfahrenen zeigt, dass die Gruppe bei der Klötzchen-Übung sehr inhomogen ist. Auch die Abweichung von der idealen Lernkurve ist hier am größten. Die Cholezystektomie folgt an zweiter Stelle. Durch Eigenschaften der Lernkurven bei einer Übung kann deshalb nicht direkt auf den Schwierigkeitsgrad der Übung geschlossen werden, da die Bewertungsvorschriften auf die spezifischen Anforderungen in den Übungen angepasst sind. Dennoch können die Unterschiede zwischen Gruppen für eine Übung untersucht und für verschiedene Übungen verglichen werden.

Es konnte gezeigt werden, dass das entwickelte Bewertungssystem viele Erfahrungen aus der Praxis wiedergeben kann, auch im Vergleich von Nicht-Medizinern und Medizinern. Daher sind sinnvolle und nachvollziehbare Beurteilungen der Trainierenden möglich.

4.3 Diskussion

Zunächst wird im Rahmen der Diskussion auf den mehrstufigen Bewertungsansatz bzw. die Methodik zur Umsetzung des Ansatzes eingegangen, vergl. Abschnitt 4.3.1. Anschließend werden in Abschnitt 4.3.2 die Ergebnisse des Bewertungssystems diskutiert.

4.3.1 Bewertungsansatz und Methodik

In der vorliegenden Arbeit wurde ein mehrstufiger Bewertungsansatz entwickelt, der eine Beurteilung des Trainierenden auf verschiedenen Abstraktionsniveaus erlaubt. Zum einen wird die aktuelle Durchführung durch Noten für Aspekte, Kriterien und die gesamte Übung bewertet. Zum anderen werden Beurteilungen gegeben, die die vorherigen Durchführungen eines Trainierenden berücksichtigen. Der Ansatz ist für die Bewertung auf Simulatoren im Bereich der MIC neu. Auf existierenden Simulatoren werden bisher entweder nur einzelne Merkmale direkt als Beurteilung des Trainierenden verwendet oder es wird zusätzlich eine Gesamtnote basierend auf allen Merkmalen erstellt, vergl. [STYLOPOULOS und VOSBURGH, 2007]. Jedoch hat die Studie mit Nicht-Medizinern gezeigt, dass gerade sehr einfache Merkmale, die wie die Fehlerzahl häufig auf anderen Simulatoren genutzt werden, nicht uneingeschränkt für die Bewertung geeignet sind. Deshalb ist es wichtig, verschiedene Merkmale zusammenzufassen. Durch den neuen Ansatz wird eine sehr differenzierte Beurteilung möglich, die gleichzeitig nachvollziehbar ist, da nicht alle Merkmale direkt zu einer Gesamtaussage kombiniert werden. Weil sowohl aufgabenabhängige Aspekte als auch aufgabenübergreifende Kriterien bewertet werden, können verschiedene Übungen besser miteinander verglichen werden. Die Auswertung eines Fragebogens für Mediziner hat gezeigt, dass der Bewertungsansatz von den Ärzten als geeignet beurteilt wird.

Auf anderen Simulatoren werden die Merkmale üblicherweise für die gesamte Übung extrahiert, d.h. unabhängig von einer einzelnen Aktion bzw. einer Segmentierung. Ziel der entwickelten Methodik zur Merkmalsextraktion ist, die Merkmale kontextabhängig zu bestimmen, so dass sie leichter interpretierbar sind. Deshalb werden Merkmale auch abhängig von Aktionen extrahiert, d.h. innerhalb und außerhalb von Aktionen. Dabei stellen Aktionen einzelne Tätigkeiten während einer Simulation dar, wie z.B. das Setzen von Clips bei der Cholezystektomie. Die Untersuchung der ausgewählten Merkmale und Aspekte zeigt, dass die Vorgehensweise sehr sinnvoll ist. Es stehen zusätzliche Informationen für eine Bewertung zur Verfügung, die gleichzeitig eine bessere Unterscheidung von Leistungsniveaus erlauben bzw. eine realistische Lernkurve aufweisen. Außerdem entstehen durch die Berücksichtigung der Aktionen sehr detaillierte und nachvollziehbare Merkmale. Das ist für die optimale Unterstützung eines Trainierenden in der Lernphase wesentlich und stellt eine Neuerung im Bereich der Bewertung chirurgischer Fertigkeiten auf einem Simulator dar.

In der Literatur zur Bewertung von Fertigkeiten in der MIC sind keine Ansätze bekannt, die die Auswahl einzelner Merkmale betrachten. In der Arbeit werden auf Grundlage der entwickelten Methodik zur Merkmalsselektion jedoch für jede Übung unterschiedliche Merkmale als wichtig für die Bewertung eingestuft. Das ist plausibel, da in jeder Übung spezifische Anforderungen an die Trainierenden gestellt werden. So hängen auch die Bewegungsmuster wie z.B. die Bahn der Instrumente von der Anordnung der Szene in der Übung ab. Deshalb ist für eine zuverlässige Bewertung wesentlich, dass die Merkmale individuell für jede Übung ausgewählt werden.

In der Arbeit werden verschiedene Extraktionsvorschriften zur Merkmalsbestimmung angewendet. Die Ergebnisse zur Untersuchung der Merkmale decken sich mit denen in der Literatur. Wie auf anderen Simulatoren auch, erlauben Zeit und Strecke eine signifikante Trennung der Leistungsniveaus, vergl. [DEROSSIS et al., 1998] und [STYLOPOULOS und VOSBURGH, 2007]. Auch die bei [DATTA et al., 2002] verwendete Anzahl der Peaks im Geschwindigkeitsverlauf bzw. die Direktheit der Bewegung entsprechend [GRANTCHAROV et al., 2004] zeigen eine Unterscheidbarkeit. Darüber hinaus werden neue Extraktionsvorschriften definiert, wie z.B. der Abstand zu einer geglätteten Trajektorie oder das Volumen der konvexen Hülle des Bewegungsraumes. Außerdem werden gerade innerhalb der Cholezystektomie erstmals Extraktionsvorschriften angewendet, die aufgabenspezifische Anforderungen bewerten. So werden Extraktionsvorschriften hergeleitet, die das Vorgehen bei der Cholezystektomie z.B. durch die Richtung beim Präparieren des Bindegewebes charakterisieren. Durch die neuen Merkmale stehen zusätzliche Informationen für eine genauere Bewertung zur Verfügung. Das wird dadurch verstärkt, dass die Extraktionsvorschriften auf die Signalabschnitte sowohl innerhalb als auch außerhalb von Aktionen angewendet werden. Die Auswertung eines Fragebogens mit Medizinern zeigt, dass die im Bewertungssystem berücksichtigten Merkmale die Erwartungen aus der Praxis erfüllen.

Um eine Beurteilung geben zu können, werden Bewertungsvorschriften entwickelt, die z.B. die Merkmale auf eine Bewertung der Aspekte abbilden. Die Grundlage bilden ANFIS-Modelle, die als Fuzzy-Systeme interpretiert werden können. In der Literatur gab es bereits Versuche Fertigkeiten in der MIC basierend auf Fuzzy-Systemen zu bewerten, vergl. [HUANG et al., 2005] und [HAJSHIRMOHAMMADI und PAYANDEH, 2007]. Beide Ansätze konnten jedoch verschiedene Leistungsniveaus nicht zuverlässig voneinander trennen. Ein wesentlicher Grund hierfür ist, dass die Leistungsunterschiede innerhalb von Gruppen gleicher bzw. Überschneidungen der Leistungen zwischen Gruppen unterschiedlicher Erfahrungen nicht berücksichtigt wurden. So werden in beiden Studien die Probanden aus einer Erfahrungsgruppe zufällig der Trainingsmenge zugeordnet. Auf Grund der Leistungsschwankungen innerhalb der Erfahrungsniveaus entstehen so leicht widersprüchliche Anforderungen in der Trainingsmenge und die Beurteilungen sind nicht zufriedenstellend. In der hier eingeführten Methodik zur Entwicklung der Bewertungsvorschriften ist dagegen die Auswahl der Trainingsmenge zentral. Dabei werden auch Leistungsunterschiede innerhalb der Erfahrungsgruppen betrachtet, was für eine belastbare Bewertung wichtig ist.

Zur Entwicklung und Analyse des Bewertungssystems wurden zwei Studien durchgeführt. Wesentlich ist dabei, dass die Probanden verschiedenen Leistungsniveaus zugeordnet werden. In der ersten Studie mit Nicht-Medizinern wurde die Annahme getroffen, dass die Probanden mit mehr Erfahrung am Simulator auch eine bessere Leistung erbringen. Bei der Studie mit Medizinern basiert die Zuordnung auf der Erfahrung der Teilnehmer in der MIC. Durch diese Grundannahmen entstehen Streuungen innerhalb und Überschneidungen zwischen Erfahrungs- bzw. Leistungsgruppen, was

die Analyse des Bewertungssystems oder auch andere Studien bestätigt haben, vergl. [GALLAGHER et al., 2003] und [ROSENTHAL et al., 2006]. Um den Probanden Leistungsniveaus unabhängig von ihrer Erfahrung zuzuordnen, müssen vorherige Tests durchgeführt werden. Das birgt jedoch eine grundsätzliche Schwierigkeit. So muss sichergestellt werden, dass ein Test die tatsächlichen chirurgischen Fertigkeiten eines Probanden feststellt, d.h. dass der Test valide ist [HARTIG et al., 2007]. Dabei müssen im Allgemeinen Annahmen über die Übertragbarkeit der getesteten auf die zu testenden Fertigkeiten getroffen werden [SCHUENEMAN et al., 1984]. Daher ist auch die Zuordnung der Leistungsniveaus auf Grundlage von Tests unsicher. Deshalb wird es als gerechtfertigt angesehen, die Leistungsgruppen basierend auf der Erfahrung der Probanden einzuteilen. Darüber hinaus berücksichtigen die Methoden zur Entwicklung des Bewertungssystems die Ungenauigkeiten bei der Zuweisung der Leistungsniveaus. Die Entwicklung des Bewertungssystems basiert auf Testreihen mit jeweils zehn Durchführungen von Testpersonen aus unterschiedlichen Leistungsniveaus. Dazu sollten möglichst viele Probanden die verschiedenen Übungen nach einem vorgegebenen Trainingsplan durchführen. Generell ist es sinnvoll, Testreihen von Medizinern zu wählen, um so die OP-Relevanz der bewerteten Fertigkeiten sicherzustellen. Da Mediziner stark in ihren Arbeitsalltag eingebunden sind und das Aufnehmen der Lernkurven sehr zeitintensiv ist, wurden für die Entwicklung des Bewertungssystems jedoch Lernkurven von Nicht-Medizinern verwendet. Weil bei den Grundlagenübungen keine medizinischen Kenntnisse notwendig sind, kann gerade hier davon ausgegangen werden, dass das Vorgehen gerechtfertigt ist. Zudem bestätigen die Ergebnisse der Studien das.
Der entwickelte mehrstufige Bewertungsansatz bzw. die Methoden zu seiner Umsetzung sind umfassender als existierende Ansätze im Bereich der MIC. Deshalb ist der Entwicklungsaufwand für das Bewertungssystem höher einzuschätzen als bei anderen Simulatoren. So muss z.B. für jede Übung ein einzelner Algorithmus zur automatisierten Identifikation von Aktionen entwickelt werden, was abhängig von der Übung eine komplexe Aufgabe darstellen kann. Jedoch können die Trainierenden so detaillierter und nachvollziehbarer beurteilt werden. Außerdem bestätigen die Ergebnisse der Studien, dass sich der Mehraufwand lohnt.

4.3.2 Ergebnisse des Bewertungssystems

Eine Studie mit Nicht-Medizinern hat die Validität des Bewertungssystems gezeigt, da zwei grundlegende Anforderungen erfüllt sind. Zum einen folgen die Bewertungen nachvollziehbaren Lernkurven. Zum anderen ist zu Beginn des Trainings eine Trennung von Leistungsniveaus möglich. Weitere Untersuchungen haben ebenfalls belegt, dass die Ergebnisse realistisch und plausibel sind. So gibt das Bewertungssystem die realen Leistungsunterschiede innerhalb der Erfahrungsgruppen bzw. die existierenden Leistungsschwankungen bei Einzelpersonen wieder. Das zeigt die Analyse der Streuung innerhalb der Gruppen und der Abweichung von einer idealen Lernkurve. Allein bei einer Übung sind Streuung bzw. Abweichung für die Anfänger z.T. höher als erwartet. Das lässt sich jedoch durch die natürlichen Leistungsschwankungen in der Anfängergruppe während des Lernprozesses erklären. Für die Umsetzung des Bewertungsansatzes wurden verschiedene Methoden entwickelt. Die Ergebnisse der Studie mit Nicht-Medizinern verdeutlichen deshalb auch, dass die Ansätze zur Merkmalsextraktion- und -selektion bzw. zum Entwickeln der einzelnen Bewertungsvorschriften geeignet gewählt wurden. Auf den höheren Abstraktionsniveaus, d.h. ab dem Niveau der Kriterien, erfüllen alle Bewertungen die Anforderungen an die Trennbarkeit von Leistungsgruppen und an den Verlauf der Lernkurven. Nur auf Merkmals- und Aktionsniveau gibt es wenige Merkmale bzw. Aspekte, die die zwei Anforderungen nicht erfüllen. Zusätzlich können auf den höheren Abstraktionsniveaus jeweils drei Leistungsgruppen unterschieden werden, was auf Merkmalsniveau häufig nur für zwei Gruppen möglich ist. Deshalb werden die Leistungen auf den höheren Abstraktionsniveaus zuverlässiger und differenzierter bewertet. Auf anderen Simulatoren sind die Ergebnisse häufig weniger belastbar, vergl. [DEROSSIS et al., 1998]. Das zeigt, dass das Kombinieren der Bewertungen auf den verschiedenen Abstraktionsniveaus sinnvoll ist. Deshalb ist der entwickelte mehrstufige Bewertungsansatz geeignet und stellt eine Verbesserung bzgl. bestehender Systeme dar. Die Untersuchungen der Bewertungen, in die die Historie einfließen, bestätigen das.

Die Berücksichtigung der Historie ist eine wesentliche Neuerung bei der Bewertung chirurgischer Fertigkeiten in der MIC. Auf Grundlage des hier entwickelten Ansatzes werden zum einen vorherige Durchführungen derselben Übung betrachtet, zum anderen Durchführungen verschiedener Übungen mit unterschiedlichen Schwierigkeitsgraden. Die Ergebnisse zeigen, dass durch die Berücksichtigung der Historie die Beurteilungen eines Trainierenden unabhängiger von den Leistungsschwankungen einer Einzelperson sind. So ist eine fundierte Aussage über die tatsächliche minimal invasive Fertigkeit des Trainierenden möglich. Zusätzlich zeigt der Vergleich der Lernkurven für die Bewertung der umfassenden Fertigkeit und für die Beurteilung der Verhaltensebene, dass die Bewertungen unter Berücksichtigung der Historie konsistent und nachvollziehbar sind. Deshalb ist es eine wichtige Weiterentwicklung, zur Beurteilung chirurgischer Fertigkeiten auch frühere Durchführungen eines Trainierenden einzubeziehen.

Die Studie mit Medizinern zeigt, dass die Grundlagenübungen Probanden ohne Erfahrung in der MIC zuverlässig von Teilnehmern mit Erfahrung trennen. Im Umkehrschluss kann gefolgert werden, dass durch die Grundlagenübungen OP-relevante Anforderungen trainiert werden. Das Bewertungssystem ist in der Lage die Anforderungen durch Noten auszudrücken. Das Ergebnis ist für die Validität des Bewertungssystems wichtig. Die erfahrenen Mediziner werden im Vergleich zu erfahrenen Nicht-Medizinern schlechter bewertet. Das ist durch den Gewöhnungseffekt erklärbar. Der Gewöhnungseffekt beschreibt den Unterschied in der Bewertung zwischen zwei Probanden, die prinzipiell gleich gut sind, jedoch unterschiedlich viel Erfahrung am Simulator besitzen. Wenn beide Probanden eine Übung durchführen, jedoch nur ein Proband den Simulator kennt, erhält der Proband mit Erfahrung am Simulator eine bessere Bewertung. Die Erklärung dafür ist, dass der eine Proband an die spezifischen Anforderungen einer Übung gewöhnt ist, wie z.B. an die Lage der Röhrchen bei der Kamera-Übung. Der Unterschied in der Bewertung hat nichts mit eigentlichen Leistungsunterschieden zu tun. Er tritt vor allem deshalb auf, weil die Bewertungsvorschriften an erfahrene Probanden angepasst sind, die schon viele Übungen am Simulator durchgeführt haben. Auf Grund des Gewöhnungseffekts ist es schwer, die Beurteilungen von erfahrenen Medizinern und erfahrenen Nicht-Medizinern zu vergleichen, da die Mediziner im Allgemeinen nur eine Übung am Simulator durchgeführt haben. Es ist jedoch wichtig, dass das Bewertungssystem die Unterschiede aufzeigt. Außerdem kann beurteilt werden, wie stark die Gewöhnungseffekte bei den einzelnen Übungen sind. Die Diskrepanz der Bewertung zwischen erfahrenen Medizinern und Nicht-Medizinern ist kaum zu vermeiden, wenn nur die ersten Durchführungen der Mediziner betrachtet werden. Die Übungen könnten umgestaltet werden. Wenn z.B. die Anordnung der Szene zufällig ist, werden die Gewöhnungseffekte sicherlich geringer ausfallen. Dann können jedoch die Merkmale bei unterschiedlichen Durchführungen nicht direkt miteinander verglichen werden, da z.B. die zurückzulegende Strecke von der Anordnung der Szene abhängt. In dem Fall müssen die Merkmale so definiert werden, dass sie unabhängig von einer spezifischen Anordnung der Übung sind. Zusätzlich macht das Auftreten des Gewöhnungseffekts deutlich, dass das Vorgehen bei der Entwicklung der Bewertungsvorschriften gerechtfertigt ist. Hier wird den besten Durchführungen von Nicht-Medizinern die höchste Bewertung zugeordnet, so dass die ausgewählten Beurteilungen dem Goldstandard entsprechen. Die Mediziner erhalten bei der ersten Durchführung einer Übung nicht direkt die best mögliche Bewertung und können sich so mit dem Training noch verbessern. Das ist für eine realistische Beurteilung wichtig.

Der Simulator ist ein gutes Trainingsinstrument für angehende Chirurgen. Jedoch gibt es gerade bei komplexen Übungen wie der Cholezystektomie Unterschiede zwischen Realität und virtueller Umgebung. Da die Cholezystektomie täglich von den Chirurgen im OP durchgeführt wird, erwarten die Mediziner speziell hier, dass sie während der Simulation genauso „operieren" können wie im OP. Sonst sind die Probanden durch die Unterschiede irritiert und können sich nur schwer auf die spezifischen Anforderungen in der Simulation einlassen. Das trifft vor allem auf das Präparieren des Bindegewebes zu und auf das Ausschälen der Gallenblase aus dem Leberbett. Auf Grund der Unterschiede können die Chirurgen ihre Erfahrung aus dem OP in der Simulation nicht wiedergeben. So hat die Studie mit den Medizinern gezeigt, dass bei der Cholezystektomie nicht zwischen erfahrenen Chirurgen und Probanden ohne Erfahrung in der MIC unterschieden werden kann. Das steht im Gegensatz zur guten Trennbarkeit der erfahrenen von den unerfahrenen Nicht-Medizinern. Auch das Vorgehen bei der Entwicklung der Bewertungsvorschriften könnte sich auf die nicht zufriedenstellende Bewertung von Medizinern innerhalb der Cholezystektomie ausgewirkt haben. Das Bewertungssystem wurde auf Grundlage von Testreihen mit Nicht-Medizinern erstellt, auch wenn Testreihen mit Medizinern inhaltlich konsequenter gewesen wären. Um jedoch zu vermeiden, dass Mediziner und Nicht-Mediziner Aktionen unterschiedlich ausführen, entspricht die Vorgehensweise innerhalb der Simulation medizinischen Lehrbüchern. Bei der Handhabung kann es aber dennoch zu Unterschieden kommen. Gleichzeitig sind gerade

Nicht-Mediziner dazu bereit, sich an die spezifischen Anforderungen in der Simulation anzupassen, da sie die realen Bedingungen im OP nicht kennen. Dadurch wird der Unterschied zwischen Simulation und Realität noch verschärft. Die für die Entwicklung des Bewertungssystems notwendigen Testreihen konnten jedoch nicht mit Medizinern aufgenommen werden, da der zeitliche Aufwand für die Ärzte zu hoch gewesen wäre.

Der Vergleich der beiden Studien zeigt, dass das Bewertungssystem konsistente Ergebnisse liefert, auch bei der Gegenüberstellung von Nicht-Medizinern und Medizinern. So machen beide Studien deutlich, dass die Anforderungen bei der Kamera-Übung geringer sind als bei der Kreis-Übung. Darüber hinaus zeigt die Auswertung des Fragebogens, dass das Bewertungssystem die Erfahrungen von Medizinern in der MIC wiedergeben kann. Deshalb werden auf Grundlage des Bewertungssystems realistische Beurteilungen gegeben. Das ist ein sehr wichtiges Ergebnis. Zum einen kann gefolgert werden, dass die aufgenommenen Lernkurven, die zur Entwicklung des Bewertungssystems verwendet wurden, die zu bewertenden Fertigkeiten ausreichend beschreiben. Deshalb ist die Einteilung der Probanden in Leistungsniveaus basierend auf ihrer Erfahrung gerechtfertigt ebenso wie das Nutzen der Lernkurven von Nicht-Medizinern. Zum anderen wird die generelle Validität des Bewertungssystems deutlich, was auch den mehrstufigen Bewertungsansatz bzw. die zur Umsetzung notwendigen Methoden einschließt.

5 Zusammenfassung

Ziel der vorliegenden Arbeit war, ein neues Konzept zur automatisierten Bewertung chirurgischer Fertigkeiten in der MIC für VR-Simulatoren in Grid-Umgebungen zu entwickeln. Für ein zielgerichtetes Training an einem VR-Simulator ist die automatisierte Bewertung der Durchführung wesentlich. Zwar existieren bereits Bewertungssysteme sowohl für kommerziell vertriebene Simulatoren als auch im Rahmen von Forschungsprojekten, jedoch sind die Ansätze meist nicht umfassend genug, die Beurteilungen sind für den Trainierenden nur schwer nachvollziehbar oder verschiedene Leistungsniveaus können nicht zuverlässig unterschieden werden. Das sind die Schwierigkeiten, die das zu entwickelnde Bewertungssystem überwinden soll.

Hierzu wurde in Kapitel 2 ein mehrstufiger Bewertungsansatz eingeführt, der den Schwierigkeitsgrad einer Übung berücksichtigt und auf verschiedene Aufgaben übertragbar ist. Auf Grundlage von Merkmalen, die während einer Durchführung aus aufgenommenen Signalen extrahiert werden, erfolgt eine Beurteilung auf verschiedenen Abstraktionsniveaus. Dabei werden so genannte aufgabenabhängige Aspekte und aufgabenübergreifende Kriterien bewertet ebenso wie die vorherigen Durchgänge eines Trainierenden. Der mehrstufige Ansatz ist eine wesentliche Weiterentwicklung, da auf bestehenden MIC-Simulatoren Übungen unabhängig voneinander betrachtet und häufig nur Merkmale bewertet werden. Für seine Umsetzung wurden neue Methoden zur Merkmalsextraktion, -selektion und zur Entwicklung von Bewertungsvorschriften erarbeitet. Bei der Merkmalsextraktion wird eine Übung zunächst hierarchisch und zeitlich in Phasen und Aktionen eingeteilt. Die Merkmale werden dann innerhalb und außerhalb der Aktionen bzw. für die gesamte Phase extrahiert. Dazu werden Extraktionsvorschriften auf die entsprechenden Abschnitte in den aufgenommenen Signalen angewendet. Die Merkmalsextraktion aus einzelnen Signalabschnitten ist eine wesentliche Neuerung im Bereich der Bewertung minimal invasiver Fertigkeiten auf Simulatoren. Für die Auswahl geeigneter Merkmale wurde eine neue Methodik auf Grundlage von in der Arbeit entwickelten Bewertungsmaßen eingeführt. Dabei wird unterschieden, ob Merkmale das Erfüllen von medizinischen Vorgaben charakterisieren oder nicht. Merkmale und Merkmalskombinationen werden dann als relevant angesehen, wenn sie verschiedene Leistungsniveaus unterscheiden und eine realistische Lernkurve aufweisen. Das wird anhand statistischer Verfahren überprüft. Für die Entwicklung von aufgabenabhängigen Bewertungsvorschriften, die die Vergabe von Noten erlauben, wurden wesentliche Anforderungen definiert. Zusätzlich wurde ein Ansatz zur Implementierung des Bewertungssystems in einer Grid-Umgebung eingeführt.

In Kapitel 3 wurde der mehrstufige Bewertungsansatz für den VR-Simulator VSOne realisiert. Dazu wurden die eingeführten Methoden auf die zu bewertenden Übungen übertragen. Dabei war die Definition aufgabenabhängiger Extraktionsvorschriften wichtig, die umfassender und detaillierter sind als auf verbreiteten Simulatoren üblich.

Zusätzlich sind Bewertungsmaße zur Auswahl geeigneter Merkmale festgelegt worden. Die Bewertungsvorschriften wurden basierend auf ANFIS-Modellen während einer Trainingsphase identifiziert. Wesentlich war dabei die Auswahl der Trainingsmenge, die die Leistungsunterschiede innerhalb von Gruppen gleicher Erfahrung berücksichtigt. Zusätzlich wurden Bewertungsmaße zur Auswahl geeigneter Bewertungsvorschriften definiert und die Kombination verschiedener Beurteilungen beschrieben, um eine Bewertung entsprechend des mehrstufigen Ansatzes zu ermöglichen.

In Kapitel 4 wurden die Ergebnisse zweier Studien zur Analyse bzw. Validierung des Bewertungssystems vorgestellt. An der ersten Studie waren 26 Nicht-Mediziner beteiligt, die sich hinsichtlich ihrer Erfahrung im Umgang mit Simulatoren unterschieden. An der zweiten Studie nahmen 46 Mediziner bzw. angehende Mediziner mit unterschiedlicher Erfahrung im Bereich der MIC teil. Die Auswertung der Studie mit Nicht-Medizinern, die auch die Lernkurven der Trainierenden berücksichtigt, zeigt die Validität des Bewertungssystems. Deshalb sind die entwickelten Methoden für die betrachtete Aufgabenstellung sehr geeignet. Verschiedene Leistungsniveaus werden erkannt und der Verlauf der Lernkurven ist nachvollziehbar. Zusätzlich ist das Bewertungssystem sensitiv gegenüber den Leistungsunterschieden innerhalb der verschiedenen Erfahrungsgruppen. Das Bewerten auf unterschiedlichen Abstraktionsniveaus und das damit verbundene Zusammenfassen von Einzelaussagen zu Gesamtaussagen ist zielführend, da die Differenzierbarkeit von Leistungsgruppen mit dem Abstraktionsniveau steigt. Durch die Berücksichtigung der Historie eines Trainierenden sinkt der Einfluss von Leistungsschwankungen bei Einzelpersonen. So wird der tatsächliche Lernfortschritt deutlich und eine Aussage über die chirurgischen Fertigkeiten möglich. Zusätzlich belegt die Studie, dass die entwickelte Methodik zur Merkmalsextraktion und -selektion sinnvoll ist, da durch die Bestimmung von Merkmalen innerhalb bzw. außerhalb von Aktionen zusätzliche Informationen für eine differenzierte und nachvollziehbare Bewertung zur Verfügung stehen. Die Studie mit Medizinern zeigt, dass das Bewertungssystem anhand der Grundlagenübungen Mediziner mit und ohne Erfahrung in der MIC trennscharf identifiziert. Die auf dem Simulator eingesetzten Grundlagenübungen trainieren also OP-relevante Fertigkeiten und das Bewertungssystem ist in der Lage, sie zu charakterisieren. Gleichzeitig kann das Bewertungssystem den erwarteten Gewöhnungseffekt für das Training am Simulator aufzeigen. Die Studie hat deutlich gemacht, dass Unterschiede zwischen realer und virtueller Umgebung bestehen. Das gilt besonders für komplexe Übungen wie die Cholezystektomie, so dass Mediziner mit und ohne Erfahrung in der MIC hier noch nicht zuverlässig voneinander getrennt werden können. Der Vergleich der beiden Studien mit einem Fragebogen für Mediziner zeigt, dass der mehrstufige Bewertungsansatz und die ausgewählten Merkmale den Anforderungen von praktisch tätigen Chirurgen in der MIC entsprechen. Zusätzlich können viele Erfahrungen der Mediziner mit dem Bewertungssystem wiedergegeben werden. Das im Rahmen der vorliegenden Dissertation entwickelte Bewertungssystem stellt somit eine deutliche Verbesserung bzgl. existierender Ansätze dar.

Die wesentlichen Ergebnisse der Arbeit sind:

1. Entwicklung eines Konzepts zur umfassenden, nachvollziehbaren und automatisierten Beurteilung der chirurgischen Fertigkeiten in der MIC auf Grundlage der Durchführung an einem VR-Simulator

2. Entwicklung eines mehrstufigen Bewertungsansatzes unter Berücksichtigung verschiedener Übungen unterschiedlicher Schwierigkeitsgrade und früherer Durchführungen

3. Entwicklung einer neuen Methodik zur Extraktion aktionsabhängiger Merkmale basierend auf einer Segmentierung der aufgenommenen Signale

4. Herleitung neuer Extraktionsvorschriften zur Merkmalsbestimmung

5. Entwicklung einer neuen Methodik zur Merkmalsselektion unter Berücksichtigung der Unterscheidbarkeit von Leistungsniveaus und des Verlaufs der Lernkurven

6. Entwicklung von Bewertungsvorschriften auf Grundlage von ANFIS-Modellen zur Generierung von Noten entsprechend des mehrstufigen Bewertungsansatzes

   a) Entwicklung einer neuen Methodik zur Auswahl der Trainingsmenge für die Identifikation von Bewertungsvorschriften unter Berücksichtigung der Leistungsunterschiede in Probandengruppen gleicher Erfahrung

   b) Entwicklung einer neuen Methodik zur Auswahl einer geeigneten Bewertungsvorschrift aus einer Menge möglicher ANFIS-Modelle

7. Implementierung des Bewertungssystems in einer Grid-Umgebung

   a) Zeitnahe Bewertung auch sehr komplexer Szenarien

   b) Bewertung unabhängig vom einzelnen Simulator, d.h. Möglichkeit für weltweiten Trainingsverbund

8. Aussagen über die Eignung des Konzepts auf Grundlage einer Studie mit Nicht-Medizinern

   a) Zusätzliche, nachvollziehbare und detaillierte Informationen stehen für die Bewertung der chirurgischen Fertigkeit zur Verfügung, d.h. die Ansätze zur Merkmalsextraktion und -selektion sind geeignet ebenso wie die neuen Extraktionsvorschriften

   b) Unterscheidung von verschiedenen Leistungsniveaus und nachvollziehbarer Verlauf der Lernkurven, d.h. das Bewertungssystem ist valide und die entwickelten Methoden sind geeignet

   c) Detailliertere Bewertung auf den höheren Abstraktionsniveaus, d.h der mehrstufige Bewertungsansatz ist sinnvoll

   d) Bei Berücksichtigung der Historie ist der Einfluss von Leistungsschwankungen für Einzelpersonen geringer und der tatsächliche Lernfortschritt wird deutlich, d.h. die Betrachtung der Historie ist sinnvoll

9. Aussagen über die Eignung des Konzepts auf Grundlage einer Studie mit Medizinern

   a) Nachweis über Training bzw. Bewertung OP-relevanter Fertigkeiten und über den Gewöhnungseffekt bei wiederholtem Training anhand von Grundlagenübungen, d.h. die Bewertungen sind nachvollziehbar und das Bewertungssystem ist valide

   b) Unterschiede zwischen Realität und virtueller Umgebung für die Cholezystektomie

10. Aussagen über die Eignung des Konzepts auf Grundlage eines Fragebogens

   a) Mehrstufiger Bewertungsansatz und ausgewählte Merkmale werden von Medizinern als geeignet eingestuft

   b) Ergebnisse des Bewertungssystems geben in vielen Bereichen die Erfahrungen von Medizinern aus der Praxis wieder

Mögliche Weiterentwicklungen des Bewertungsansatzes liegen in der Individualisierung der Beurteilungen, um Schwerpunkte bei der Bewertung zu setzen, wie es z.B. für Trainingszentren interessant ist. Das kann z.B. durch manuell vorgebbare Gewichtungen realisiert werden. Eine andere Möglichkeit ist die automatisierte Merkmalsselektion bzw. Entwicklung der Bewertungsvorschriften „vor Ort", d.h. in Trainingszentren oder Krankenhäusern. So können von Medizinern spezielle Techniken bei der Ausführung einer Übung vorgegeben werden. Das ist gerade deshalb interessant, da in der Chirurgie verschiedene Operationstechniken verbreitet sind.

Die besondere Bedeutung des hier vorgestellten Bewertungsansatzes liegt in seiner Flexibilität und Übertragbarkeit auf verschiedenartige Übungen und unterschiedliche Simulatoren. Er hat jedoch auch das Potential zur automatisierten Beurteilung von minimal invasiven Eingriffen direkt im OP, so dass unter realen Bedingungen bewertet werden kann. Die Möglichkeit zur Implementierung des Bewertungssystems in einer Grid-Umgebung erlaubt die überregionale Beurteilung sehr komplexer Szenarien auch in einem internationalen oder weltweiten Trainingsverbund.

A Anhang

A.1 Segmentierung der zu bewertenden Übungen

Für die Segmentierung wurden zwei Darstellungsformen eingeführt: Zustandsdiagramme und Zeitlinien-Darstellungen. Zustandsdiagramme stellen die logische Folge von Schritten innerhalb einer Übung und die medizinischen Vorgaben an die Trainierenden bzw. die zu treffenden Entscheidungen während einer Übung dar. Deshalb ist die Darstellungsform für die Ermittlung von geeigneten Merkmalen bei der Entwicklung eines Bewertungssystems wichtig. In Zeitlinien-Darstellungen werden dagegen Phasen und Aktionen über der Zeit aufgetragen. Deshalb werden die Signalabschnitte und aufgetretenen Ereignisse auf Grundlage der Zeitlinien-Darstellung den verschiedenen Phasen oder Aktionen während einer Simulation zugeordnet.

Zunächst werden die beiden Darstellungsformen für die Grundlagenübungen und dann für die Cholezystektomie angegeben.

A.1.1 Grundlagenübungen

Bei der Kamera-Übung werden die Phasen „Rohr 1" bis „Rohr 9" unterschieden und es existiert nur die eine Aktion „Zahl erkennen", vergl. Tab. 3.3. Es ergeben sich das Zustandsdiagramm in Abb. A.1(a) und die mögliche Zeitlinien-Darstellung in Abb. A.1(b). Die Darstellungen sind intuitiv, wie für die anderen Grundlagenübungen auch. Die Zeitlinien-Darstellung für eine beispielhafte Durchführung mach deutlich, dass es bei der Kamera-Übung keine Zeitbereiche außerhalb von Aktionen gibt. Gleichzeitig stimmen die Abschnitte innerhalb der Aktion „Zahl erkennen" mit dem Phasenabschnitt überein, da nur eine Aktion unterschieden wird.

Bei der Kreis-Übung existiert lediglich die Phase „Kreis zeichnen" und es werden die Aktionen „Kontakt herstellen", „Zeichnen" bzw. „Halten" unterschieden, vergl. Tab. 3.3. Es ergibt sich das Zustandsdiagramm in Abb. A.2(a). Da die Aktion „Halten" eine unterstützende Aktion ist, wird sie innerhalb des Zustandsdiagramms nicht berücksichtigt. Die Zeitlinien-Darstellung für eine beispielhafte Durchführung ist in Abb. A.2(b) angegeben. Wie bei der Kamera-Übung existieren auch bei der Kreis-Übung keine Zeitbereiche außerhalb von Aktionen. Im Gegensatz zur Kamera-Übung gibt es jedoch während einer Phase zwei unterschiedliche, aufeinanderfolgende Aktionen.

Die beiden Darstellungsformen für die Klötzchen-Übung wurden im Abschnitt 3.2.1 vorgestellt.

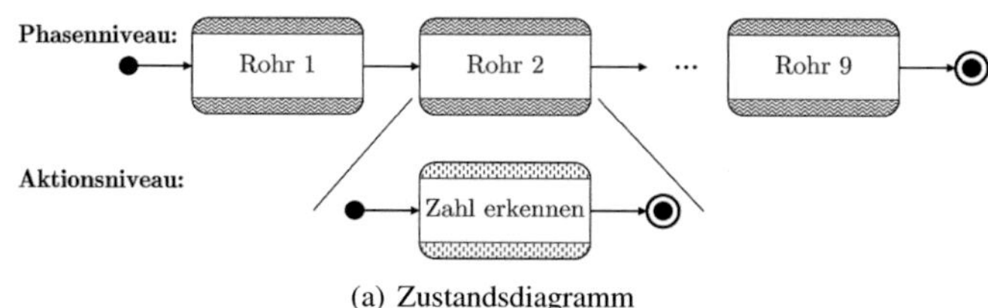

(a) Zustandsdiagramm

(b) Zeitlinien-Darstellung

Abb. A.1: Zustandsdiagramm und Zeitlinien-Darstellung für die Kamera-Übung

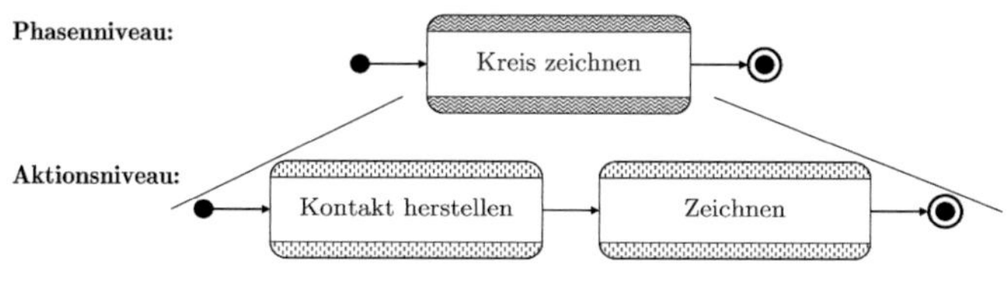

(a) Zustandsdiagramm

(b) Zeitlinien-Darstellung

Abb. A.2: Zustandsdiagramm und Zeitlinien-Darstellung für die Kreis-Übung

A.1.2 Cholezystektomie

Bei der Cholezystektomie werden nur die Zustandsdiagramme auf Aktionsniveau angegeben. Die Zeitlinien-Darstellungen variieren für unterschiedliche Durchführungen deutlich, da Anzahl und Art der Aktionen nicht so stark vorgegeben sind wie bei den Grundlagenübungen. Deshalb werden die Zeitlinien-Darstellungen nicht betrachtet. Es werden die Phasen und Aktionen entsprechend Tab. 3.4 berücksichtigt.

Für die Exploration ergibt sich das Zustandsdiagramm in Abb. A.3. Es besteht aus der Aktion „Erkundung" und der Entscheidung „Erkundung fertig?". Dieses einfache Zustandsdiagramm stellt die notwendigen Schritte bei der Exploration dar. Die Entscheidung „Erkundung fertig?" visualisiert die medizinische Vorgabe an den Trainierenden, den Bauchraum ausreichend zu erkunden. Es wird deutlich, dass durch ein Merkmal charakterisiert werden kann, ob die Vorgabe erfüllt wurde. Deshalb ist ein Zustandsdiagramm ein wichtiges Hilfsmittel zur Identifikation relevanter Merkmale während der Entwicklung eines Bewertungssystems.

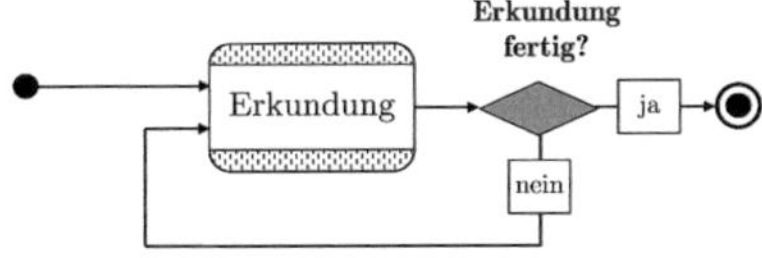

Abb. A.3: Zustandsdiagramm auf Aktionsniveau für die Exploration

Das Zustandsdiagramm für das Clippen und Schneiden von Arteria Cystica und Ductus Cysticus ist in Abb. A.4 angegeben. Die wesentlichen Aktionen sind das Clippen von Arteria Cystica und Ductus Cysticus bzw. das Durchtrennen beider Strukturen. Mögliche Blutungen und das damit verbundene Säubern sind auf Grund der Übersichtlichkeit nicht dargestellt. Wichtige Entscheidungen sind, ob ausreichend Clips entsprechend der medizinischen Vorgabe gesetzt und die beiden Strukturen durchtrennt wurden. Das wird durch die Entscheidung „Fertig?" ausgedrückt. Merkmale charakterisieren, ob die Vorgaben erfüllt sind. Die Kreuzungen im Zustandsdiagramm sind dagegen „Entscheidungen", die ein Trainierender während einer Durchführung treffen muss, ohne dass sie eine Vorgabe betreffen. So ist es z.B. nicht vorgegeben, ob der Trainierende zuerst einen Clip an Arteria Cystica oder an Ductus Cysticus setzen soll.

Für das Ausschälen der Gallenblase aus dem Leberbett ergibt sich das Zustandsdiagramm in Abb. A.5. Hier ist die wichtigste Aktion „Ausschälen" und die wesentliche Entscheidung „Ausschälen fertig?". Entsprechend der Entscheidung wird bewertet, ob die Gallenblase vollständig aus dem Leberbett gelöst wurde. Im Zustandsdiagramm wird zusätzlich berücksichtigt, ob Blutungen beim Ausschälen der Gallenblase auftreten und

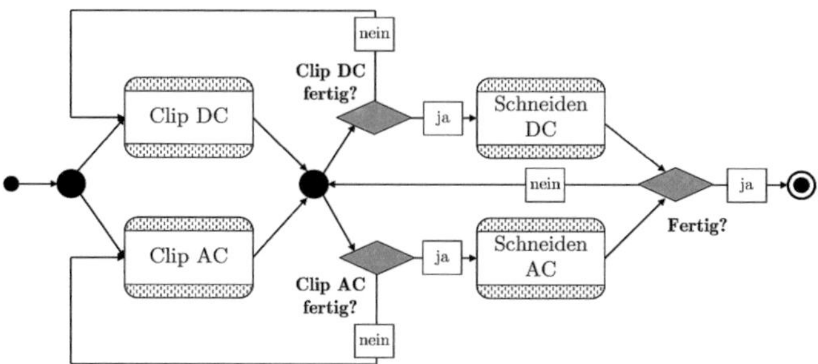

Abb. A.4: Zustandsdiagramm auf Aktionsniveau für das Clippen und Schneiden von
Arteria Cystica und Ductus Cysticus

ob dementsprechend der Bauchraum gesäubert wird. Wie in Abb. 3.6 fassen dabei die
Aktionen „Blutung" und „Säubern" verschiedene Aktionen zusammen.

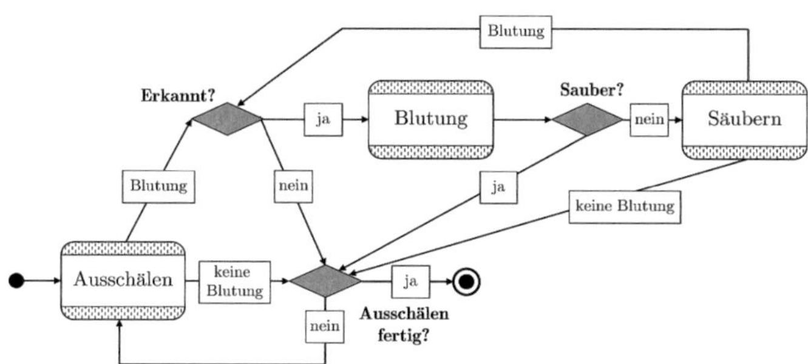

Abb. A.5: Zustandsdiagramm auf Aktionsniveau für das Ausschälen der Gallenblase

Die letzte Phase während der Cholezystektomie ist die Kontrolle. Das entsprechende Zustandsdiagramm ist in Abb. A.6 angegeben. Es soll kontrolliert werden, ob Gallenblase,
Arteria Cystica und Ductus Cysticus vollständig gelöst sind, damit die Gallenblase herausgenommen werden kann. Die medizinische Vorgabe wird durch die Entscheidung
„Kontrollen fertig?" visualisiert. Es werden Merkmale definiert, die charakterisieren, ob
ein Trainierender die Vorgabe erfüllt.

Das Zustandsdiagramm für das Präparieren des Bindegewebes wurde in Abschnitt 3.2.1
vorgestellt.

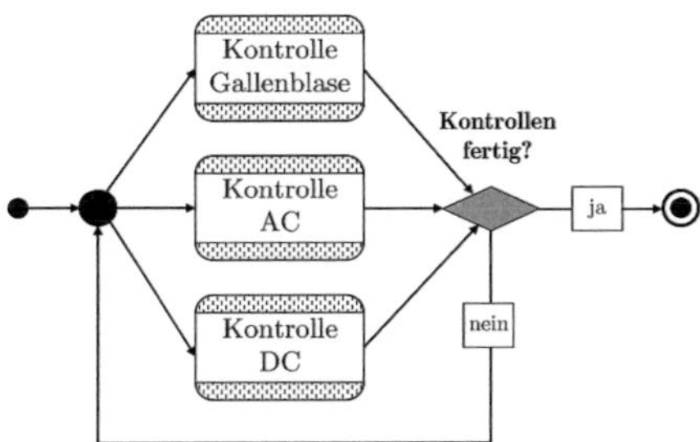

Abb. A.6: Zustandsdiagramm auf Aktionsniveau für die Kontrolle

A.2 Identifikation von Bewertungsvorschriften

Für die Identifikation der Bewertungsvorschriften muss einerseits ein so genanntes
„Lernverfahren" festgelegt werden, das angibt, wie die Parameter einer Bewertungsvor-
schrift bzw. des entsprechenden ANFIS-Modells während der Trainingsphase verändert
werden. Andererseits wird die Anfangskonfiguration eines ANFIS-Modells gewählt. Zur
Entwicklung der Bewertungsvorschriften wird auf die Fuzzy Logic Toolbox von The
MathWorks zurückgegriffen [THE MATHWORKS, 2010b].
ANFIS-Modelle werden mit einem iterativen, hybriden Lernverfahren trainiert, vergl.
[CHIU, 1997], [MITRA und HAYASHI, 2000] und [WAHYUDI und MOHAMED, 2007].
Wichtig dabei ist, dass ein ANFIS-Modell als ein Künstliches Neuronales Netz inter-
pretiert werden kann. Das Lernverfahren besteht aus zwei Schritten, die mehrmals wie-
derholt werden. Im ersten Schritt, dem „Forward Pass", werden die Parameter der Kon-
klusion entsprechend der Methode der kleinsten Quadrate verändert. Das ist sinnvoll,
da der Systemausgang linear von den Parametern der Konklusion abhängt. Im zweiten
Schritt, dem „Backward Pass", werden nur die Parameter der Prämisse verändert. Die
Fehlerterme, d.h. die Unterschiede zwischen den tatsächlichen und den vorgegebenen
Netzausgängen, breiten sich von der letzten Schicht des Netzes bis zur ersten Schicht
aus, wobei die Parameter der Prämisse entsprechend des Gradientenverfahrens verändert werden, vergl. [JANG, 1993]. Die beiden Schritte werden solange wiederholt, bis
ein vorher festgelegtes Abbruchkriterium erfüllt oder die maximale Anzahl der Epochen
erreicht ist. Dabei gibt die Anzahl der Epochen an, wie häufig die Trainingsmenge dem
Künstlichen Neuronalen Netz präsentiert wird [KOOTHS, 2004].
Für das iterative Verfahren müssen verschiedene Parameter festgelegt werden, vergl.
Tab. A.1. Als Abbruchkriterium wird ein maximaler Fehler gewählt, d.h. das Training wird nach dem Erreichen oder Unterschreiten eines vorgegebenen Fehlers beendet.
Wichtige weitere Parameter beeinflussen die Schrittweite. So muss die Anfangsschritt-
weite festgelegt werden, ihre Erhöhungsrate und ihre Verringerungsrate. Die Erhöhungsrate gibt an, um welchen Faktor die Schrittweite erhöht wird, wenn der Fehler bei vier
aufeinanderfolgenden Iterationen niedriger wird. Der Verringerungsrate beschreibt den

Faktor, um den die Schrittweite geringer wird, wenn der Fehler zweimal hintereinander abwechselnd steigt und sinkt [JASSAR et al., 2009].

Parameter	Wert
Maximale Anzahl der Epochen	10000
Maximaler Fehler	0.001
Anfangsschrittweite	0.01
Verringerungsrate (Step Size Decrease Rate)	0.9
Erhöhungsrate (Step Size Increase Rate)	1.1

Tab. A.1: Wahl der Parameter für das iterative, hybride Lernverfahren

Zu Beginn des Trainings muss eine Anfangskonfiguration für das ANFIS-Modell bzw. für das entsprechende Künstliche Neuronale Netz bestimmt werden, d.h. es werden die Parameter der Konklusion und der Prämisse festgelegt. Bei der Initialisierung des ANFIS-Modells wird der durch die Eingangsvariablen aufgespannte Raum in Regionen eingeteilt [JANG, 1993]. Jede Region entspricht einer Fuzzy-Regel. Die verschiedenen Regionen werden durch Funktionen beschrieben, mit einer Funktion für jede Eingangsvariable und Region. Nur innerhalb der Regionen erreichen die Funktionen den Wert 1, außerhalb sind sie meist 0. Die Funktionen entsprechen den Zugehörigkeitsfunktionen. Durch die Festlegung der Regionen werden deshalb die Parameter der Prämisse initialisiert [JANG und SUN, 1995]. Die Parameter der Konklusion werden entsprechend des vorgegebenen Ausgangs innerhalb der einzelnen Regionen und nach der Methode der kleinsten Quadrate bestimmt [JANG, 1993].

Es gibt verschiedene Ansätze den Raum der Eingangsvariablen einzuteilen und somit die Parameter der Prämisse festzulegen. Hier werden drei Möglichkeiten berücksichtigt:

- Grid Partition,

- Subtractive Clustering und

- Fuzzy C-Means Clustering.

Beim Grid Partition wird der Wertebereich der Eingangsgrößen in eine feste Anzahl an Intervallen eingeteilt. Die Anzahl entspricht der vorher festgelegten Anzahl der Zugehörigkeitsfunktionen pro Eingangsvariable [MADADLOU et al., 2010]. Beim Training der Bewertungsvorschriften werden zwei oder drei Zugehörigkeitsfunktionen pro Eingangsvariable gewählt. Zusätzlich wird die Art der Zugehörigkeitsfunktion, hier eine π-förmige Verteilung, festgelegt [THE MATHWORKS, 2010b]. Ein wesentlicher Nachteil des Grid Partition ist, dass die Anzahl der Regeln mit der Anzahl der Eingangsvariablen stark ansteigt [MADADLOU et al., 2010]. Das erschwert die Interpretation des Systems. Durch Clusterverfahren soll eine natürliche Gruppierung in der Datenmenge gefunden werden [DEMIRLI et al., 2003]. Die sich ergebende Anzahl der Regionen und damit auch der Regeln ist im Allgemeinen geringer als beim Grid Partition [MADADLOU et al., 2010]. Zur Initialisierung der Zugehörigkeitsfunktionen müssen die entsprechenden Bereiche auf den Koordinatenachsen bestimmt werden. Dazu werden die Cluster auf die Koordinatenachsen transformiert, [SUGENO und YASUKAWA, 1993] und [RUNKLER, 2010]. Dabei wird angenommen, dass ein Cluster einer Hyperbox entspricht [NAUCK, 2005]. Das Subtractive Clustering ist ein nicht-iteratives Clusterverfahren, bei dem die Anzahl der Cluster nicht vorgegeben ist. Als Parameter kann der Einflussbereich eines Clusterzentrums verändert werden, hier als „Radius" des Clusterzentrums bezeichnet [DEMIRLI et al., 2003]. Der Radius wird zur Identifikation der Bewertungsvorschriften als 0.5 gewählt. Das Fuzzy C-Means Clustering ist demgegenüber ein iteratives Verfahren, bei dem die Anzahl der Cluster vorher festgelegt wird. Als Parameter wird zusätzlich der Typ der Zugehörigkeitsfunktionen, hier eine Gauß-Funktion, gewählt. Da die Anzahl der Cluster nicht vorgegeben ist, wird sie zunächst durch ein Subtractive Clustering bestimmt (Radius = 0.5), vergl. [CHIU, 1994].

A.3 Ergebnisse der Merkmalsselektion

In Tab. A.2 sind die Ergebnisse der Merkmalsselektion angegeben, d.h. welche Merkmale entsprechend der Methodik in Abschnitt 2.3 als relevant für die Bewertung eines Trainierenden identifiziert wurden. Dabei wird berücksichtigt, welcher Übung die Merkmale zugeordnet sind bzw. welchem Aspekt und welchem Kriterium. Außerdem wird angegeben, ob es sich um ein diskretes bzw. kontinuierliches Merkmal handelt oder ob das Erfüllen einer medizinischen Vorgabe bewertet wird. Im Fall der Charakterisierung einer Vorgabe wird ebenfalls berücksichtigt, ob das Nichterfüllen der medizinischen Vorgabe eine Reduktion oder Minimierung der Beurteilung bewirkt.

Merkmal	Übung	Aspekt	Kriterium	Kontinuierlich/Diskret	Geeignet/Notwendig
Zeit	1	Zeit	Bahn	kontinuierlich	geeignet
Strecke	1	Strecke	Bahn	kontinuierlich	geeignet
Strecke z-Richtung	1	Strecke	Bahn	kontinuierlich	geeignet
Integral Beschleunigung	1	Gleichmäßigkeit Bewegung	Bahn	kontinuierlich	geeignet
Extrema Beschleunigung	1	Gleichmäßigkeit Bewegung	Bahn	kontinuierlich	geeignet
Strecke Peak Geschwindigkeit	1	Zielstrebigkeit	Bahn	kontinuierlich	geeignet
Volumen konvexe Hülle	1	Raum	Bahn	kontinuierlich	geeignet
Extrema Abstand	1	Glattheit Kurve	Bahn	kontinuierlich	geeignet
Eintritte Sichtbereich	1	Verhalten gesamter Bereich	Tiefe	kontinuierlich	geeignet
Direktheit	1	Verhalten gesamter Bereich	Tiefe	kontinuierlich	geeignet
Zeit Sichtbereich	1	Verhalten Nahbereich	Tiefe	kontinuierlich	geeignet
Anzahl Fehler	1	Fehler	Technik	diskret	geeignet
Visualisierung Ziel	1	Visualisierung Ziel	Technik	kontinuierlich	geeignet
Rotation Horizont	1	Horizont	Technik	kontinuierlich	geeignet
Optik-Rotation Austritte Sichtbereich	1	Optik	Technik	kontinuierlich	geeignet
Anteil schnelle Optik-Rotation	1	Optik	Technik	kontinuierlich	geeignet
Streuung Merkmale	1	Streuung Merkmale	Technik	kontinuierlich	geeignet
Zeit	2	Zeit	Bahn	kontinuierlich	geeignet
Strecke	2	Strecke	Bahn	kontinuierlich	geeignet
Volumen konvexe Hülle	2	Raum	Bahn	kontinuierlich	geeignet
Rotation Instrument	2	Rotation Instrument	Bahn	kontinuierlich	geeignet
Extrema Geschwindigkeit	2	Gleichmäßigkeit Bewegung	Bahn	kontinuierlich	geeignet
Abstand	2	Glattheit Kurve	Bahn	kontinuierlich	geeignet
Extrema Abstand	2	Glattheit Kurve	Bahn	kontinuierlich	geeignet
Direktheit	2	Verhalten gesamter Bereich	Tiefe	kontinuierlich	geeignet
Strecke Nahbereich	2	Verhalten Nahbereich	Tiefe	kontinuierlich	geeignet
Anzahl Fehler	2	Fehler	Technik	diskret	geeignet
Streuung Merkmale	2	Streuung Merkmale	Technik	kontinuierlich	geeignet
Unterschied Merkmale	2	Ähnlichkeit Hand	2-Hand	kontinuierlich	geeignet
Zeit	3	Zeit	Bahn	kontinuierlich	geeignet
Fortsetzung auf nächster Seite					

Merkmal	Übung	Aspekt	Kriterium	Kontinuierlich/Diskret	Geeignet/Notwendig
Strecke	3	Strecke	Bahn	kontinuierlich	geeignet
Maximale Beschleunigung	3	Beschleunigung	Bahn	kontinuierlich	geeignet
Rotation Instrument	3	Rotation Instrument	Bahn	kontinuierlich	geeignet
Anzahl Peak Geschwindigkeit Platte	3	Zielstrebigkeit	Bahn	kontinuierlich	geeignet
Extrema Geschwindigkeit	3	Gleichmäßigkeit Bewegung	Bahn	kontinuierlich	geeignet
Abstand	3	Glattheit Kurve	Bahn	kontinuierlich	geeignet
Veränderung Eindrücktiefe in Platte	3	Tiefenwahrnehmung	Tiefe	kontinuierlich	geeignet
Maximale Tiefe (Platte und Abheben)	3	Tiefenwahrnehmung	Tiefe	kontinuierlich	geeignet
Austritt Kreis	3	Fehler	Technik	kontinuierlich	geeignet
Abheben Zeichenplatte	3	Fehler	Technik	kontinuierlich	geeignet
Kreis falsche Richtung	3	Schönheit Kreis	Technik	kontinuierlich	geeignet
Gleichmäßigkeit Kreis	3	Schönheit Kreis	Technik	kontinuierlich	geeignet
Unabhängigkeit Handbewegung	3	Unabhängigkeit Handbewegung	2-Hand	kontinuierlich	geeignet
Zeit [(sum)]	4	Zeit	Bahn	kontinuierlich	geeignet
Zeit Stillstand [(sum)]	4	Zeit	Bahn	kontinuierlich	geeignet
Strecke [(sum)]	4	Strecke	Bahn	kontinuierlich	geeignet
Strecke y-Richtung [Pr. Binde. (mittel)]	4	Strecke	Bahn	kontinuierlich	geeignet
Volumen konvexe Hülle [(mittel)]	4	Raum	Bahn	kontinuierlich	geeignet
Volumen konvexe Hülle [Pr. Binde. (mittel)]	4	Raum	Bahn	kontinuierlich	geeignet
Volumen konvexe Hülle [Clip Schnitt (mittel)]	4	Raum	Bahn	kontinuierlich	geeignet
Maximale Beschleunigung [außerhalb (mittel)]	4	Beschleunigung	Bahn	kontinuierlich	geeignet
Extrema Beschleunigung [(sum)]	4	Gleichmäßigkeit Bewegung	Bahn	kontinuierlich	geeignet
Wendepunkte [(sum)]	4	Glattheit Kurve	Bahn	kontinuierlich	geeignet
Anzahl Peak Geschwindigkeit [(sum)]	4	Zielstrebigkeit	Bahn	kontinuierlich	geeignet
Strecke Peak Geschwindigkeit [Pr. Binde. (mittel)]	4	Zielstrebigkeit	Bahn	kontinuierlich	geeignet
Extrema Instrumentenrotation [(sum)]	4	Instrumentenrotation	Bahn	kontinuierlich	geeignet
Anteil Zeit Nahbereich [Clip Schnitt (mittel)]	4	Zielgerichtetheit	Tiefe	kontinuierlich	geeignet
Anzahl Greifversuche [(sum)]	4	Versuche	Tiefe	diskret	geeignet
Zurückziehen [Clip Schnitt (mittel)]	4	Zurückziehen	Tiefe	kontinuierlich	geeignet
Eintritte Nahbereich [Pr. Binde. (sum)]	4	Verhalten gesamter Bereich	Tiefe	kontinuierlich	geeignet
Eintritte Nahbereich [Clip Schnitt (sum)]	4	Verhalten gesamter Bereich	Tiefe	kontinuierlich	geeignet
Strecke Nahbereich [Pr. Binde. (sum)]	4	Verhalten Nahbereich	Technik	kontinuierlich	geeignet
Zeit Nahbereich [Pr. Binde. (sum)]	4	Verhalten Nahbereich	Technik	kontinuierlich	geeignet
Anzahl Berührungen [(sum)]	4	Berührungen	Technik	diskret	geeignet
Instrument Sichtfeld [(mittel)]	4	Instrument Sichtfeld	Technik	kontinuierlich	geeignet
Öffnen Instrument [Pr. Binde. (sum)]	4	Öffnen Instrument	Technik	kontinuierlich	geeignet
Konstanz Richtung [Pr. Binde.]	4	Richtung Präparieren Binde.	Technik	diskret	geeignet
Maximale Kraft [Clip Schnitt (mittel)]	4	Maximale Kraft	Kraft	kontinuierlich	geeignet
Kraft Zeit [(mittel)]	4	Kraft Zeit	Kraft	kontinuierlich	geeignet
Kraft Zeit [Clip Schnitt (mittel)]	4	Kraft Zeit	Kraft	kontinuierlich	geeignet
Kraft [Clip (mittel)]	4	Kraft Clip	Kraft	kontinuierlich	geeignet
Kraft Peak [(mittel)]	4	Kraft Gleichmäßigkeit	Kraft	kontinuierlich	geeignet
Kraft [unterstützend (mittel)]	4	Kraft Unterstützung	2-Hand	kontinuierlich	geeignet
Strecke [unterstützend (mittel)]	4	Strecke Unterstützung	2-Hand	kontinuierlich	geeignet
Maximaler Unterschied Merkmale [(max)]	4	Unterschied Merkmale	2-Hand	kontinuierlich	geeignet
Richtung Präparieren Binde. um DC/AC	4			diskret	notwendig (red)
Richtung Präparieren Binde. zwischen DC/AC	4			diskret	notwendig (red)
Richtung Ausschälen GB rechts	4			diskret	notwendig (red)
Richtung Ausschälen GB links	4			diskret	notwendig (red)
Gelöschte Knoten Binde. um DC/AC	4			diskret	notwendig (red, min)
Gelöschte Knoten Binde. zwischen DC/AC	4			diskret	notwendig (red, min)
Gelöschte Knoten GB	4			diskret	notwendig (min)
Bereich Schnitt AC	4			diskret	notwendig (red)
Bereich Schnitt DC	4			diskret	notwendig (red)
Anzahl Clip AC	4			diskret	notwendig (red, min)
Anzahl Clip DC	4			diskret	notwendig (red, min)
Anzahl Schnitt AC	4			diskret	notwendig (min)
Anzahl Schnitt DC	4			diskret	notwendig (min)
Kontrolle AC	4			diskret	notwendig (red, min)
Kontrolle DC	4			diskret	notwendig (red, min)
Kontrolle GB	4			diskret	notwendig (min)
Anzahl Blutungen	4			diskret	notwendig (red)

Tab. A.2: Übersicht über ausgewählte Merkmale und Zuordnung zu Übungen, Aspekten bzw. Kriterien

Anmerkung zu Tab. A.2: Wenn ein Merkmal aus Signalabschnitten innerhalb oder außerhalb von Aktionen extrahiert wird, ist das in eckigen Klammern bei der Bezeichnung des Merkmals angegeben (z.B. [Pr. Binde.]). Dabei gelten dieselben Abkürzungen, wie sie im Rahmen der Realisierung in Kapitel 3 eingeführt wurden. Bei der Bezeichnung wird zusätzlich berücksichtigt, ob die Merkmale über verschiedene gleichartige Aktionen summiert (sum) oder gemittelt (mittel) werden bzw. ob die Maxima (max) bestimmt werden, um eine Aussage über die gesamte Übung zu ermöglichen. Die Kamera-Übung wird durch Übung 1 repräsentiert, die Klötzchen-Übung durch Übung 2, die Kreis-Übung durch Übung 3 und die Cholezystektomie durch Übung 4. Das Kriterium „Bahn" steht für die Bewegung der Instrumente, „Tiefe" für Tiefenwahrnehmung, „2-Hand" für Beidhändigkeit bzw. „Technik" für Technik und Fehler. Die Angabe „Kontinuierlich/-Diskret" beschreibt, ob es sich um ein diskretes oder kontinuierliches Merkmal handelt. Diskrete Merkmale werden basierend auf den innerhalb einer Simulation aufgetretenen Ereignissen extrahiert. Bei kontinuierlichen Merkmalen stellen dagegen die kontinuierlichen Signale die Grundlage dar. Durch „Geeignet/Notwendig" wird angegeben, ob es ein allgemein geeignetes Merkmal ist, das bei der Merkmalsselektion ausgewählt wurde, oder ein aus medizinischer Sicht notwendiges Merkmal, das das Erfüllen medizinischer Vorgaben bewertet. Wird die Beurteilung minimal, wenn die Vorgabe nicht erfüllt wurde, ist das in der Bezeichnung durch „min" ausgedrückt, und wird die Bewertung nur reduziert, so ist das durch „red" berücksichtigt. Die Abkürzung „red, min" bedeutet, dass die Bewertung zunächst abhängig vom Wert des Merkmals reduziert wird und ab einem vorher festgelegten Schwellwert minimal ist.

A.4 Ergebnisse der Signifikanz-Untersuchungen

Es werden die Ergebnisse der Signifikanz-Untersuchungen zur Unterscheidbarkeit von Gruppen bzw. zur Verbesserung dieser angegeben. Die Signifikanz-Untersuchungen stellen die Grundlage für die Auswertung der beiden Studien dar, d.h. der Studie mit Berücksichtigung der Lernkurven und der Studie mit Medizinern. Die Unterschiede zwischen und innerhalb der Gruppen werden durch α-Fehler charakterisiert. Die α-Fehler werden auf Grundlage von ANOVA-Untersuchungen ermittelt und erlauben eine Aussage darüber, ob der Unterschied zwischen Gruppen oder die Verbesserung einer Gruppe signifikant ist. Je geringer der α-Fehler, desto deutlicher ist die Verbesserung bzw. der Unterschied, vergl. Abschnitt 3.3.1. Wenn der α-Fehler niedriger als das Signifikanz-niveau $\alpha = 0.05$ ist, gilt der Unterschied bzw. die Verbesserung als signifikant. Die α-Fehler werden für die verschiedenen Abstraktionsniveaus in Abschnitt 2.1 bestimmt, d.h. für die Merkmale bzw. für die Bewertungen der Aspekte, der Kriterien, der gesamten Übung und der Übung unter Berücksichtigung der Historie (bei der Studie mit Medizinern nicht möglich). Die Zuordnung der Merkmale zu den Aspekten und Kriterien entspricht der Zuordnung in Tab. A.2. Dabei werden dieselben Bezeichnungen mit den gleichen Abkürzungen gewählt. Zusätzlich werden die α-Fehler für die Verhaltensebene, in die die Grundlagenübungen einfließen, und für die umfassende minimal invasive Fertigkeit angegeben. Das ist jedoch nur für die Studie mit Berücksichtigung der Lernkurven möglich, da in der Studie mit Medizinern zu wenige Durchführungen pro Teilnehmer für die Auswertung der Historie zur Verfügung stehen.
Die α-Fehler $p_{\text{EA,Beg}}$ und $p_{\text{A,Beg}}$ geben die Signifikanz des Unterschiedes zwischen Anfängern und Erfahrenen bzw. zwischen talentierten und übrigen Anfängern während der

ersten beiden Durchführungen für die Studie mit Berücksichtigung der Lernkurven an. Die α-Fehler $p_{EA,End}$ und $p_{A,End}$ charakterisieren die entsprechenden Unterschiede während der letzten beiden Durchgänge. Die Verbesserung der Erfahrenen bzw. der Anfänger wird durch die α-Fehler $p_{Erf,Lern}$ bzw. $p_{Anf,Lern}$ beschrieben.

Für die Studie mit Medizinern bzw. Chirurgen werden die Unterschiede zwischen den Gruppen durch die α-Fehler $p_{C,EA}$ und $p_{C,E}$ charakterisiert. Der α-Fehler $p_{C,EA}$ gibt die Signifikanz des Unterschiedes zwischen Teilnehmern, die bereits Erfahrung im Bereich der MIC sammeln konnten, und Anfängern an, die noch keine Erfahrung besitzen. Durch den α-Fehler $p_{C,E}$ wird die Signifikanz des Unterschiedes zwischen Probanden mit mittlerer Erfahrung in der MIC und Experten charakterisiert.

Für die Kamera-Übung sind die Ergebnisse in Tab. A.3 dargestellt. Tabelle A.4 fasst die Ergebnisse für die Klötzchen-Übung zusammen und Tab. A.5 für die Kreis-Übung. In Tab. A.6 sind die Ergebnisse der Cholezystektomie angegeben und in Tab. A.7 für die Bewertung der Verhaltensebene bzw. der umfassenden minimal invasiven Fertigkeit.

Merkmal	$p_{EA,Beg}$	$p_{A,Beg}$	$p_{Erf,Lern}$	$p_{Anf,Lern}$	$p_{EA,End}$	$p_{A,End}$	$p_{C,EA}$	$p_{C,E}$
Zeit	3.12E–4	1.73E–4	4.80E–1	2.64E–10	7.07E–2	6.06E–3	9.50E–7	6.55E–1
Integral Beschleunigung	5.54E–2	1.79E–8	3.78E–1	4.72E–2	6.56E–2	3.68E–4	1.08E–3	2.24E–1
Extrema Beschleunigung	7.24E–4	2.45E–6	2.15E–1	8.61E–9	3.21E–2	3.00E–3	1.82E–6	4.91E–1
Volumen konvexe Hülle	3.68E–4	2.10E–4	5.56E–1	3.29E–7	4.77E–2	9.97E–3	5.27E–6	5.59E–1
Strecke	2.68E–3	3.34E–9	3.62E–1	1.15E–6	5.42E–2	1.80E–3	1.45E–6	4.31E–1
Strecke z-Richtung	2.88E–3	2.86E–9	4.08E–1	3.57E–6	8.73E–2	1.65E–3	1.39E–6	4.55E–1
Strecke Peak Geschwindigkeit	1.38E–3	1.17E–8	2.71E–1	6.00E–7	6.90E–2	9.73E–3	5.60E–5	4.02E–1
Anzahl Fehler	1.45E–1	5.27E–2	1.00E0	9.07E–1	1.75E–1	1.28E–1	6.98E–2	7.17E–1
Visualisierung Ziel	3.06E–3	3.31E–5	5.55E–1	2.55E–8	3.45E–2	4.74E–2	5.86E–5	6.72E–1
Optik-Rotation Austritte Sichtbereich	3.07E–3	1.82E–3	1.00E0	2.21E–6	2.07E–1	3.17E–1	2.59E–3	4.09E–1
Anteil schnelle Optik-Rotation	1.50E–11	1.37E–2	1.04E–2	1.78E–12	3.95E–3	6.93E–2	2.28E–7	1.39E–1
Rotation Horizont	3.08E–2	4.49E–8	7.17E–1	7.87E–4	1.73E–1	7.16E–4	3.49E–3	3.93E–1
Extrema Abstand	6.30E–4	5.70E–5	3.48E–1	3.14E–9	9.29E–3	5.58E–3	3.39E–6	5.74E–1
Direktheit	8.52E–3	2.47E–7	4.01E–1	7.47E–6	5.98E–2	2.60E–2	2.73E–6	4.74E–1
Eintritte Sichtbereich	1.38E–3	2.67E–3	1.63E–1	3.41E–7	3.83E–3	8.74E–2	7.78E–5	5.22E–1
Streuung Merkmale	6.10E–3	3.39E–7	2.92E–1	6.12E–6	2.02E–2	4.26E–3	3.96E–4	8.90E–1
Zeit Sichtbereich	3.98E–4	9.34E–1	6.74E–1	1.85E–9	2.80E–2	2.01E–1	2.50E–5	8.83E–1
Aspekte								
Zeit	4.01E–3	3.30E–2	1.00E0	6.11E–8	6.28E–1	9.01E–3	1.17E–8	7.79E–1
Gleichmäßigkeit der Bewegung	2.67E–4	2.03E–3	3.34E–1	1.24E–9	2.31E–1	8.64E–4	2.59E–7	7.59E–1
Raum	3.32E–4	9.38E–4	4.15E–1	3.14E–7	1.65E–1	1.31E–2	2.77E–7	7.19E–1
Strecke	3.79E–5	1.38E–5	2.91E–1	7.85E–10	8.60E–2	1.26E–3	8.19E–8	5.40E–1
Zielstrebigkeit	3.35E–4	5.39E–7	2.27E–1	5.17E–8	1.09E–1	5.09E–3	3.27E–6	4.41E–1
Fehler	1.32E–1	9.63E–2	1.00E0	8.88E–1	1.61E–1	7.33E–2	1.54E–1	7.17E–1
Visualisierung Ziel	4.22E–4	1.94E–3	6.12E–1	1.83E–11	1.93E–1	3.80E–2	2.46E–5	9.01E–1
Optik	5.73E–8	1.69E–3	7.53E–3	4.98E–11	3.94E–3	2.13E–1	1.22E–2	4.53E–1
Horizont	6.93E–4	5.46E–6	4.25E–1	7.30E–6	1.89E–1	2.10E–3	3.16E–6	4.14E–1
Glattheit Kurve	1.18E–3	3.11E–3	1.00E0	1.82E–9	5.68E–1	1.03E–2	2.37E–6	9.90E–1
Verhalten gesamter Bereich	4.28E–4	1.88E–4	3.34E–1	2.54E–8	2.10E–1	1.30E–2	8.09E–6	5.61E–1
Streuung Merkmale	1.88E–3	8.39E–5	2.95E–1	7.68E–7	5.91E–2	5.85E–3	3.86E–6	8.47E–1
Verhalten Nahbereich	8.17E–4	8.95E–1	3.57E–1	9.22E–10	8.47E–2	1.07E–1	3.73E–5	8.50E–1
Kriterien								
Tiefenwahrnehmung	4.42E–5	2.14E–2	1.00E0	1.84E–10	2.49E–1	4.56E–2	5.14E–4	4.23E–1
Bewegung der Instrumente	1.69E–4	9.97E–5	3.91E–1	6.08E–10	2.70E–1	3.08E–3	5.19E–8	7.21E–1
Technik und Fehler	1.09E–7	4.65E–4	3.34E–1	5.71E–9	1.84E–2	1.37E–2	4.96E–4	6.14E–1
Übung								
Übung	4.19E–6	1.02E–3	2.72E–1	1.07E–11	8.14E–2	4.53E–3	3.64E–6	5.99E–1
Historie	4.44E–9	3.40E–3	3.48E–1	8.10E–6	2.23E–3	8.08E–4	-	-

Tab. A.3: α-Fehler bei der Kamera-Übung

Merkmal	$p_{EA,Beg}$	$p_{A,Beg}$	$p_{Erf,Lern}$	$p_{Anf,Lern}$	$p_{EA,End}$	$p_{A,End}$	$p_{C,EA}$	$p_{C,E}$
Zeit	1.41E–2	7.88E–1	9.22E–1	1.79E–7	4.28E–1	4.96E–4	5.91E–9	1.15E–1
Strecke	1.31E–3	6.89E–1	4.33E–3	9.60E–8	5.92E–4	9.76E–2	1.74E–8	3.59E–1
Direktheit	1.72E–3	2.49E–1	3.42E–2	9.82E–9	2.49E–3	5.86E–2	1.51E–6	2.57E–1
Strecke Nahbereich	1.30E–3	7.29E–3	2.36E–1	4.04E–8	3.63E–2	3.16E–1	6.28E–5	3.53E–1
Volumen konvexe Hülle	1.13E–4	6.61E–1	6.15E–1	2.01E–7	4.70E–2	2.69E–1	6.66E–7	2.13E–1

<table><tr><td colspan="9" align="center">Fortsetzung auf nächster Seite</td></tr></table>

Merkmal	$p_{EA,Beg}$	$p_{A,Beg}$	$p_{Erf,Lern}$	$p_{Anf,Lern}$	$p_{EA,End}$	$p_{A,End}$	$p_{C,EA}$	$p_{C,E}$
Anzahl Fehler	3.75E–3	4.34E–3	4.79E–1	9.21E–7	5.34E–2	4.07E–1	7.07E–3	2.55E–1
Rotation Instrument	2.13E–3	8.63E–1	6.80E–1	5.29E–3	1.08E–1	4.85E–2	5.14E–9	2.44E–1
Extrema Abstand	7.99E–4	6.46E–1	2.21E–1	9.95E–9	4.67E–2	2.59E–4	2.73E–11	8.21E–2
Abstand	1.54E–5	7.88E–2	1.53E–2	7.24E–8	1.50E–5	2.68E–1	1.56E–4	1.57E–1
Extrema Geschwindigkeit	2.00E–4	2.02E–1	1.12E–2	5.41E–9	8.93E–6	1.41E–1	2.11E–7	4.16E–1
Unterschied Merkmale	3.08E–4	1.21E–1	4.58E–2	1.04E–9	9.91E–3	1.47E–2	1.53E–8	1.72E–1
Streuung Merkmale	7.54E–5	7.13E–1	8.10E–2	9.48E–9	2.28E–5	1.29E–1	1.05E–4	2.32E–1
Aspekte								
Zeit	1.22E–2	3.60E–1	9.74E–1	5.51E–9	2.35E–1	5.51E–4	1.57E–3	4.04E–2
Strecke	9.36E–5	3.70E–1	7.52E–3	3.22E–10	1.10E–2	3.23E–2	3.06E–7	3.26E–1
Verhalten gesamter Bereich	2.00E–6	3.22E–2	6.93E–2	1.23E–14	6.41E–3	5.10E–2	1.92E–4	1.65E–1
Verhalten Nahbereich	1.89E–3	1.77E–2	3.34E–1	2.06E–7	2.75E–1	4.36E–1	7.59E–4	4.28E–1
Raum	1.19E–8	7.87E–1	5.68E–1	7.87E–10	5.44E–2	3.65E–1	1.64E–4	1.31E–1
Fehler	2.88E–2	4.49E–3	3.34E–1	1.49E–6	4.58E–1	2.37E–1	6.46E–3	1.01E–1
Rotation Instrument	2.24E–4	7.83E–1	3.40E–1	3.37E–5	3.30E–2	1.37E–1	2.93E–5	1.70E–1
Glattheit Kurve	6.64E–6	2.08E–1	1.53E–1	3.80E–9	2.87E–2	2.17E–1	1.59E–4	1.84E–1
Gleichmäßigkeit Bewegung	6.11E–9	8.69E–2	1.47E–2	5.33E–15	7.86E–4	1.37E–1	5.80E–4	5.36E–1
Unterschied Merkmale	4.86E–7	7.25E–4	1.99E–1	1.26E–12	5.17E–2	2.76E–2	4.52E–3	1.40E–1
Streuung Merkmale	2.36E–7	1.12E–1	2.27E–1	4.88E–13	3.61E–3	1.66E–1	1.52E–3	2.34E–1
Kriterien								
Tiefenwahrnehmung	8.76E–7	5.94E–3	3.34E–1	5.01E–14	2.05E–1	1.39E–1	4.11E–3	3.79E–1
Bewegung der Instrumente	3.48E–10	4.32E–1	3.97E–1	7.53E–13	3.65E–2	3.43E–2	1.24E–3	4.84E–3
Technik und Fehler	7.73E–5	4.06E–3	3.34E–1	2.53E–12	2.65E–1	7.75E–1	4.33E–2	2.69E–1
Beidhändigkeit	4.86E–7	7.25E–4	1.99E–1	1.26E–12	5.17E–2	2.76E–2	4.52E–3	1.40E–1
Übung								
Übung	1.40E–8	1.49E–3	8.01E–2	0.00E0	2.00E–2	2.82E–2	6.35E–3	1.68E–1
Historie	1.39E–9	4.63E–3	5.17E–1	6.52E–11	1.62E–2	1.62E–2	-	-

Tab. A.4: α-Fehler bei der Klötzchen-Übung

Anmerkung zu Tab. A.4: Die α-Fehler zur Bewertung ausschließlich der linken oder rechten Hand werden nicht angegeben.

Merkmal	$p_{EA,Beg}$	$p_{A,Beg}$	$p_{Erf,Lern}$	$p_{Anf,Lern}$	$p_{EA,End}$	$p_{A,End}$	$p_{C,EA}$	$p_{C,E}$
Zeit	2.02E–2	3.00E–2	6.65E–3	1.72E–6	4.05E–1	3.38E–1	5.50E–3	1.14E–1
Strecke	5.90E–2	5.74E–6	8.45E–1	2.00E–3	1.38E–1	7.67E–7	2.54E–3	1.54E–1
Maximale Beschleunigung	3.32E–2	1.39E–6	9.02E–1	3.92E–1	6.44E–2	8.21E–8	1.33E–4	5.91E–1
Anzahl Peak Geschwindigkeit Platte	2.10E–2	2.35E–1	6.62E–1	1.32E–4	7.32E–1	1.46E–2	2.45E–2	1.59E–2
Abstand	5.56E–4	7.10E–7	2.99E–1	1.60E–2	1.07E–3	2.25E–4	1.35E–9	2.90E–1
Austritt Kreis	3.47E–2	1.89E–8	3.34E–1	3.00E–3	2.84E–1	4.31E–4	7.18E–4	4.34E–1
Abheben Zeichenplatte	8.42E–2	1.54E–4	3.34E–1	1.61E–2	4.33E–2	9.47E–3	3.17E–3	1.16E–1
Rotation Instrument	1.68E–1	1.12E–1	4.74E–1	1.58E–2	5.36E–1	2.93E–1	2.34E–3	2.46E–1
Kreis falsche Richtung	1.23E–1	1.64E–4	5.94E–1	1.28E–2	2.75E–1	2.61E–4	1.64E–3	2.76E–1
Gleichmäßigkeit Kreis	1.95E–2	2.22E–5	5.33E–1	1.47E–3	7.45E–2	3.40E–4	5.18E–3	1.24E–1
Unabhängigkeit Handbewegung	2.10E–4	6.06E–2	4.80E–1	1.10E–6	8.32E–1	4.83E–4	3.73E–4	4.70E–1
Veränderung Eindrücktiefe in Platte	3.75E–2	8.75E–7	9.49E–1	1.30E–3	3.60E–1	1.49E–2	4.44E–3	6.30E–3
Maximale Tiefe (Platte und Abheben)	1.75E–1	2.38E–2	4.97E–1	2.86E–2	5.84E–1	2.93E–3	2.17E–3	7.50E–2
Extrema Geschwindigkeit	7.31E–2	6.09E–6	3.34E–1	6.46E–2	1.38E–1	7.69E–6	4.14E–3	1.55E–1
Aspekte								
Zeit	6.43E–3	6.83E–2	7.47E–3	7.34E–7	2.44E–1	3.13E–1	5.82E–2	1.12E–1
Strecke	2.89E–4	9.63E–6	9.85E–1	4.44E–5	1.06E–1	1.95E–5	2.93E–12	1.51E–1
Beschleunigung	1.16E–2	8.97E–6	8.37E–1	1.89E–1	3.61E–2	1.34E–6	1.14E–5	5.67E–1
Zielstrebigkeit	2.72E–3	1.75E–1	6.59E–1	5.72E–5	7.91E–1	1.49E–2	4.21E–2	5.49E–3
Glattheit Kurve	3.70E–4	9.65E–5	4.95E–1	2.24E–2	3.65E–4	2.93E–2	3.14E–6	7.13E–1
Fehler	2.59E–2	3.15E–6	3.34E–1	5.23E–3	4.46E–2	2.09E–5	6.47E–6	2.03E–1
Rotation Instrument	8.79E–2	1.88E–3	3.97E–1	2.01E–2	3.61E–1	2.12E–1	5.15E–10	2.65E–1
Schönheit Kreis	4.79E–4	1.77E–6	7.40E–1	2.12E–4	6.77E–2	5.17E–3	2.97E–6	9.40E–2
Unabhängigkeit Handbewegung	4.57E–4	1.67E–2	3.77E–1	3.51E–5	2.95E–1	3.50E–6	8.08E–4	7.86E–1
Tiefenwahrnehmung	4.23E–3	1.36E–4	8.73E–1	2.34E–3	1.60E–1	1.83E–1	2.21E–3	4.07E–3
Gleichmäßigkeit Bewegung	5.40E–2	3.23E–5	3.34E–1	7.97E–2	1.87E–1	3.99E–6	9.16E–4	3.71E–1
Kriterien								
Tiefenwahrnehmung	4.23E–3	1.36E–4	8.73E–1	2.34E–3	1.60E–1	1.83E–1	2.21E–3	4.07E–3
Bewegung der Instrumente	8.85E–5	2.66E–6	9.39E–1	1.78E–5	3.26E–2	2.20E–4	2.06E–8	1.66E–2
Technik und Fehler	2.87E–3	1.77E–3	3.34E–1	4.47E–3	5.22E–2	1.06E–3	4.65E–8	4.72E–2
Beidhändigkeit	4.57E–4	1.67E–2	3.77E–1	3.51E–5	2.95E–1	3.50E–6	8.08E–4	7.86E–1
Übung								
Übung	2.32E–4	6.68E–6	5.68E–1	5.26E–5	4.26E–2	1.62E–4	4.21E–7	2.30E–2
Historie	8.59E–9	2.61E–5	7.80E–1	3.12E–3	1.07E–4	2.46E–3	-	-

Tab. A.5: α-Fehler bei der Kreis-Übung

Merkmal	$p_{EA,Beg}$	$p_{Erf,Lern}$	$p_{Anf,Lern}$	$p_{EA,End}$	$p_{C,EA}$	$p_{C,E}$
Strecke [unterstützend (mittel)]	3.74E–2	4.58E–2	4.00E–1	3.50E–3	3.59E–1	3.44E–1
Kraft [unterstützend (mittel)]	5.04E–3	4.25E–1	8.08E–2	4.55E–2	9.10E–1	4.81E–1
Zeit [(sum)]	4.13E–6	1.11E–1	4.57E–8	1.59E–3	2.94E–1	5.58E–1
Zeit Stillstand [(sum)]	1.06E–3	8.44E–1	8.67E–3	5.46E–2	7.87E–1	5.57E–1
Strecke [(sum)]	1.18E–3	2.56E–3	9.27E–5	1.65E–3	5.49E–1	7.44E–1
Strecke y-Richtung [Pr. Binde. (mittel)]	8.57E–4	9.45E–1	2.47E–3	2.53E–3	3.57E–1	5.79E–1
Volumen konvexe Hülle [(mittel)]	5.91E–4	1.39E–2	8.12E–3	1.27E–1	8.03E–1	9.61E–1
Volumen konvexe Hülle [Pr. Binde. (mittel)]	2.53E–2	8.09E–1	1.26E–2	4.73E–2	3.93E–1	6.18E–1
Volumen konvexe Hülle [Clip Schnitt (mittel)]	5.99E–3	4.49E–1	1.84E–2	2.25E–1	6.04E–1	8.75E–1
Maximale Beschleunigung [außerhalb (mittel)]	5.93E–2	1.44E–1	1.09E–1	6.61E–2	7.48E–1	9.91E–1
Maximale Kraft [Clip Schnitt (mittel)]	1.68E–2	1.57E–1	1.42E–1	1.23E–1	8.86E–1	7.44E–1
Kraft Zeit [(mittel)]	9.35E–5	1.16E–1	5.02E–8	6.37E–2	3.86E–1	8.62E–1
Kraft Zeit [Clip Schnitt (mittel)]	2.50E–4	1.92E–1	7.77E–2	6.35E–3	6.35E–1	4.91E–1
Kraft Peak [(mittel)]	1.07E–3	5.47E–3	5.49E–7	1.70E–2	5.37E–1	7.96E–1
Kraft [Clip (mittel)]	1.90E–3	1.85E–2	6.85E–2	6.27E–2	4.51E–1	7.10E–1
Extrema Instrumentenrotation [(sum)]	1.62E–4	1.30E–2	1.72E–6	8.54E–3	5.65E–2	5.62E–1
Öffnen Instrument [Pr. Binde. (sum)]	9.89E–3	3.62E–1	9.57E–3	8.53E–2	6.96E–1	4.18E–1
Instrument Sichtfeld [(mittel)]	1.24E–3	3.28E–1	7.82E–1	7.88E–3	4.51E–1	4.48E–1
Extrema Beschleunigung [(sum)]	1.74E–4	7.26E–3	6.89E–6	1.28E–3	2.05E–1	5.35E–1
Wendepunkte [(sum)]	7.49E–6	2.86E–1	2.07E–7	4.06E–3	2.67E–1	5.44E–1
Strecke Peak Geschwindigkeit [Pr. Binde. (mittel)]	2.10E–2	5.56E–1	1.40E–2	6.06E–2	3.34E–1	5.68E–1
Anzahl Peak Geschwindigkeit [(sum)]	9.28E–4	1.29E–3	3.76E–5	1.34E–3	1.23E–1	5.80E–1
Zurückziehen [Clip Schnitt (mittel)]	3.08E–5	3.18E–1	3.06E–5	9.22E–4	5.88E–1	8.20E–1
Eintritte Nahbereich [Pr. Binde. (sum)]	3.57E–2	7.91E–2	3.14E–2	5.96E–2	4.05E–1	5.86E–1
Eintritte Nahbereich [Clip Schnitt (sum)]	4.15E–4	1.03E–1	2.60E–4	5.53E–3	3.38E–1	7.33E–1
Anteil Zeit Nahbereich [Clip Schnitt (mittel)]	1.67E–2	8.55E–1	1.11E–2	3.59E–1	3.47E–1	8.12E–1
Anzahl Berührungen [(sum)]	1.43E–4	9.45E–2	5.66E–6	3.49E–4	4.59E–1	6.66E–1
Anzahl Greifversuche [(sum)]	1.42E–2	1.81E–1	1.27E–1	6.83E–2	9.41E–2	4.23E–1
Konstanz Richtung [Pr. Binde.]	2.27E–3	3.00E–1	1.07E–1	4.90E–1	9.57E–1	8.29E–1
Strecke Nahbereich [Pr. Binde. (sum)]	4.99E–5	3.20E–1	1.38E–4	2.84E–4	4.57E–1	5.56E–1
Zeit Nahbereich [Pr. Binde. (sum)]	3.57E–4	1.81E–1	1.05E–3	1.14E–2	3.33E–1	4.48E–1
Maximaler Unterschied Merkmale [(max)]	5.19E–3	9.70E–1	6.17E–1	1.93E–1	9.59E–1	8.29E–1
Aspekte						
Strecke Unterstützung	2.61E–2	9.10E–2	5.70E–1	1.75E–2	5.31E–1	3.41E–1
Kraft Unterstützung	5.87E–3	2.13E–1	9.50E–2	5.22E–2	7.26E–1	4.38E–1
Zeit	1.06E–5	8.34E–1	1.94E–5	1.58E–1	9.10E–1	4.11E–1
Strecke	5.86E–12	3.18E–1	1.05E–7	8.21E–2	7.88E–1	4.03E–4
Raum	5.08E–4	2.03E–1	4.33E–4	1.84E–1	7.06E–1	5.60E–1
Beschleunigung	6.09E–2	1.37E–1	2.80E–1	6.90E–2	8.60E–1	6.03E–1
Maximale Kraft	8.28E–4	3.72E–1	4.40E–3	6.51E–2	9.50E–1	5.95E–1
Kraft Zeit	1.53E–6	1.27E–1	4.99E–7	5.92E–2	9.81E–1	5.64E–1
Kraft Gleichmäßigkeit	7.48E–4	5.31E–2	1.33E–7	1.78E–1	2.02E–1	7.67E–1
Kraft Clip	2.54E–3	7.90E–2	5.13E–2	1.28E–1	4.51E–1	7.10E–1
Instrumentenrotation	6.11E–6	4.60E–2	1.32E–7	3.92E–2	5.57E–2	4.03E–1
Öffnen Instrument	4.05E–4	2.35E–1	3.97E–3	9.92E–2	6.12E–1	2.92E–1
Instrument Sichtfeld	2.03E–3	4.42E–1	7.09E–1	2.57E–2	4.24E–1	4.97E–1
Gleichmäßigkeit Bewegung	2.54E–7	1.60E–2	1.03E–7	9.38E–3	2.79E–1	3.85E–1
Glattheit Kurve	4.79E–7	2.16E–1	2.20E–8	6.64E–2	3.37E–1	4.60E–1
Zielstrebigkeit	1.36E–5	4.08E–3	2.12E–6	3.54E–3	3.32E–1	1.20E–1
Zurückziehen	5.96E–5	1.55E–1	7.30E–6	8.90E–3	9.33E–1	7.91E–1
Verhalten gesamter Bereich	7.00E–5	1.78E–1	4.06E–5	6.42E–2	4.72E–1	9.38E–1
Zielgerichtetheit	1.16E–2	9.36E–1	1.02E–2	3.37E–1	1.59E–1	7.16E–1
Berührungen	1.76E–5	1.94E–1	4.20E–7	1.19E–2	2.85E–1	9.35E–1
Versuche	1.59E–2	2.89E–1	2.38E–2	1.72E–2	4.23E–2	3.90E–1
Richtung Präparieren Binde.	3.83E–3	3.51E–1	1.22E–1	5.95E–1	9.60E–1	7.86E–1
Verhalten Nahbereich	3.22E–4	2.95E–1	1.25E–6	2.41E–1	4.38E–1	3.19E–1
Unterschied Merkmale	3.13E–2	5.46E–1	2.96E–1	1.50E–1	8.58E–1	3.31E–1
Kriterien						
Tiefenwahrnehmung	6.52E–5	6.14E–1	3.93E–5	6.65E–2	2.18E–1	8.00E–1
Bewegung der Instrumente	2.02E–7	4.08E–1	1.07E–6	1.13E–1	7.96E–1	7.42E–2
Technik und Fehler	3.20E–6	9.57E–1	8.68E–3	2.06E–2	4.51E–1	7.10E–1
Kraft	1.86E–7	2.61E–1	5.51E–7	5.76E–2	7.21E–1	6.84E–1
Beidhändigkeit	4.96E–3	1.90E–1	3.44E–1	2.83E–2	6.64E–1	3.19E–1
Übung						
Übung	2.21E–10	4.46E–1	1.51E–7	4.67E–4	9.03E–1	3.57E–2
Historie	1.76E–12	4.43E–1	5.75E–4	2.49E–6	-	-

Tab. A.6: α-Fehler bei der Cholezystektomie

Anmerkung zu Tab. A.6: Da bei der Cholezystektomie nicht zwischen talentierten und übrigen Anfängern unterschieden wird, werden die α-Fehler $p_{A,Beg}$ bzw. $p_{A,End}$ nicht bestimmt. Die α-Fehler zur Bewertung ausschließlich der linken oder rechten Hand werden nicht angegeben.

	$p_{EA,Beg}$	$p_{Erf,Lern}$	$p_{Anf,Lern}$	$p_{EA,End}$
Verhaltensebene (Grundlagenübungen)	1.19E–11	7.11E–1	9.34E–10	5.23E–5
Umfassende minimal invasive Fertigkeit	0.00E0	5.39E–1	1.16E–6	6.10E–6

Tab. A.7: α-Fehler für die Verhaltensebene und die umfassende minimal invasive Fertigkeit

Anmerkung zu Tab. A.7: Bei der Bewertung der Historie wird nicht zwischen talentierten und übrigen Anfängern unterschieden, so dass die α-Fehler $p_{A,Beg}$ bzw. $p_{A,End}$ nicht bestimmt werden. Gleichzeitig ist eine Beurteilung der Historie im Rahmen der Studie mit Medizinern nicht möglich, da zu wenige Durchführungen pro Teilnehmer zur Auswertung zur Verfügung stehen. Deshalb können die α-Fehler $p_{C,EA}$ und $p_{C,E}$ nicht angegeben werden.

Literaturverzeichnis

[ACOSTA und TEMKIN, 2005] ACOSTA, ERIC und B. TEMKIN (2005). *Haptic Laparoscopic Skills Trainer with Practical User Evaluation Metrics*. In: *Medicine Meets Virtual Reality 13: The Magical Next Becomes The Medical Now*, Studies in Health Technology and Informatics, S. 8–11. IOS Press.

[AGGARWAL et al., 2009] AGGARWAL, R., P. CROCHET, A. DIAS, A. MISRA, P. ZIPRIN und A. DARZI (2009). *Development of a virtual reality training curriculum for laparoscopic cholecystectomy*. British Journal of Surgery, 96:1086–1093.

[AGGARWAL et al., 2004] AGGARWAL, R., K. MOORTHY und A. DARZI (2004). *Laparoscopic skills training and assessment*. British Journal of Surgery, 91(12):1549–1558.

[AHLBERG et al., 2007] AHLBERG, GUNNAR, L. ENOCHSSON, A. G. GALLAGHER, L. HEDMAN, C. HOGMAN, D. A. MCCLUSKY, S. RAMEL, C. D. SMITH und D. ARVIDSSON (2007). *Proficiency-based virtual reality training significantly reduces the error rate for residents during their first 10 laparoscopic cholecystectomies*. The American Journal of Surgery, 193(6):797–804.

[ALLEMAN, 2005] ALLEMAN, ANTHONY M. (2005). *Have You Wondered About Your Colleague's Surgical Skills?*. American Journal of Medical Quality, 20(2):78–82.

[AMENT, 2008] AMENT, CH. (2008). *Fuzzy Control*. Technischer Bericht, Technische Universität Ilmenau.

[ANDREATTA et al., 2006] ANDREATTA, PAMELA B., D. T. WOODRUM, J. D. BIRKMEYER, R. K. YELLAMANCHILLI, G. M. DOHERTY, P. G. GAUGER und R. M. MINTER (2006). *Laparoscopic Skills Are Improved With LapMentor Training - Results of a Randomized, Double-Blinded Study*. Annals of Surgery, 243(6):854–863.

[ASCHWANDEN et al., 2007] ASCHWANDEN, CHRISTOPH, L. BURGESS und K. MONTGOMERY (2007). *Performance Compared to Experience Level in a Virtual Reality Surgical Skills Trainer*. In: SCHMORROW, DYLAN und L. REEVES, Hrsg.: *Foundations of Augmented Cognition*, Bd. 4565 d. Reihe *Lecture Notes in Computer Science*, S. 394–399. Springer.

[AUCAR et al., 2005] AUCAR, JOHN, N. GROCH, S. TROXEL und S. EUBANKS (2005). *A Review of Surgical Simulation With Attention to Validation Methodology*. Surgical Laparoscopy, Endoscopy & Percutaneous Techniques, 15(2):82–89.

[BACKHAUS et al., 2008] BACKHAUS, KLAUS, B. ERICHSON, W. PLINKE und R. WEIBER (2008). *Multivariate Analysemethoden: Eine anwendungsorientierte Einführung*. 12. Springer.

[BAEUMLE-COURTH, 2004] BAEUMLE-COURTH, PETER (2004). *Approximation, Reduktion und Regelextraktion: Semantikbeschreibung für Neuronale Netze.* Doktorarbeit, Westfälischen Wilhelms-Universität Münster.

[BANDEMER und GOTTWALD, 1993] BANDEMER, HANS und S. GOTTWALD (1993). *Einführung in die Fuzzy-Methoden.* Akademie-Verlag.

[BANN et al., 2003] BANN, SIMON D., M. S. KHAN und A. W. DARZI (2003). *Measurement of Surgical Dexterity Using Motion Analysis of Simple Bench Tasks.* World Journal of Surgery, 27(4):390–394.

[BERGAMASCHI, 2001] BERGAMASCHI, R. (2001). *Farewell to see one, do one, teach one?.* Surgical Endoscopy, 15(7):637.

[BLANKENFELD, 2002] BLANKENFELD, HANNES (2002). *Dreidimensionale Bewegungsanalysen bei Bewegungsstörungen der oberen Extremität nach Schlaganfällen.* Doktorarbeit, Ludwig-Maximilians-Universität, München.

[BOLL et al., 2008a] BOLL, MARIE-THERES, H. MAASS, H. K. CAKMAK und U. KÜHNAPFEL (2008a). *Bewertungssystem für einen VR-Simulator in der minimal invasiven Chirurgie - Aspekte und neue Ansätze.* In: *Curac.08 Tagungsband*, S. 169–171.

[BOLL et al., 2008b] BOLL, MARIE-THERES, H. MAASS, H. K. CAKMAK und U. KÜHNAPFEL (2008b). *Neue Analysemethoden zur Bewertung des Trainingserfolgs im VR-Chirurgietraining.* In: *Curac.08 Tagungsband*, S. 165–167.

[BOLL et al., 2009a] BOLL, MARIE-THERES, H. MAASS, H. K. CAKMAK und U. KÜHNAPFEL (2009a). *Erste Ergebnisse eines neuen Bewertungsansatzes für einen VR-Simulator in der minimal invasiven Chirurgie.* Präsentation. Gestaltung sicherheitskritischer Systeme im Operationssaal, Mensch und Computer 2009, Berlin.

[BOLL et al., 2009b] BOLL, MARIE-THERES, H. MAASS, H. K. CAKMAK und U. KÜHNAPFEL (2009b). *First Results of using new Assessment Methods in Minimal Access Surgery VR-Training.* In: *International Journal of Computer Assisted Radiology and Surgery*, Bd. 4, S. 135–137.

[BOLL et al., 2009c] BOLL, MARIE-THERES, H. MAASS, H. K. CAKMAK und U. KÜHNAPFEL (2009c). *A new Approach for Assessing the Success of Training on a Minimal Access Surgery VR-Simulator.* In: *Abstracts & Programme KIT PhD Symposium 2009 - Broaden your horizons*, S. 55. Karlsruhe Institute of Technology.

[BOLL et al., 2010] BOLL, MARIE-THERES, O. WEEDE, U. KÜHNAPFEL, G. BRETTHAUER und H. WÖRN (2010). *Automatisierte Bestimmung von Merkmalen zur Bewertung minimal invasiver Eingriffe an einem Pelvitrainer basierend auf Positionsdaten und einer Segmentierung.* In: *Automatisierungstechnische Verfahren für die Medizin, 9. Workshop, Tagungsband*, Bd. 279 d. Reihe *17 (Biotechnik/Medizintechnik)*, S. 61–62. VDI Verlag. Fortschritt-Berichte VDI.

[BOULANGER et al., 2006] BOULANGER, P., G. WU, W. BISCHOF und X. YANG (2006). *Hapto-audio-visual environments for collaborative training of ophthalmic surgery over optical network*. In: *Haptic Audio Visual Environments and their Applications, 2006. HAVE 2006. IEEE International Workshop on*, S. 21–26.

[BREEDVELD und WENTINK, 2001] BREEDVELD, P. und M. WENTINK (2001). *Eyehand coordination in laparoscopy - an overview of experiments and supporting aids*. Minimally Invasive Therapy and Allied Technologies, 10(3):155–162.

[BURDEA et al., 1998] BURDEA, GRIGORE, G. PATOUNAKIS, V. POPESCU und R. E. WEISS (1998). *Virtual Reality Training for the Diagnosis of Prostate Cancer*. In: *IEEE International Conference on Information Technology Applications in Biomedicine*, S. 6–13.

[CAKMAK et al., 2009] CAKMAK, H., H. MAASS, C. TRANTAKIS, G. STRAUSS, E. NOWATIUS und U. KÜHNAPFEL (2009). *Haptic ventriculostomy simulation in a grid environment*. Computer Animation and Virtual Worlds, 20:25–38.

[CAKMAK et al., 2010] CAKMAK, HÜSEYIN KEMAL, H. MAASS, M.-T. BOLL und U. KÜHNAPFEL (2010). *Surgical Simulation and Training*, Kap. Collaborative Surgical Training in a Grid Environment, S. 59–88. Surgery - Procedures, Complications, and Results. NOVA Publishers.

[CAKMAK et al., 2005] CAKMAK, HÜSEYIN KEMAL, H. MAASS und U. KÜHNAPFEL (2005). *VSOne, a virtual reality simulator for laparoscopic surgery*. Minimally Invasive Therapy and Allied Technologies, 14(3):134–144.

[CAO et al., 1999] CAO, C.G.L., C. MACKENZIE, L. TURNER und A. NAGY (1999). *Hierarchical decomposition of laparoscopic procedures*. In: *Medicine Meets Virtual Reality 8: The Convergence of Physical and Informational Technologies, Options for a New Era in Health Care*, Studies in Health Technology and Informatics, S. 83–89. IOS Press.

[CAVALLO et al., 2005] CAVALLO, FILIPPO, G. MEGALI, S. SINIGAGLIA, O. TONET und P. DARIO (2005). *A Biomechanical Analysis of Surgeon's Gesture in a Laparoscopic Virtual Scenario*. In: *Medicine Meets Virtual Reality 14: Accelerating Change in Healthcare, Next Medical Toolkit*, Studies in Health Technology and Informatics, S. 79–84. IOS Press.

[CESANEK et al., 2008] CESANEK, PAUL, M. UCHAL, S. URANUES, J. PATRUNO, C. GOGAL, S. KIMMEL und R. BERGAMASCHI (2008). *Do hybrid simulator-generated metrics correlate with content-valid outcome measures?*. Surgical Endoscopy, 22:2178–2183.

[CHIU, 1994] CHIU, STEPHEN L. (1994). *Fuzzy Model Identification Based on Cluster Estimation*. Journal of Intelligent and Fuzzy Systems, 2:267–278.

[CHIU, 1997] CHIU, STEPHEN L. (1997). *Fuzzy Information Engineering: A Guided Tour of Applications*, Kap. Extracting Fuzzy Rules from Data for Function Approximation and Pattern Classification, S. 149–162. John Wiley & Sons.

[CHRISOCHOIDES et al., 2006] CHRISOCHOIDES, NIKOS, A. FEDOROV, A. KOT, N. ARCHIP, P. BLACK, O. CLATZ, A. GOLBY, R. KIKINIS und S. K. WARFIELD

(2006). *Toward Real-Time Image Guided Neurosurgery Using Distributed and Grid Computing*. In: *SC 2006 Conference, Proceedings of the ACM/IEEE*, S. 37.

[COPE und FENTON-LEE, 2008] COPE, DARON H. und D. FENTON-LEE (2008). *Assessment of laparoscopic psychomotor skills in interns using the MIST Virtual Reality Simulator: a prerequisite for those considering surgical training?*. ANZ Journal of Surgery, 78(4):291–296.

[COTIN et al., 2002] COTIN, STEPHANE, N. STYLOPOULOS, M. OTTENSMEYER, P. NEUMANN, D. RATTNER und S. DAWSON (2002). *Metrics for Laparoscopic Skills Trainers: The Weakest Link!*. In: *Medical Image Computing and Computer-Assisted Intervention: MICCAI 2002*, Bd. 2488 d. Reihe *Lecture Notes in Computer Science*, S. 35–43. Springer.

[CRICHTON, 2000] CRICHTON, NICOLA (2000). *A comparison of nursing competence*. Journal of Clinical Nursing, 9:369–381.

[CRISTANCHO et al., 2007] CRISTANCHO, SAYRA M., A. J. HODGSON, N. PANTON, A. MENEGHETTI und K. QAYUMI (2007). *Feasibility of using intraoperatively-acquired quantitative kinematic measures to monitor development of laparoscopic skill*. In: *Medicine Meets Virtual Reality 15: In Vivo, in Vitro, in Silico, Designing the Next in Medicine*, Studies in Health Technology and Informatics, S. 85–90. IOS Press.

[CRISTANCHO, 2008] CRISTANCHO, SAYRA MAGNOLIA (2008). *Quantitative modelling and assessment of surgical motor actions in minimally invasive surgery*. Doktorarbeit, The University of British Columbia, Vancouver.

[CROTHERS et al., 1999] CROTHERS, I.R., A. GALLAGHER, N. MCCLURE, D. JAMES und J. MCGUIGAN (1999). *Experienced laparoscopic surgeons are automated to the „fulcrum effect": an ergonomic demonstration*. Endoscopy, 31(5):365–369.

[CUSCHIERI, 1995] CUSCHIERI, ALFRED (1995). *Whither minimal access surgery: tribulations and expectations*. The American Journal of Surgery, 169(1):9–19.

[CUSCHIERI et al., 2001] CUSCHIERI, ALFRED, N. FRANCIS, J. CROSBY und G. B. HANNA (2001). *What do master surgeons think of surgical competence and revalidation?*. The American Journal of Surgery, 182(2):110–116.

[DARZI und MACKAY, 2001] DARZI, A. und S. MACKAY (2001). *Assessment of surgical competence*. Quality in Health Care, 10:64–69.

[DATTA et al., 2002] DATTA, V., A. CHANG, S. MACKAY und A. DARZI (2002). *The Relationship Between Motion Analysis and Surgical Technical Assessments*. The American Journal of Surgery, 184:70–73.

[DATTA et al., 2001a] DATTA, VIVEK, S. MACKAY, A. DARZI und D. GILLIES (2001a). *Motion analysis in the assessment of surgical skill*. Computer Methods in Medical and Biomedical Engineering, 4:515–523.

[DATTA et al., 2001b] DATTA, VIVEK, S. MACKAY, M. MANDALIA und A. DARZI (2001b). *The use of electromagnetic motion tracking analysis to objectively measure open surgical skill in the laboratory-based model*. Journal of the American College of Surgeons, 193(5):479–485.

[DAWSON, 2002] DAWSON, STEVEN L. (2002). *A Critical Approach to Medical Simulation*. Bulletin of the American College of Surgeons, 87(11):12–18.

[DEMIRLI et al., 2003] DEMIRLI, K., S. X. CHENG und P. MUTHUKUMARAN (2003). *Subtractive clustering based modeling of job sequencing with parametric search*. Fuzzy Sets and Systems, 137(2):235–270.

[DEROSSIS et al., 1998] DEROSSIS, ANNA M., G. M. FRIED, M. ABRAHAMOWICZ, H. H. SIGMAN, J. S. BARKUN und J. L. MEAKINS (1998). *Development of a Model for Training and Evaluation of Laparoscopic Skills*. The American Journal of Surgery, 175(6):482–487.

[DOSIS et al., 2005] DOSIS, ARISTOTELIS, R. AGGARWAL, F. BELLO, K. MOORTHY, Y. MUNZ, D. GILLIES und A. DARZI (2005). *Synchronized Video and Motion Analysis for the Assessment of Procedures in the Operating Theater*. Archives of Surgery, 140(3):293–299.

[DOSIS et al., 2003] DOSIS, ARISTOTELIS, F. BELLO, T. ROCKALL, Y. MUNZ, K. MOORTHY, S. MARTIN und A. DARZI (2003). *ROVIMAS: a software package for assessing surgical skills using the da Vinci telemanipulator system*. In: *4th International IEEE EMBS Special Topic Conference on Information Technology Applications in Biomedicine*, S. 326–329.

[DUMOUCHEL und O'BRIEN, 1989] DUMOUCHEL, W.H. und F. O'BRIEN (1989). *Integrating a robust option into a multiple regression computing environment*. In: *Computer Science and Statistics: Proceedings of the 21st Symposium on the Interface*. American Statistical Association.

[ELLIS, 1984] ELLIS, HAROLD (1984). *Famous Operations*. Harwal Publishing, Pennsylvania.

[EUBANKS et al., 1999] EUBANKS, THOMAS R., R. H. CLEMENTS, D. POHL, N. WILLIAMS, D. C. SCHAAD, S. HORGAN und C. PELLEGRINI (1999). *An Objective Scoring System for Laparoscopic Cholecystectomy*. Journal of the American College of Surgeons, 189(6):566–574.

[FAHRMEIR et al., 2007] FAHRMEIR, LUDWIG, R. KÜNSTLER, I. PIGEOT und G. TUTZ (2007). *Statistik: Der Weg zur Datenanalyse*. Springer.

[FELDMAN et al., 2003] FELDMAN, LIANE S., V. S. MD und G. M. F. MD (2003). *Using simulators to assess laparoscopic competence: ready for widespread use?*. Surgery, 135:28–42.

[FENG et al., 2008] FENG, CHUAN, J. W. ROZENBLIT und A. HAMILTON (2008). *Fuzzy Logic-Based Performance Assessment in the Virtual, Assistive Surgical Trai-*

ner (VAST). In: *15th Annual IEEE International Conference and Workshop on the Engineering of Computer Based Systems*, S. 203–209.

[FERBER, 2003] FERBER, REGINALD (2003). *Information Retrieval: Suchmodelle und Data-Mining-Verfahren für Textsammlungen und das Web*. dpunkt.verlag, Heidelberg.

[FLASH und HOGAN, 1985] FLASH, TAMAR und N. HOGAN (1985). *The coordination of arm movements: an experimentally confirmed mathematical model. Journal of Neuroscience*. The Journal of Neuroscience, 5(7):1688–1703.

[FOSTER und KESSELMAN, 2001] FOSTER, IAN und C. KESSELMAN (2001). *Computational Grids*. In: *Vector and Parallel Processing - VECPAR 2000*, Bd. 1981 d. Reihe *Lecture Notes in Computer Science*, S. 3–37. Springer.

[FOSTER und KESSELMAN, 2004] FOSTER, IAN und C. KESSELMAN, Hrsg. (2004). *The Grid 2: Blueprint for a New Computing Infrastructure*. Morgan-Kaufmann.

[FRIED et al., 2004] FRIED, GERALD M., L. S. FELDMAN, M. C. VASSILIOU, S. A. FRASER, D. STANBRIDGE, G. GHITULESCU und C. G. ANDREW (2004). *Proving the Value of Simulation in Laparoscopic Surgery*. Annals of Surgery, 240(3):518–528.

[GALLAGHER und SATAVA, 2002] GALLAGHER, ANTHONY G. und R. M. SATAVA (2002). *Virtual reality as a metric for the assessment of laparoscopic psychomotor skills*. Surgical Endoscopy, 16(12):1746–1752.

[GALLAGHER et al., 2003] GALLAGHER, ANTHONY G., C. D. SMITH, S. P. BOWERS, N. E. SEYMOUR, A. PEARSON, S. MCNATT, D. HANANEL und R. M. SATAVA (2003). *Psychomotor skills assessment in practicing surgeons experienced in performing advanced laparoscopic procedures*. Journal of the American College of Surgeons, 197(3):479–488.

[GRANTCHAROV et al., 2004] GRANTCHAROV, TEODOR P., V. B. KRISTIANSEN, J. BENDIX, L. BARDRAM, J. ROSENBERG und P. FUNCH-JENSEN (2004). *Randomized clinical trial of virtual reality simulation for laparoscopic skills training*. British Journal of Surgery, 91(2):146–150.

[GRANTCHAROV et al., 2001] GRANTCHAROV, TEODOR P., J. ROSENBERG, E. PAHLE und P. FUNCH-JENSEN (2001). *Virtual Reality Computer Simulation*. Surgical Endoscopy, 15(3):242–244.

[GRÖNE et al., 2010] GRÖNE, JÖRN, J. C. LAUSCHER, H. J. BUHR und J.-P. RITZ (2010). *Face, content and construct validity of a new realistic trainer for conventional techniques in digestive surgery*. Langenbeck's Archives of Surgery, 395:581–588.

[GUMBS et al., 2007] GUMBS, ANDREW A., N. J. HOGLE und D. L. FOWLER (2007). *Evaluation of Resident Laparoscopic Performance Using Global Operative Assessment of Laparoscopic Skills*. Journal of the American College of Surgeons, 204(2):308–313.

[GUNN et al., 2005] GUNN, C., M. HUTCHINS, D. STEVENSON, M. ADCOCK und P. YOUNGBLOOD (2005). *Using collaborative haptics in remote surgical training.* In: *Eurohaptics Conference, 2005 and Symposium on Haptic Interfaces for Virtual Environment and Teleoperator Systems, 2005. World Haptics 2005. First Joint*, S. 481–482.

[GUNN et al., 2004] GUNN, CHRIS, M. HUTCHINS, M. ADCOCK und R. HAWKINS (2004). *Surgical training using haptics over long internet distances.* In: *Medicine Meets Virtual Reality 12: Building a Better You - The next Tools for Medical Education, Diagnosis, and Care*, Studies in Health Technology and Informatics, S. 121–123. IOS Press.

[HAJSHIRMOHAMMADI, 2006] HAJSHIRMOHAMMADI, IMA (2006). *Using fuzzy set theory to objectively evaluate performance on minimally invasive surgical simulators.* Diplomarbeit, Simon Fraser University.

[HAJSHIRMOHAMMADI und PAYANDEH, 2007] HAJSHIRMOHAMMADI, IMA und S. PAYANDEH (2007). *Fuzzy set theory for performance evaluation in a surgical simulator.* Presence: Teleoperators and Virtual Environments, 16(6):603–622.

[HALVORSEN et al., 2005] HALVORSEN, FREDRIK H., O. J. ELLE und E. FOSSE (2005). *Simulators in surgery.* Minimally Invasive Therapy and Allied Technologies, 14(4):214–223.

[HAMILTON et al., 2002] HAMILTON, E.C., D. SCOTT, J. FLEMING, R. REGE, R. LAYCOCK, P. BERGEN, S. TESFAY und D. JONES (2002). *Comparison of video trainer and virtual reality training systems on acquisition of laparoscopic skills.* Surgical Endoscopy, 16(3):406–411.

[HARRIS et al., 1994] HARRIS, C. J., M. HERBERT und R. J. C. STEELE (1994). *Psychomotor skills of surgical trainees compared with those of different medical specialists.* British Journal of Surgery, 81(3):382–383.

[HARTIG et al., 2007] HARTIG, JOHANNES, A. FREY und N. JUDE (2007). *Testtheorie und Fragebogenkonstruktion.* Springer.

[HARTUNG und ELPELT, 2007] HARTUNG, JOACHIM und B. ELPELT (2007). *Multivariate Statistik: Lehr- und Handbuch der angewandten Statistik.* Oldenbourg, München, 7 Aufl.

[HARTUNG et al., 1998] HARTUNG, JOACHIM, B. ELPELT und K.-H. KLÖSENER (1998). *Statistik: Lehr- und Handbuch der angewandten Statistik.* Oldenbourg, München, 11 Aufl.

[HEINRICHS et al., 2007] HEINRICHS, WM. LEROY, B. LUKOFF, P. YOUNGBLOOD, P. DEV, R. SHAVELSON, H. M. HASSON, R. M. SATAVA, E. M. MCDOUGALL und P. A. WETTER (2007). *Criterion-Based Training With Surgical Simulators: Proficiency of Experienced Surgeons.* Journal of the Society of Laparoendoscopic Surgeons, 11(3):273–302.

[HENNE-BRUNS et al., 2003] HENNE-BRUNS, DORIS, M. DÜRIG und B. KREMER (2003). *Duale Reihe Chirurgie*. 2. Georg Thieme Verlag, Stuttgart.

[HIRNER und WEISE, 2004] HIRNER, ANDREAS und K. WEISE (2004). *Chirurgie - Schnitt für Schnitt*. Georg Thieme Verlag, Stuttgart.

[HOLLAND und WELSCH, 1977] HOLLAND, P.W. und R. WELSCH (1977). *Robust regression using iteratively reweighted least-squares*. Communications in Statistics - Theory and Methods, A6:813–827.

[HUANG et al., 2005] HUANG, JEFF, S. PAYANDEH, P. DORIS und I. HAJSHIRM-OHAMMADI (2005). *Fuzzy Classification: Towards Evaluating Performance on a Surgical Simulator*. In: *Medicine Meets Virtual Reality 13: The Magical Next Becomes The Medical Now*, Studies in Health Technology and Informatics, S. 194–200. IOS Press.

[HUTCHINS et al., 2006] HUTCHINS, MATTHEW, D. STEVENSON, C. GUNN, A. KRUMPHOLZ, T. ADRIAANSEN, B. PYMAN und S. O'LEARY (2006). *Communication in a networked haptic virtual environment for temporal bone surgery training*. Virtual Reality, 9(2):97–107.

[HUTCHINSON, 2003] HUTCHINSON, LINDA (2003). *ABC of learning and teaching - Educational environment*. British Medical Journal, 326(7393):810–812.

[HUWENDIEK und BROCKMANN, 1998] HUWENDIEK, O. und W. BROCKMANN (1998). *Strukturierte Neuro-Fuzzy-Systeme zur adaptiven Regelung eines pneumatischen Roboterarms*. In: *8. GMA-Workshop Fuzzy Control*, S. 109–124. Universität Dortmund.

[JANG, 1993] JANG, JYH-SHING ROGER (1993). *ANFIS: Adaptive-Network-Based Fuzzy Inference System*. IEEE Transactions on Systems, Man, and Cybernetics, 23(3):665–685.

[JANG und SUN, 1995] JANG, JYH-SHING ROGER und C.-T. SUN (1995). *Neuro-Fuzzy Modeling and Control*. Proceedings of the IEEE, 83(3):378–406.

[JASSAR et al., 2009] JASSAR, SURINDER, L. ZHAO, S. JASSAR und L. ZHAO (2009). *Parameter Selection for Training Process of Neuro-fuzzy Systems for Average Air Temperature Estimation*. In: *International Conference on Mechatronics and Automation*, Changchun, China.

[JUGENMEIER, 2009] JUGENMEIER, MICHAEL (2009). *Laparoskopische Cholezystektomie - Knotenpunkte*. https://www.cme-bits.de. Abruf: 15.05.2009.

[KANNE, 2004] KANNE, JULIANE (2004). *Anwendung von Neuro-Fuzzy Methoden für die Robotersteuerung*. Studienarbeit, Universität Stuttgart.

[KAUFMAN et al., 1987] KAUFMAN, H. H., R. L. WIEGAND und R. H. TUNICK (1987). *Teaching surgeons to operate-Principles of psychomotor skills training*. Acta Neurochirurgica, 87(1–2):1–7.

[KEEHNER et al., 2006] KEEHNER, MADELEINE, Y. LIPPA, D. R. MONTELLO und F. T. ABD MARY HEGARTY (2006). *Learning a Spatial Skill for Surgery: How the Contributions of Abilities Change With Practice*. Applied Cognitive Psychology, 20(4):487–503.

[KÜHNAPFEL et al., 2000] KÜHNAPFEL, UWE, H. K. CAKMAK und H. MAASS (2000). *Endoscopic surgery training using virtual reality and deformable tissue simulation*. Computers and Graphics, 24(5):671–682.

[KÜHNAPFEL et al., 1997] KÜHNAPFEL, UWE, C. KUHN, M. HÜBNER, H.-G. KRUMM, H. MAASS und B. NEISIUS (1997). *The Karlsruhe Endoscopic Surgery Trainer as an Example for Virtual Reality in Medical Education*. Minimally Invasive Therapy and Allied Technologies, 6(2):122–125.

[KIENDL, 1997] KIENDL, HARRO (1997). *Fuzzy Control methodenorientiert*. Oldenbourg.

[KIM et al., 2009] KIM, TAE HYO, J. M. HA, J. W. CHO, Y. C. YOU und G. T. SUNG (2009). *Assessment of the Laparoscopic Training Validity of a Virtual Reality Simulator (LAP Mentor)*. Korean Journal of Urology, 50(10):989–995.

[KOOTHS, 2004] KOOTHS, STEFAN (2004). *Neuronale Netze/Soft Computing Teil 1*. Vorlesung. Universität Kiel, Institut für Weltwirtschaft.

[KORNDORFFER et al., 2005] KORNDORFFER, JAMES R., J. B. DUNNE, R. SIERRA, D. STEFANIDIS, C. L. TOUCHARD und D. J. SCOTT (2005). *Simulator Training for Laparoscopic Suturing Using Performance Goals Translates to the Operating Room*. Journal of the American College of Surgeons, 201(1):23–29.

[KRUSE und NAUCK, 1996] KRUSE, RUDOLF und D. NAUCK (1996). *Neuronale Fuzzy-Systeme*. Technischer Bericht, Technische Universität Braunschweig.

[LAMATA et al., 2006] LAMATA, PABLO, E. J. GOMEZ, F. BELLO, R. L. KNEEBONE, R. AGGARWAL und F. LAMATA (2006). *Conceptual Framework for Laparoscopic VR Simulators*. IEEE Computer Graphics and Applications, 26(6):69–79.

[LARGIADER et al., 2001] LARGIADER, FELIX, H. D. SAEGER und O. TRENTZ (2001). *Checkliste Chirurgie*. Georg Thieme Verlag, Stuttgart.

[LEHMANN et al., 1992] LEHMANN, INGO, R. WEBER und H.-J. ZIMMERMANN (1992). *Fuzzy set theory*. OR Spektrum, 14(1):1–9.

[LEHMANN et al., 2005] LEHMANN, KAI S., J. P. RITZ, H. MAASS, H. K. CAKMAK, U. G. KUEHNAPFEL, C. T. GERMER, G. BRETTHAUER und H. J. BUHR (2005). *A Prospective Randomized Study to Test the Transfer of Basic Psychomotor Skills From Virtual Reality to Physical Reality in a Comparable Training Setting*. Annals of Surgery, 241(3):442–449.

[MAASS et al., 2008] MAASS, HEIKO, H. K. CAKMAK, N. RITTER und U. G. KÜHNAPFEL (2008). *KisGrid - ein neues Netzwerk für das Chirurgie-Training*. In: *CURAC.08 Tagungsband*, S. 163–164.

[MAASS et al., 2006] MAASS, HEIKO, H. K. CAKMAK, G. BRETTHAUER und U. KÜHNAPFEL (2006). *Haptic Devices as new Mechatronic Components for Interactive Grid Applications*. In: *Mechatronics 2006*, Heidelberg.

[MACKENZIE et al., 2001] MACKENZIE, C.L., J. IBBOTSON, C. CAO und A. LOMAX1 (2001). *Hierarchical decomposition of laparoscopic surgery: a human factors approach to investigating the operating room environment*. Minimally Invasive Therapy & Allied Technologies, 10(3):121–127.

[MADADLOU et al., 2010] MADADLOU, ASHKAN, Z. EMAM-DJOMEH, M. E. MOUSAVI und M. JAVANMARD (2010). *A network-based fuzzy inference system for sonodisruption process of re-assembled casein micelles*. Journal of Food Engineering, 98(2):224–229.

[MAI und MARQUARDT, 1998] MAI, NORBERT und C. MARQUARDT (1998). *Registrierung und Analyse von Schreibbewegungen: Fragen an den Schreibunterricht*. In: *Einblicke in den Schrifterwerb*, S. 83–99. Westermann, Braunschweig.

[MARTIN et al., 1997] MARTIN, J.A., G. REGEHR, R. REZNICK, H. MACRAE, J. MURNAGHAN, C. HUTCHISON und M. BROWN (1997). *Objective Structured Assessment of Technical Skill (OSATS) for Surgical Residents*. British Journal of Surgery, 84(2):273–278.

[MASCHUW et al., 2010] MASCHUW, K., I. HASSAN und D. BARTSCH (2010). *Chirurgisches Training am Simulator*. Der Chirurg, 81(1):19–24.

[MCBETH et al., 2002] MCBETH, PAUL B., A. J. HODGSON, A. G. NAGY und K. QAYUMI (2002). *Quantitative methodology of evaluating surgeon performance in laparoscopic surgery*. In: *Medicine Meets Virtual Reality 02/10: Digital Upgrades, Applying Moore's Law to Health*, Studies in Health Technology and Informatics, S. 280–286. IOS Press.

[MEDIGRID, 2010] MEDIGRID (2010). `http://www.medigrid.de/`. Abruf: 10.11.2010.

[MEGALI et al., 2006] MEGALI, GIUSEPPE, S. SINIGAGLIA, O. TONET und P. DARIO (2006). *Modelling and Evaluation of Surgical Performance Using Hidden Markov Models*. IEEE Transactions on Biomedical Engineering, 53(10):1911–1919.

[MEYER et al., 2006] MEYER, HEINZ, G. HOLZMANN, G. SCHUMPICH und C. ELLER (2006). *Technische Mechanik: Kinematik und Kinetik*. Vieweg+Teubner, Wiesbaden.

[MIKUT, 2007] MIKUT, RALF (2007). *Automatisierte Datenanalyse in der Medizin und Medizintechnik*. Habilitationsschrift, Universität Karlsruhe (TH).

[MIKUT, 2008] MIKUT, RALF (2008). *Data Mining in der Medizin und Medizintechnik*. In: *Schriftenreihe des Instituts für Angewandte Informatik / Automatisierungstechnik an der Universität Karlsruhe (TH)*, Bd. 22. Universitätsverlag Karlsruhe.

[MIKUT et al., 2008] MIKUT, RALF, O. BURMEISTER, L. GRÖLL und M. REISCHL (2008). *Takagi-Sugeno-Kang Fuzzy Classifiers for a Special Class of Time-Varying Systems*. IEEE Transactions on Fuzzy Systems, 16(4):1038–1049.

[MISHRA, 2009] MISHRA, R. K. (2009). *Laparoscopic Operative Procedures: How to do Laparoscopic cholecystectomy?*. http://www.laparoscopyhospital. com. Abruf: 02.04.2009.

[MITRA und HAYASHI, 2000] MITRA, SUSHMITA und Y. HAYASHI (2000). *Neuro-Fuzzy Rule Generation: Survey in Soft Computing Framework*. IEEE Transactions on Neural Networks, 11(3):748–768.

[MOHAGHEGHI et al., 2004] MOHAGHEGHI, SALMAN, R. G. HARLEY und G. K. VENAYAGAMOORTHY (2004). *Modified Takagi-Sugeno Fuzzy Logic Based Controllers for a Static Compensator in a Multimachine Power System*. In: *IEEE Industry Applications Conference*, Bd. 4, S. 2637–2642.

[MOORTHY et al., 2003] MOORTHY, KRISHNA, Y. MUNZ, S. K. SARKER und A. DARZI (2003). *Objective assessment of technical skills in surgery*. British Medical Journal, 328(7422):1032–1037.

[MORAES und MACHADO, 2003] MORAES, RONEI MARCOS DE und L. D. S. MACHADO (2003). *Online training evaluation in VR simulators using Gaussian Mixture Models*. In: *Medicine Meets Virtual Reality 11: NextMed, Health Horizon*, Studies in Health Technology and Informatics, S. 42–44. IOS Press.

[MORAES und MACHADO, 2006] MORAES, RONEI MARCOS DE und L. D. S. MACHADO (2006). *A Fuzzy Bayes Evaluator for On-Line Training Evaluation Based on Virtual Reality*. In: *World Congress on Computer Science, Engineering and Technology Education*, S. 399–403, Sao Paulo, Brazil.

[MORAES und MACHADO, 2007a] MORAES, RONEI MARCOS DE und L. D. S. MACHADO (2007a). *Multiple Assessment for multiple Users in Training based in Virtual Reality*. Lecture Notes in Computer Science, 4756:950–956.

[MORAES und MACHADO, 2007b] MORAES, RONEI MARCOS DE und L. D. S. MACHADO (2007b). *Multiple Assessment for Multiple Users in Virtual Reality Training Environments*. In: *Progress in Pattern Recognition, Image Analysis and Applications*, Bd. 4756 d. Reihe *Lecture Notes in Computer Science*, S. 950–956. Springer.

[MURPHY, 2004] MURPHY, TODD EDWARD (2004). *Towards Objective Surgical Skill Evaluation with Hidden Markov Model-based Motion Recognition*. Diplomarbeit, The Johns Hopkins University, Baltimore, Maryland.

[NAJMALDIN, 2007] NAJMALDIN, AZAD (2007). *Skills training in pediatric minimal access surgery*. Journal of Pediatric Surgery, 42(2):284–289.

[NAUCK, 2005] NAUCK, D. (2005). *Learning Algorithms for Neuro-Fuzzy Systems*. In: *Do Smart Adaptive Systems Exist?*, Bd. 173 d. Reihe *Studies in Fuzziness and Soft Computing*, S. 133–158. Springer.

[O'HAVER, 2009] O'HAVER, TOM (2009). *An Introduction to Signal Processing in Chemical Analysis.* http://terpconnect.umd.edu/~toh/spectrum/ IntroToSignalProcessing.pdf. Abruf: 21.11.2009.

[ORR et al., 1999] ORR, GENEVIEVE, N. SCHRAUDOLPH und F. CUMMINS (1999). *Neural Networks.* http://www.willamette.edu/~gorr/classes/ cs449/intro.html. Abruf: 24.11.2009.

[PEITGEN und WALZ, 2009] PEITGEN, K. und M. K. WALZ (2009). *Manual der Endoskopischen Chirurgie.* http://www.mic-manual.de. Abruf: 03.05.2009.

[PERKINS et al., 2002] PERKINS, NATALIE, J. L. STARKES, T. D. LEE und C. HUTCHISON (2002). *Learning to Use Minimal Access Surgical Instruments and 2-Dimensional Remote Visual Feedback: How Difficult is the Task for Novices?.* Advances in Health Sciences Education, 7(2):117–131.

[PFEIFFER et al., 2002] PFEIFFER, BERND-MARKUS, J. JÄKEL, A. KROLL, C. KUHN, H.-B. KUNTZE, U. LEHMANN, T. SLAWINSKI und V. TEWS (2002). *Erfolgreiche Anwendungen von Fuzzy Logik und Fuzzy Control (Teil 2).* Automatisierungstechnik, 50(11):511–521.

[POMPLUN und MATARIC, 2001] POMPLUN, MARC und M. J. MATARIC (2001). *A Segmentation Algorithm for the Comparison of Human Limb Trajectories.* Technischer Bericht, York University, Department of Computer Science, Toronto, Canada.

[RASMUSSEN, 1983] RASMUSSEN, J. (1983). *Skills, rules, and knowledge; signals, signs, and symbols, and other distinctions in human performance models.* IEEE Transactions on Systems, Man, and Cybernetics, 13(3):257–266.

[REGEHR et al., 1998] REGEHR, G., H. MACRAE, R. REZNICK und D. SZALAY (1998). *Comparing the Psychometric Properties of Checklists and Global Rating Scales for Assessing Performance on an OSCE-Format Examination.* Academic Medicine, 73:933–997.

[REINBERG und BRÖTHALER, 1997] REINBERG, SEBASTIAN und J. BRÖTHALER (1997). *Integration von Fuzzy-Methoden in Bewertungsverfahren.* In: *Beiträge zum Symposion CORP'97.*

[REINHARDT-RUTLAND und GALLAGHER, 1996] REINHARDT-RUTLAND, A.H. und A. GALLAGHER (1996). *Contemporary Ergonomics*, Kap. Visual depth perception in minimally invasive surgery, S. 160–180. Taylor & Francis, London.

[REZNICK et al., 1997] REZNICK, R., G. REGEHR, H. MACRAE, J. MARTIN und W. MCCULLOCH (1997). *Testing Technical Skill Via an Innovative "Bench Station" Examination.* The American Journal of Surgery, 173(3):226–230.

[RICHARDS et al., 2000] RICHARDS, C., J. ROSEN, B. HANNAFORD, C. PELLEGRINI und M. SINANAN (2000). *Skills Evaluation in Minimally Invasive Surgery Using Force/Torque Signatures.* Surgical Endoscopy, 14(9):791–798.

[RISUCCI et al., 1989] RISUCCI, D.A., J. TORTOLANI und R. WARD (1989). *Ratings of surgical residents by self, supervisors and peers.* Surgery, Gynecology & Obstetrics, 169(6):519–526.

[ROSEN et al., 2002] ROSEN, JACOB, J. D. BROWN, M. BARRECA, L. CHANG, B. HANNAFORD und M. N. SINANAN (2002). *The Blue DRAGON - A System for Monitoring the Kinematics and the Dynamics of Endoscopic Tools in Minimally Invasive Surgery for Objective Laparoscopic Skill Assessment.* In: *Medicine Meets Virtual Reality 02/10: Digital Upgrades, Applying Moore's Law to Health*, S. 412–418. IOS Press.

[ROSEN et al., 2006] ROSEN, JACOB, J. D. BROWN, L. CHANG, M. N. SINANAN und B. HANNAFORD (2006). *Generalized approach for modeling minimally invasive surgery as a stochastic process using a discrete Markov model.* IEEE Transactions on Biomedical Engineering, 53(3):399–413.

[ROSEN et al., 2001a] ROSEN, JACOB, B. HANNAFORD, C. G. RICHARDS und M. N. SINANAN (2001a). *Markov modeling of minimally invasive surgery based on tool/tissue interaction and force/torque signatures for evaluating surgical skills.* IEEE Transactions on Biomedical Engineering, 48(5):579–591.

[ROSEN et al., 2000] ROSEN, JACOB, M. SOLAZZO, B. HANNAFORD und M. N. SINANAN (2000). *Objective Evaluation Of Laparoscopic Surgical Skills Using Hidden Markov Models Based On Haptic Information And Tool/tissue Interactions.* In: *American College of Surgeons Annual Meeting*, Lake Chelan.

[ROSEN et al., 2001b] ROSEN, JACOB, M. SOLAZZO, B. HANNAFORD und M. N. SINANAN (2001b). *Objective laparoscopic skills assessments of surgical residents using Hidden Markov Models based on haptic information and tool/tissue interactions.* In: *Medicine Meets Virtual Reality 2001: Outer Space, Inner Space, Virtual Space*, Studies in Health Technology and Informatics, S. 417–423. IOS Press.

[ROSENTHAL et al., 2006] ROSENTHAL, R., W. A. GANTERT, D. SCHEIDEGGER und D. OERTLI (2006). *Can skills assessment on a virtual reality trainer predict a surgical trainee's talent in laparoscopic surgery?.* Surgical Endoscopy, 20(8):1286–1290.

[ROSENTHAL et al., 2008] ROSENTHAL, RACHEL, W. A. GANTERT, C. HAMEL, J. METZGER, T. KOCHER, P. VOGELBACH, N. DEMARTINES und D. HAHNLOSER (2008). *The future of patient safety: Surgical trainees accept virtual reality as a new training tool.* Patient Safety in Surgery, 2(16):1–7.

[RUNKLER, 2010] RUNKLER, THOMAS A. (2010). *Data Mining: Methoden und Algorithmen intelligenter Datenanalyse.* Vieweg+Teubner, Wiesbaden.

[SARKER et al., 2006] SARKER, SUDIP K., A. CHANG, C. VINCENT und A. W. DARZI (2006). *Development of assessing generic and specific technical skills in laparoscopic surgery.* The American Journal of Surgery, 191(2):238–244.

[SARLE, 1997] SARLE, W.S. (1997). *Neural Network FAQ.* ftp://ftp.sas.com/pub/neural/FAQ.html. Abruf: 01.10.2009.

[SATAVA, 1994] SATAVA, RICHARD M. (1994). *Emerging medical applications of virtual reality: A surgeon's perspective*. Artificial Intelligence in Medicine, 6(4):281–288.

[SCHAUTEN, 2008] SCHAUTEN, DANIEL (2008). *Evolutionäre Merkmalsselektion und Suchraumpartitionierung für die datenbasierte Fuzzy-Modellierung hochkomplexer Systeme*. Doktorarbeit, Universität Dortmund.

[SCHNEIDER, 2008] SCHNEIDER, WOLFGANG (2008). *Praktische Regelungstechnik*, Kap. Fuzzy Control, S. 377–387. Vieweg+Teubner, Wiesbaden.

[SCHUENEMAN et al., 1984] SCHUENEMAN, ARTHUR L., J. PICKLEMAN, R. HESSLEIN und R. J. FREEARK (1984). *Neuropsychologic predictors of operative skill among general surgery residents*. Surgery, 96(2):288–295.

[SCHUMPELICK et al., 2004] SCHUMPELICK, VOLKER, N. BLEESE und U. MOMMSEN (2004). *Kurzlehrbuch Chirurgie*. 6. Georg Thieme Verlag, Stuttgart.

[SELLNER et al., 2005] SELLNER, BRENNAN, R. SIMMONS und S. SINGH (2005). *User modelling for principled sliding autonomy in human-robot teams*. In: *Multi-Robot Systems - From Swarms to Intelligent Automata Vol III*, Bd. 3, S. 197–208. Springer.

[SEYMOUR et al., 2002] SEYMOUR, N.E., A. GALLAGHER, S. ROMAN, M. O(;)BRIEN, V. BANSAL, D. ANDERSEN und R. SATAVA (2002). *Virtual Reality Training Improves Operating Room Performance: Results of a Randomized, Double-Blinded Study*. Annals of Surgery, 236(4):458–464.

[SHEN et al., 2008] SHEN, XIAOJUN, J. ZHOU, A. HAMAM, S. NOURIAN, N. EL-FAR, F. MALRIC und N. GEORGANAS (2008). *Haptic-Enabled Telementoring Surgery Simulation*. Multimedia, IEEE, 15(1):64–76.

[SIDHU et al., 2004] SIDHU, R.S., E. GROBER, L. MUSSELMAN und R. REZNICK (2004). *Assessing competency in surgery: Where to begin?*. Surgery, 135(1):6–20.

[SINIGAGLIA et al., 2005] SINIGAGLIA, STEFANO, G. MEGALI, O. TONET, A. PIETRABISSA und P. DARIO (2005). *Defining metrics for objective evaluation of surgical performances in laparoscopic training*. International Congress Series, 1281:509–514.

[STASSEN et al., 2001] STASSEN, HENK G., J. DANKELMAN, K. A. GRIMBERGEN und D. W. MEIJER (2001). *Man-machine aspects of minimally invasive surgery*. Annual Review in Control, 25:111–122.

[STYLOPOULOS et al., 2003] STYLOPOULOS, NICHOLAS, S. COTIN, S. DAWSON, M. OTTENSMEYER, P. NEUMANN, R. BARDSLEY, M. RUSSELL, P. JACKSON und D. RATTNER (2003). *CELTS: A Clinically-Based Computer Enhanced Laparoscopic Training System*. In: *Medicine Meets Virtual Reality 11: NextMed, Health Horizon*, Studies in Health Technology and Informatics, S. 336–342. IOS Press.

[STYLOPOULOS und VOSBURGH, 2007] STYLOPOULOS, NICHOLAS und K. G. VOSBURGH (2007). *Assessing Technical Skill in Surgery and Endoscopy: A Set of Metrics and an Algorithm (C-PASS) to Assess Skills in Surgical and Endoscopic Procedures.* Surgical Innovation, 14(2):113–121.

[SUGENO und YASUKAWA, 1993] SUGENO, MICHIO und T. YASUKAWA (1993). *A Fuzzy-Logic-Based Approach to Qualitative Modeling.* IEEE Transactions on Fuzzy Systems, 1(1):7–31.

[SURGICALSCIENCE, 2010] SURGICALSCIENCE (2010). *LapSim: the surgical skills trainer.* http://www.surgical-science.com. Abruf: 04.02.2010.

[SWING, 2002] SWING, SUSAN R. (2002). *Assessing the ACGME general competencies: general considerations and assessment methods.* Academic Emergency Medicine, 9(11):1278–1288.

[TAFFINDER et al., 1998] TAFFINDER, N., I. MCMANUS, J. JANSEN, R. RUSSELL und A. DARZI (1998). *An objective assessment of surgeons psychomotor skills: validation of the MIST-VR laparoscopic simulator.* British Journal of Surgery, 85:75.

[TAKAGI und SUGENO, 1983] TAKAGI, T. und M. SUGENO (1983). *Derivation of fuzzy control rules from human operator's control actions.* In: *Proc. of the IFAC Symp. on Fuzzy Information, Knowledge Representation and Decision Analysis*, S. 55–60.

[TANG et al., 2004] TANG, B., G. B. HANNA, P. JOICE und A. CUSCHIERI (2004). *Identification and categorization of technical errors by Observational Clinical Human Reliability Assessment (OCHRA) during laparoscopic cholecystectomy.* Archives of Surgery, 139(11):1215–1220.

[THE MATHWORKS, 2010a] THE MATHWORKS, INC. (2010a). *Curve Fitting Toolbox.* http://www.mathworks.com/help/toolbox/curvefit/index.html. Abruf: 22.08.2010.

[THE MATHWORKS, 2010b] THE MATHWORKS, INC. (2010b). *Fuzzy Logic Toolbox.* http://www.mathworks.de/help/toolbox/fuzzy/index.html. Abruf: 22.08.2010.

[TITTEL und SCHUMPELICK, 2001] TITTEL, A. und V. SCHUMPELICK (2001). *Laparoskopische Chirurgie: Erwartungen und Realität.* Der Chirurg, 72(3):227–235.

[TURNBULL et al., 1998] TURNBULL, JEFFREY, J. GRAY und J. MACFADYEN (1998). *Improving in-Training Evaluation Programs.* Journal of General Internal Medicine, 13(5):317–323.

[UNBEHAUEN, 2007] UNBEHAUEN, HEINZ (2007). *Regelungstechnik I.* Vieweg+Teubner, Wiesbaden.

[URANÜS und MUSTAFA, 2004] URANÜS, S. und Y. MUSTAFA (2004). *Virtual reality in laparoscopic surgery.* In: *Establishing telemedicine in developing countries: from inception to implementation*, Studies in Health Technology and Informatics, S. 152–155. IOS Press.

[VASSILIOU et al., 2005] VASSILIOU, MELINA C., L. S. FELDMAN, C. G. ANDREW, S. BERGMAN, K. LEFFONDRÉ, D. STANBRIDGE und G. M. FRIED (2005). *A global assessment tool for evaluation of intraoperative laparoscopic skills.* The American Journal of Surgery, 190(1):107–113.

[VERNER et al., 2003] VERNER, LAWTON, D. OLEYNIKOV, S. HOLTMANN, H. HAIDER und L. ZHUKOV (2003). *Measurements of the Level of Surgical Expertise Using Flight Path Analysis from da Vinci Robotic Surgical System.* In: *Medicine Meets Virtual Reality 11: NextMed, Health Horizon*, Studies in Health Technology and Informatics, S. 373–378. IOS Press.

[WACHTER, 2001] WACHTER, ROBERT M. (2001). *Der Einarbeitungseffekt bei mechanischen Tunnelvortrieben: Datenerfassung, Datenauswertung und Modellierung des Einarbeitungseffektes.* innsbruck university press.

[WAHYUDI und MOHAMED, 2007] WAHYUDI, WINDA ASTUTI und S. MOHAMED (2007). *Intelligent Voice-Based Door Access Control System Using Adaptive-Network-based Fuzzy Inference Systems (ANFIS) for Building Security.* Journal of Computer Science, 3(5):274–280.

[WANZEL et al., 2002] WANZEL, K.R., M. WARD und R. REZNICK (2002). *Teaching the surgical craft: from selection to certification.* Current Problems in Surgery, 39(6):574–659.

[WEISS et al., 2003] WEISS, HOLGER, T. ORTMAIER, H. MAASS, G. HIRZINGER und U. KUEHNAPFEL (2003). *A Virtual-Reality-Based Haptic Surgical Training System.* Computer Aided Surgery, 8(5):269–272.

[WENTINK et al., 2003] WENTINK, M., L. P. S. STASSEN, I. ALWAYN, R. J. A. W. HOSMAN und H. G. STASSEN (2003). *Rasmussen's model of human behavior in laparoscopy training.* Surgical Endoscopy, 17(8):1241–1246.

[WILLIAMS et al., 2003] WILLIAMS, REED G., D. A. KLAMEN und W. C. MCGAGHIE (2003). *Cognitive, social and environmental sources of bias in clinical performance ratings.* Teaching and Learning in Medicine, 15(4):270–292.

[XU et al., 1992] XU, LEI, A. KRZYZAK und C. Y. SUEN (1992). *Methods of Combining Multiple Classifiers and Their Applications to Handwriting Recognition.* IEEE Transactions on Systems Man and Cybernetics, 22(3):418–435.

[ZADEH, 1965] ZADEH, LOTFI ASKER (1965). *Fuzzy Sets.* Information and Control, 8:338–353.

[ZIMMERMANN, 1993] ZIMMERMANN, H.-J., Hrsg. (1993). *Fuzzy Technologien-Prinzipien, Werkzeuge, Potentiale.* VDI Verlag, Düsseldorf.

**Bereits veröffentlicht wurden in der Schriftenreihe des
Instituts für Angewandte Informatik / Automatisierungstechnik bei
KIT Scientific Publishing:**

Nr. 1: BECK, S.: Ein Konzept zur automatischen Lösung von Entscheidungsproblemen bei Unsicherheit mittels der Theorie der unscharfen Mengen und der Evidenztheorie, 2005

Nr. 2: MARTIN, J.: Ein Beitrag zur Integration von Sensoren in eine anthropomorphe künstliche Hand mit flexiblen Fluidaktoren, 2004

Nr. 3: TRAICHEL, A.: Neue Verfahren zur Modellierung nichtlinearer thermodynamischer Prozesse in einem Druckbehälter mit siedendem Wasser-Dampf Gemisch bei negativen Drucktransienten, 2005

Nr. 4: LOOSE, T.: Konzept für eine modellgestützte Diagnostik mittels Data Mining am Beispiel der Bewegungsanalyse, 2004

Nr. 5: MATTHES, J.: Eine neue Methode zur Quellenlokalisierung auf der Basis räumlich verteilter, punktweiser Konzentrationsmessungen, 2004

Nr. 6: MIKUT, R.; REISCHL, M.: Proceedings – 14. Workshop Fuzzy-Systeme und Computational Intelligence: Dortmund, 10. - 12. November 2004, 2004

Nr. 7: ZIPSER, S.: Beitrag zur modellbasierten Regelung von Verbrennungsprozessen, 2004

Nr. 8: STADLER, A.: Ein Beitrag zur Ableitung regelbasierter Modelle aus Zeitreihen, 2005

Nr. 9: MIKUT, R.; REISCHL, M.: Proceedings – 15. Workshop Computational Intelligence: Dortmund, 16. - 18. November 2005, 2005

Nr. 10: BÄR, M.: µFEMOS – Mikro-Fertigungstechniken für hybride mikrooptische Sensoren, 2005

Nr. 11: SCHAUDEL, F.: Entropie- und Störungssensitivität als neues Kriterium zum Vergleich verschiedener Entscheidungskalküle, 2006

Nr. 12: SCHABLOWSKI-TRAUTMANN, M.: Konzept zur Analyse der Lokomotion auf dem Laufband bei inkompletter Querschnittlähmung mit Verfahren der nichtlinearen Dynamik, 2006

Nr. 13: REISCHL, M.: Ein Verfahren zum automatischen Entwurf von Mensch-Maschine-Schnittstellen am Beispiel myoelektrischer Handprothesen, 2006

Nr. 14: KOKER, T.: Konzeption und Realisierung einer neuen Prozesskette zur Integration von Kohlenstoff-Nanoröhren über Handhabung in technische Anwendungen, 2007

Nr. 15: MIKUT, R.; REISCHL, M.: Proceedings – 16. Workshop Computational Intelligence: Dortmund, 29. November - 1. Dezember 2006

Nr. 16: LI, S.: Entwicklung eines Verfahrens zur Automatisierung der CAD/CAM-Kette in der Einzelfertigung am Beispiel von Mauerwerksteinen, 2007

Nr. 17: BERGEMANN, M.: Neues mechatronisches System für die Wiederherstellung der Akkommodationsfähigkeit des menschlichen Auges, 2007

Nr. 18: HEINTZ, R.: Neues Verfahren zur invarianten Objekterkennung und -lokalisierung auf der Basis lokaler Merkmale, 2007

Nr. 19: RUCHTER, M.: A New Concept for Mobile Environmental Education, 2007

Nr. 20: MIKUT, R.; REISCHL, M.: Proceedings – 17. Workshop Computational Intelligence: Dortmund, 5. - 7. Dezember 2007

Nr. 21: LEHMANN, A.: Neues Konzept zur Planung, Ausführung und Überwachung von Roboteraufgaben mit hierarchischen Petri-Netzen, 2008

Nr. 22: MIKUT, R.: Data Mining in der Medizin und Medizintechnik, 2008

Nr. 23: KLINK, S.: Neues System zur Erfassung des Akkommodationsbedarfs im menschlichen Auge, 2008

Nr. 24: MIKUT, R.; REISCHL, M.: Proceedings – 18. Workshop Computational Intelligence: Dortmund, 3. - 5. Dezember 2008

Nr. 25: WANG, L.: Virtual environments for grid computing, 2009

Nr. 26: BURMEISTER, O.: Entwicklung von Klassifikatoren zur Analyse und Interpretation zeitvarianter Signale und deren Anwendung auf Biosignale, 2009

Nr. 27: DICKERHOF, M.: Ein neues Konzept für das bedarfsgerechte Informations- und Wissensmanagement in Unternehmenskooperationen der Multimaterial-Mikrosystemtechnik, 2009

Nr. 28: MACK, G.: Eine neue Methodik zur modellbasierten Bestimmung dynamischer Betriebslasten im mechatronischen Fahrwerkentwicklungsprozess, 2009

Nr. 29: HOFFMANN, F.; HÜLLERMEIER, E.: Proceedings – 19. Workshop Computational Intelligence: Dortmund, 2. - 4. Dezember 2009

Nr. 30: GRAUER, M.: Neue Methodik zur Planung globaler Produktionsverbünde unter Berücksichtigung der Einflussgrößen Produktdesign, Prozessgestaltung und Standortentscheidung, 2009

Nr. 31: SCHINDLER, A.: Neue Konzeption und erstmalige Realisierung eines aktiven Fahrwerks mit Preview-Strategie, 2009

Nr. 32: BLUME, C.; JAKOB, W.: GLEAN. General Learning Evolutionary Algorithm and Method: Ein Evolutionärer Algorithmus und seine Anwendungen, 2009

Nr. 33: HOFFMANN, F.; HÜLLERMEIER, E.: Proceedings – 20. Workshop Computational Intelligence: Dortmund, 1. - 3. Dezember 2010

Nr. 34: WERLING, M.: Ein neues Konzept für die Trajektoriengenerierung und -stabilisierung in zeitkritischen Verkehrsszenarien, 2011

Nr. 35: KÖVARI, L.: Konzeption und Realisierung eines neuen Systems zur produktbegleitenden virtuellen Inbetriebnahme komplexer Förderanlagen, 2011

Nr. 36: GSPANN, T. S.: Ein neues Konzept für die Anwendung von einwandigen Kohlenstoffnanoröhren für die pH-Sensorik, 2011

Nr. 37: LUTZ, R.: Neues Konzept zur 2D- und 3D-Visualisierung kontinuierlicher, multidimensionaler, meteorologischer Satellitendaten, 2011

Nr. 38: BOLL, M.-T.: Ein neues Konzept zur automatisierten Bewertung von Fertigkeiten in der minimal invasiven Chirurgie für Virtual Reality Simulatoren in Grid-Umgebungen, 2011

Die Schriften sind als PDF frei verfügbar, eine Nachbestellung der Printversion ist möglich. Nähere Informationen unter www.ksp.kit.edu.